"十四五"时期国家重点出版物出版专项规划项目
空天推进技术系列丛书

国内外高超声速飞行器动力系统发展概论

田维平　王春光　王　伟　王立武　著

西北工业大学出版社
西　安

【内容简介】 本书共分为8章，主要包括高超声速飞行器动力系统发展概况、国内外涡轮基组合循环(TBCC)动力系统发展状况、国内外火箭基组合循环(RBCC)动力系统发展状况、国内外超燃冲压发动机发展状况、国内外爆震发动机发展状况、其他典型高超声速飞行器动力系统发展状况、国内外典型高超声速飞行器动力系统研发单位以及国内高超声速飞行器动力系统发展水平评估与发展建议等内容。

本书可作为航空宇航科学与技术领域科研工作者的参考用书。

图书在版编目(CIP)数据

国内外高超声速飞行器动力系统发展概论 / 田维平等著. --西安 ：西北工业大学出版社，2025. 3.
(空天推进技术系列丛书). -- ISBN 978-7-5612-9847-3

Ⅰ. V47

中国国家版本馆CIP数据核字第2025AS4350号

GUONEIWAI GAOCHAOSHENGSU FEIXINGQI DONGLI XITONG FAZHAN GAILUN

国内外高超声速飞行器动力系统发展概论

田维平　王春光　王伟　王立武　著

责任编辑：王玉玲		策划编辑：华一瑾	
责任校对：曹　江		装帧设计：李　飞　高永斌	
出版发行：西北工业大学出版社			
通信地址：西安市友谊西路127号		邮编：710072	
电　　话：(029)88493844，88491757			
网　　址：www.nwpup.com			
印 刷 者：西安浩轩印务有限公司			
开　　本：787 mm×1 092 mm		1/16	
印　　张：14.25			
字　　数：347千字			
版　　次：2025年3月第1版		2025年3月第1次印刷	
书　　号：ISBN 978-7-5612-9847-3			
定　　价：98.00元			

如有印装问题请与出版社联系调换

前　言

高超声速飞行器作为未来实现快速打击的重要利器，受到了各国的广泛关注，研究计划层出不穷，特别是对于实现高超声速飞行的关键——动力系统，各航空航天大国也在持续不断地进行探索研究。

涡喷发动机采用压缩机，只能在相对较低的马赫数下飞行，无法实现高超声速飞行。渐渐地，人们开始认识到可以使用冲压发动机作为进入高超声速领域的工具。理论上一般冲压发动机的马赫数可达到5，而超燃冲压发动机的马赫数可高达15，因此人们自然想到用超燃冲压发动机作为高超声速飞行器的推进器。后来又出现了将超燃冲压发动机与涡喷发动机或火箭发动机等传统动力进行组合的概念，即组合循环动力。此外，诸如爆震发动机、预冷循环发动机等新概念的动力系统也都成为有潜力的高超声速飞行器动力系统。总体来看，涡轮基和火箭基组合循环动力已经成为高超声速飞行器的主流动力，但由于需要众多复杂超前关键技术的支撑，两型组合动力系统的发展呈现出螺旋式上升的特点。

对于我国来讲，迫切需要理清各型基础动力的发展状况，构建适合我国国情和发展战略的高超声速飞行器动力系统发展路线图，以有效推动我国组合循环动力的革新和发展。

本书介绍各种高超声速飞行器动力系统的发展现状，并系统研究各种动力系统的关键技术和特点，适合在校研究生和专业技术人员学习和使用。

田维平、王春光、王伟参与了全书的策划。田维平完成了第1章、第2章的撰写，王春光完成了第3章、第4章、第5章、第7章、第8章的撰写，王伟完成了第6章的撰写。田维平、王春光、王伟、王立武、胡振圆等参加了全书的审校工作。

本书在撰写的过程中，力求做到结构完整、概念清晰、论述清楚流畅，但由于航天推进技术领域广阔，特别是新型推进技术仍然处于发展和探索时期，本书的内容难免会有疏漏，恳请读者批评指正。

著　者

2023年6月

缩略词表

缩略词	英文全称	中文名称
TVC	Thrust Vector Control	推力矢量控制
NEPE	Nitrate Ester Plasticized Polyether	硝酸酯增塑的聚醚聚氨酯
HTPB	Hydroxyl Terminated Polybutadiene Propellant	端羟基聚丁二烯
ITS	Interplanetary Transport System	行星际运输系统
RBCC	Rocket Based Combined-Cycle	火箭基组合循环
TBCC	Turbine Based Combined-Cycle	涡轮基组合循环
ATR	Air Turbo Rocket	空气涡轮火箭(发动机)
SDE	Standing Detonation Engine	驻定爆震发动机
PDE	Pulse Detonation Engine	脉冲爆震发动机
RDE	Rotating Detonation Engine	连续旋转爆震发动机
HAWC	Hypersonic Aspirating Weapon Concept	吸气式高超声速武器概念
CPS	Conventional Prompt Strike	常规快速打击
OASuW	Offensive Anti-Surface Warfare	进攻型反海面作战
LRHW	Long Range Hypersonic Weapon	远程高超声速武器
ARRW	Air Rapid Response Weapon	空射型快速响应武器
HACM	Hypersonic Attack Cruise Missile	高超声速攻击巡航导弹
OpFires	Operational Firepower	作战火力
SCIFiRE	Southern Cross Integrated Flight Research Experiment	南十字星综合飞行研究试验
XSP	Experimental Space Plane	试验性太空飞机
DARPA	Defense Advanced Research Projects Agency	美国国防高级研究计划局
NASP	National Aero-Space Plane	国家空天飞机
HRE	Hypersonic Research Engine	高超声速研究发动机
HWT	Hypersonic Weapons Technology	高超声速武器技术

续表

缩略词	英文全称	中文名称
DCR	Dual Combustion Chamber Ram Engine	双燃烧室冲压发动机
ARRMD	Affordable Rapid Response Missile Demonstration	经济可承受快速反应导弹验证弹
DMSJ	Dual Mode Supercharged Ramjet	双模态超燃冲压发动机
AFRL	Air Force Research Laboratory	美国空军研究实验室
RFI	Request For Information	信息征询书
PDR	Preliminary Design Review	初步设计审查
SPEAR	Supersonic Propulsion Enabling Advanced Ram	超声速推进使能先进冲压
ERJ	Ejector Ramjet	喷射冲压发动机
SERJ	Supercharged Ejector Ramjet	增压喷射冲压发动机
HYPR	Hypersonic Transport Propulsion System Research	高超声速运输推进系统研究
ATREX	Air Turbo Ramjet Expander	膨胀式空气涡轮冲压发动机
FaCET	Falcon Combined-cycle Engine Technology	“猎鹰”组合循环发动机技术
JAXA	Japan Aerospace Exploration Agency	日本宇宙航空研究开发机构
NGLT	Next Generation Launch Technology	下一代发射技术
ISTP	Integrated Space Transportation Plan	综合航天运输计划
CCEC	Combined Cycle Engine Component	组合循环发动机组件
CCE	Combined Cycle Engine	组合循环发动机
ESA	European Space Agency	欧洲太空局
BAE	British Aerospace Systems	英国航空航天系统(公司)
VAATE	Versatile Affordable Advanced Turbine Engines	通用可承担先进涡轮发动机
HiSTED	High Speed Turbine Engine Diagnostics	高速涡轮发动机验证
STELR	Supersonic Turbine Engine for Long Range	远程高速涡轮发动机
MoTr	Modal Transition	模态转换
AFRE	Advance Full-speed Range Engine	先进全速域发动机
LAPCAT	Long-term Advanced Propulsion Concepts And Technologies	长期先进推进概念与技术
DLR	Deutsches Zentrum für Luft-und Raumfahrt	德国宇航中心
DAB	Diffusion After Burning	扩散后燃烧
SMC	Simultaneous Mixing and Combustion	边混合边燃烧
SPI	Shielded Primary Injection	屏蔽式一次注入

续表

缩略词	英文全称	中文名称
SCC	Staged Combustion Cycle	分级燃烧循环
IRS	Independent Ramjet Stream	独立冲压流
HyTech	Hypersonic Technology	高超声速技术
HyFly	Hypersonic Flight Demonstration Program	高超声速飞行演示试验
RSA	Russian Federal Space Agency	俄罗斯联邦航天局
ATLA	Acquisition，Technology & Logistics Agency	日本防卫装备厅
HCM	Hypersonic Cruise Missile	高超声速巡航导弹
HVGP	Hyper Velocity Gliding Projectile	高超声速滑翔弹
HiFIRE	Hypersonic international Flight Research Experimentation	高超声速国际飞行研究试验
HyShot	Hypersonic Shot Tunnel	高超声速激波风洞试验
THOR-ER	Tactical High-speed Offensive Ramjet for Extended Range	增程型战术高速进攻性冲压发动机
DRDO	Defence Research & Development Organization	印度国防研究与发展组织
ONERA	Office National d'Etudes et de Recherches Aérospatiales	法国航空航天研究中心
JAPHAR	Joint Airbreathing Propulsion for Hypersonic Application Research	高超声速吸气式推进应用联合研究
HySET	Hypersonic Scramjet Engine Technology	碳氢燃料超燃冲压发动机技术
UTRC	United Technologies Research Center	联合技术研究中心
ARRMD	Affordable Rapid Response Missile Demonstrator	经济可承受快速响应导弹验证器
GNC	Guidance,Navigation and Control System	制导导航控制系统
AEDC	Arnold Engineering Development Center	美国空军阿诺德工程发展中心
LACE	Liquid Air Cycle Engines	液化空气循环发动机
SED - WR	Scramjet Engine Demonstrator - Waverider	超燃冲压发动机验证机——乘波者
EFSEFD	Endothermically Fueled Scramjet Engine Flight Demonstrator	吸热燃料超燃冲压发动机飞行验证机
TsAGI	Central Aerohydrodynamic Institute	俄罗斯中央空气流体力学研究院
CIAM	Central Institute of Aviation Motors	俄罗斯中央航空发动机研究院
CARDC	China Aerodynamics Research and Development Center	中国空气动力研究和发展中心
MHD	Magnetohydrodynamic Drive	磁流体动力
ODE	Oblique,Detonation Engine	斜爆震发动机
APDE	Air Breathing Pulse Detonation Engine	吸气式脉冲爆震发动机
GE	General Electric Company	通用电气公司

续表

缩略词	英文全称	中文名称
PW	Pratt & Whitney Company	普惠公司
C-J	Chapman-Jouget theory	查普曼-朱格特理论
CRDE	Continuously Rotating Detonation Engine	连续旋转爆轰发动机
CNRS	Centre National de la Recherche Scientifique	法国国家科学研究中心
RDC	Rotating Detonation Combustor	旋转爆轰燃烧室
DMRJ	Dual-Mode Ramjet	双模冲压发动机
DDT	Deflagration to Detonation Transition	爆燃向爆震转变
PDRE	Pulse Detonation Rocket Engine	脉冲爆震火箭发动机
SPDRE	Supersonic Pulse Detonation Ramjet Engine	超声速脉冲爆震冲压发动机
QSP	Quiet Supersonic Platform	低噪声超声速空中平台
ATRR	Air Turbo Rocket Ramjet	空气涡轮火箭冲压发动机
AIAA	American Institute of Aeronautics and Astronautics	美国航空航天学会
TRRE	Turbo-aided Rocket-augmented Ramjet Combined Cycle Engine	涡轮辅助火箭增强冲压组合循环发动机
ISR	Intelligence，Surveillance and Reconnaissance	情报、监视及侦察
SERN	Single Expansion Ramp Nozzle	单边膨胀斜面喷管
LACE	Liquid Air Cycle Engines	液化空气循环发动机
ATREX	Air Turbo Ramjer Engine with Expander Cycle	吸气式涡轮冲压膨胀循环发动机
ACES	Air Collection and Enrichment System	空气收集与富集系统
ATRDC	Deeply Cooled Air Turborocket	深冷空气涡轮火箭发动机
REL	Reaction Engines Limited	英国反应发动机公司
SABRE	Synergistic Air-Breathing Rocket Engine	协同吸气式火箭发动机
ISAS	Institute of Space and Astronautical Science	日本宇航研究院
LRE	Liquid Rocket Engine	液体火箭发动机
DCTJ	Deeply Cooled Turbojet	深度预冷涡喷发动机
SSTO	Single Stage To Orbit	单级入轨
PCTJ	Pre-Cooled Turbojet	预冷涡喷发动机
CFD	Computational Fluid Dynamics	计算流体力学
PATR	Pre-cooling Air Turbo Rocket	预冷空气涡轮火箭
CCE LIMX	Combined Cycle Engine Large Scale Inlet Mode Transition Experiment	组合循环发动机大型进气道模态转换试验

续表

缩略词	英文全称	中文名称
NASA	National Aeronautics and Space Administration	美国航空航天局
ISTAR	Integrated System Test of an Airbreathing Rocket	吸气式火箭综合系统试验
TDI	Test Devices, Inc.	美国技术方向有限公司
OSD	Office of the Secretary of Defense	美国国防部长办公室
APTU	Aerodynamic and Propulsion Test Unit	气动与推进试验单元
HEXAFLY-INT	High-Speed Experimental Fly Vehicles-International	高超实验飞行器国际项目
SLS	Sea Level Static	海平面静态
CAD	Computer Aided Design	计算机辅助设计
SHEFEX	Sharp Edge Flight Experiment	锐边飞行试验
RETALT	Retro-propulsion Assisted Landing Technologies	可重复使用火箭关键技术及验证
SRBCC	Solid-fuel Ram-rocket Based Combined Cycle	固体火箭冲压基组合循环(发动机)
SRBLICC	Solid Rocket Based Liquid Injection Combined Cycle	固液火箭基液体喷射组合循环(发动机)
PATR	Precooling Air Turbo Rocket	预冷空气涡轮火箭(发动机)
PDC	Pulsed Detonation Combustion	脉冲爆震燃烧室
EKF	Extended Kalman Filter	扩展卡尔曼滤波
SMD	Sauter Mean Diameter	索泰尔平均直径
DRBCC	Dual-Rocket-Based Combined Cycle	双火箭基组合循环
DRDATE	Dual-duct Rotating Detonation Aeroturbine	双流道连续旋转爆震涡轮发动机
HMX	Cyclotetramethylene-tetranitramine	奥克托今
ADN	Ammonium Dinitramide	硝酸铵二硝酰胺
HTPE	Hydroxyl Terminated Polyether	端羟基聚醚

目　录

第1章　高超声速飞行器动力系统发展概况

1.1　高超声速飞行器动力系统分类

1.1.1　传统动力系统

目前最为成熟的高超声速飞行器即为运载火箭，而运载火箭的动力系统称为火箭发动机。运载火箭一般会由若干台火箭发动机并联或串联组成。运载火箭发动机的推进剂包括液体和固体两种类型。如果一枚运载火箭的所有发动机都采用固体燃料，那么这枚火箭就是一枚固体运载火箭。液体燃料发动机一般需要在火箭发射之前完成燃料加注，而使用固体燃料的火箭发动机在建造完成时就已经装满了燃料，可随时转换为发射状态。推进剂的能量对于实现高超声速飞行至关重要，传统的化学火箭可实现高超声速飞行，但是其比冲低，而且需要自身携带氧化剂，会大幅降低有效载荷的可用程度。当前普遍使用的火箭助推、入轨的方式集中在大多数航天运输器上，然而，对于纯火箭发动机来说，由于自身要携带氧化剂，会造成飞行器起飞总质量非常大。

1. 固体火箭发动机

固体火箭发动机(Solid Rocket Motor，SRM)是使用固体推进剂的化学火箭发动机，又称固体推进剂火箭发动机。固体推进剂被点燃后在燃烧室中燃烧，化学能转化为热能，生成高温高压的燃烧产物。燃烧产物流经喷管，在其中膨胀加速，热能转变为动能，高速从喷管排出从而产生推力。

固体火箭发动机一般由安全发火机构、点火装置、燃烧室、壳体、喷管等部件组成，如图1-1所示。其中燃烧室由固体推进剂药柱和绝热壳体组成。固体推进剂配方及其成型工艺、喷管设计及其材料与制造工艺、壳体材料及其制造工艺是最为关键的环节，直接影响固体火箭发动机的性能。固体推进剂配方各种组分的混合物可以用压伸成型工艺预制成药柱再装填到壳体内，也可以直接在壳体内进行贴壁浇铸。壳体直接用作燃烧室外部承力部件；喷管可超声速排出燃气，产生推力，喷管组件还要有推力矢量控制(Thrust Vector Control，TVC)系统来控制导弹的飞行姿势；点火装置在点火指令控制下解除安全保险并点燃发火药产生高温、高压火焰，用于点燃燃烧室内的推进剂。

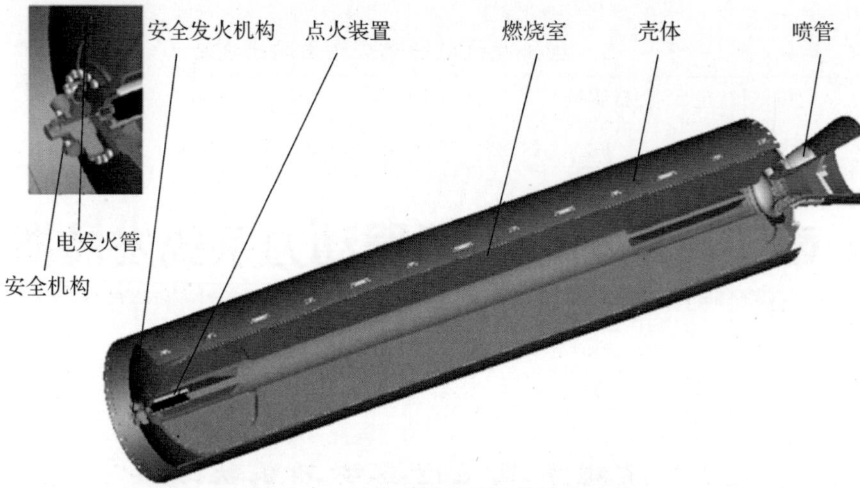

图 1-1　固体火箭发动机的结构形式

近 20 年来，美国、俄罗斯、中国、日本、印度及欧洲等研制了一批高性能固体火箭发动机，技术发展水平和性能得到很大提升。通过对国外固体火箭发动机的研究与分析，按照固体火箭发动机的核心指标（比冲、质量比等）可将国外固体火箭发动机发展历程划分为 6 代。图 1-2 所示为国外固体火箭发动机发展历程，展示了各代次发动机的性能指标、核心技术以及代表性型号。表 1-1 给出了国外代表战略武器型号固体火箭发动机的具体性能情况。

由图 1-2、表 1-1 可知，国外现役固体火箭发动机普遍应用了高能推进剂、高性能复合材料壳体、高装填燃烧室等标志性技术，总体技术处于第五代水平，第六代固体火箭发动机技术已经得到突破。

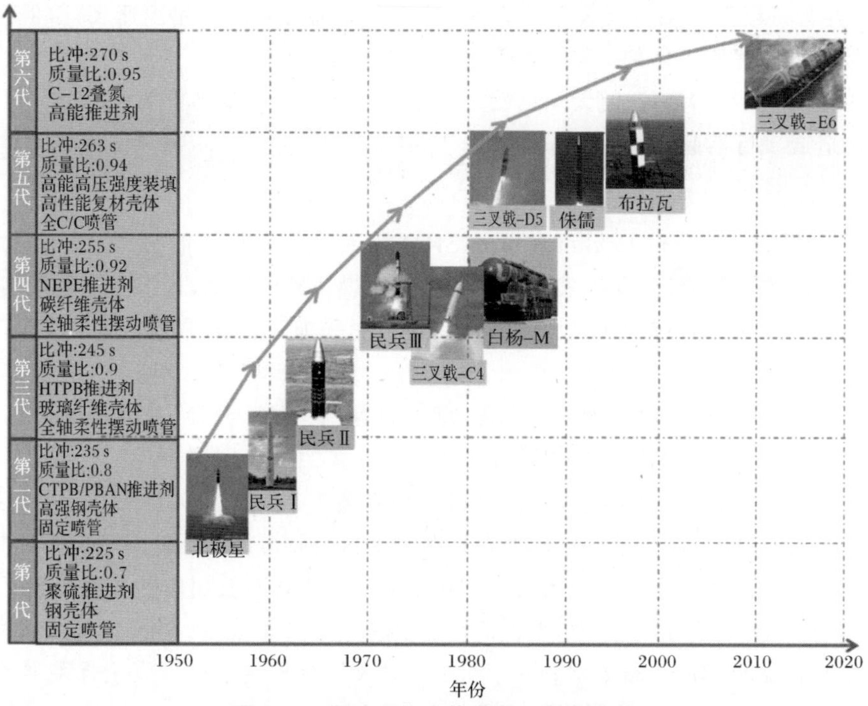

图 1-2　国外固体火箭发动机发展历程

表 1－1　国外高性能固体火箭发动机性能

型号		总长/mm	直径/mm	总质量/kg	质量比	压强/MPa	推进剂	喷管类型	壳体材料
三叉戟Ⅱ-D5	Ⅰ	7 290	2 108	39 126	0.944	9.37	NEPE	柔性摆动	IM－7 石墨纤维
	Ⅱ	2 893	2 108	11 849.5	0.930	4.61	NEPE	柔性摆动	IM－7 石墨纤维
	Ⅲ	3 276	787	2 190	0.926	5.1	NEPE	柔性摆动	K－49
MX	Ⅰ	8 440	2 340	4 777.5	0.929 2	9.65	HTPB	柔性摆动	K－49
	Ⅱ	5 598	2 340	27 322	0.922 4	8.24	HTPB＋HMX	柔性延伸	K－49
	Ⅲ	2 330	2 340	7 694.7	0.920 8	5.2	NEPE	双级 C/C 延伸	K－49
侏儒	Ⅰ	7 620	1 168	8 350	0.922	—	NEPE	柔性摆动	IM－7 石墨纤维
	Ⅱ	2 050	1 168	3 266	0.935	—	NEPE	柔性延伸	IM－7 石墨纤维
	Ⅲ	2 030	1 168	2 169	0.937	—	NEPE	柔性延伸	IM－7 石墨纤维
布拉瓦	Ⅰ	4 530	2 000	17 360	0.918	11.4	HTPB＋HMX	柔性喷管	APMOC
	Ⅱ	3 050	2 000	10 440	0.92	9	HTPB＋ADN	双级 C/C 延伸	APMOC
	Ⅲ	2 040	2 000	5 310	0.925	5	HTPE/ADN/AlH_3	双级 C/C 延伸	APMOC
白杨-M	Ⅰ	8 100	1 950	30 500	0.92	12	HTPB＋HMX	柔性喷管 C/C 喉衬	APMOC
	Ⅱ	4 600	1 610	10 000	0.92	—	HTPB＋HMX	柔性喷管 C/C 喉衬	APMOC
	Ⅲ	3 900	1 580	4 000	0.93	—	HTPB＋ADN	柔性喷管 C/C 喉衬 C/C 扩张段	APMOC
亚尔斯	Ⅰ	8 100	1 860	30 500	0.92	—	HTPB＋HMX	柔性摆动	APMOC
	Ⅱ	4 600	1 610	10 000	0.92	—	HTPB＋ADN	柔性摆动	APMOC
	Ⅲ	3 900	1 550	4 000	0.93	—	HTPE/ADN/AlH_3	柔性摆动	APMOC
M－51	Ⅰ	6 000	2 300	37 300	0.935	10	NEPE	柔性摆动	碳/环氧
	Ⅱ	3 000	2 300	14 900	0.93	9	NEPE	柔性摆动	碳/环氧
	Ⅲ	1 150	1 150	1 570	0.93	5.9	NEPE	柔性摆动	碳/环氧

续 表

型 号		总长/mm	直径/mm	总质量/kg	质量比	压强/MPa	推进剂	喷管类型	壳体材料
埃普西隆	Ⅰ	—	2 600	75 000	0.884	—	HTPB	柔性摆动	碳/环氧
	Ⅱ	—	2 200	12 300	0.878	—	HTPB	可抛式单级延伸	碳/环氧
	Ⅲ	—	2 000	2 900	0.862	—	HTPB	可抛式单级延伸	碳/环氧

注:APMOC是俄罗斯生产的一种芳纶类有机纤维。

2.液体火箭发动机

液体火箭发动机是采用液体推进剂的火箭发动机的简称。在液体火箭发动机工作过程中,液体推进剂由输送系统送到发动机泵前,经泵加压后进入发动机推力室的燃烧室进行燃烧(双组元推进剂)或分解(单组元推进剂),将推进剂的化学能变为热能,产生高温、高压燃气,通过推力室喷管膨胀,将热能变为动能,以高速从喷管内向外喷出,产生反作用力,为火箭飞行提供所需的动力,如图1-3所示。

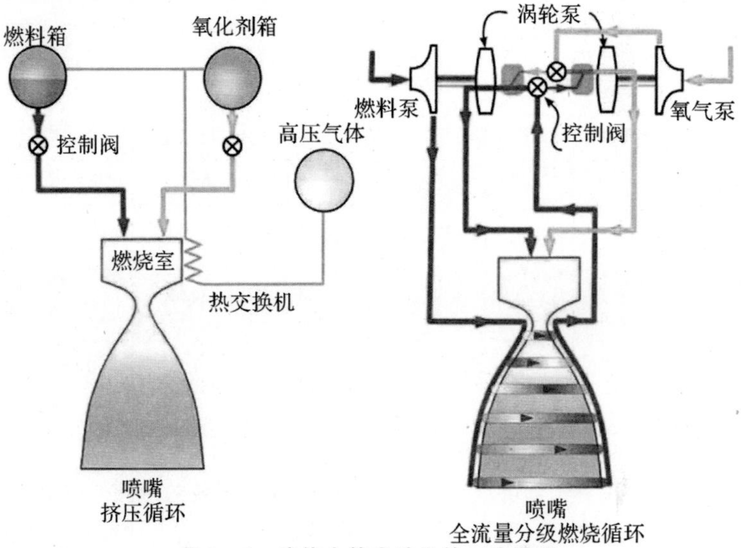

图1-3 液体火箭发动机的工作原理

液体火箭发动机主要由推力室、涡轮泵、燃气发生器(或预燃室)、火药起动器和各种阀门、调节器、管路等组成。其中,涡轮泵又可分为气体涡轮、燃料泵和氧化剂泵等几个部分。

当前,液体火箭发动机技术正持续不断地改进和完善,更加先进的新一代液体火箭发动机将广泛应用于近地轨道的大型航天运载系统、高轨轨道转移飞行器、外行星轨道的空间探测器以及可回收重复使用的空间运输系统。除了上述多款发动机,亦有民营市场多如繁星的航天企业研制的产品。近20年来,民营市场涌现出一批优秀的航天企业,其中,最负盛名的当属美国SpaceX公司。

SpaceX液体火箭发动机主要有“梅林”(Merlin)系列和“猛禽”(Raptor)系列，为其低成本、高效快速、重复使用、重载远行的航天发展理念服务。“梅林”发动机用于“猎鹰9号”火箭的一级和二级动力，是目前世界上推重比最高(最大可达232)的液体火箭发动机，其在发动机深度节流、多机并联、可重复使用及冗余设计上均有先进之处。“猛禽”发动机用于下一代星船和超重型火箭动力，其全流量分级燃烧是较先进的循环方式。

“梅林”系列发动机于2002年公司成立之初(或更早)开始研发，2003年10月第一次发动机试车失败，2005年1月发动机全程试车成功运行162 s，2006年3月至2008年8月随“猎鹰1号”(Falcon 1)飞行经历3次失败，2008年9月装配1台Merlin-1C的“猎鹰1号”在第四次飞行中终获成功，此后“梅林”发动机不断改进，提升性能，以适应发射需要。“梅林”系列发动机采用液氧和煤油推进剂组合，燃烧室压达9 MPa以上，海平面推力为80 t级。其按研发顺序排列有Merlin 1A、Merlin 1B、Merlin 1C和Merlin 1D等发动机，应用于“猎鹰1号”(Falcon 1)、“猎鹰9号”(Falcon 9)和“猎鹰重型”(Falcon Heavy)运载火箭。

“猛禽”系列发动机研发始于2009年，2012年确定使用液氧甲烷作为推进剂，2016年完成了第一次全系统试车，并在国际航空大会上公开，2019年全尺寸测试并首飞。“猛禽”系列发动机采用液氧和甲烷推进剂组合，燃烧室压达30 MPa，海平面推力为300 t级；主要有RSN、RC、RB、和RV等几种(RSN为发动机序列号缩写，RC为改良版发动机，RB为移除矢量及流量调节功能的超重一级专用发动机，RV为真空优化版发动机)，用于“行星际运输系统”(Interplanetary Trdnsport System，ITS)的载人火星探索。作为SpaceX下一代星船和超重型火箭核心部件之一的“猛禽”发动机，目前已经更新了3个系列共一百多个型号。“猛禽”发动机是第一个投入使用的全流量循环发动机，具有室压高、推力面积比高、可靠性高、成本低的优势，是完全为重复使用优化设计的发动机。

1.1.2 组合循环动力系统

目前，单一动力形式的发动机(包括涡轮发动机、冲压发动机及火箭发动机等)存在一定适用短板，如：涡轮发动机性能好，但高度在20 km或速度在$Ma=3$以上时很难用作推进装置；冲压发动机有较高的飞行马赫数，但机动能力较差，且需助推加速解决低速启动问题；火箭发动机虽不受高度和速度限制，但性能较差。随着航天技术的不断发展，单一类型的动力形式在满足天地往返运输系统快速、廉价、自由往返空间和高超声速飞行器多任务飞行需求方面存在的差距越来越明显。

组合循环发动机(简称“组合发动机”)是指由两种或两种以上单一类型发动机(通常指涡轮发动机、冲压发动机及火箭发动机等)通过热力循环、结构布局等有机融合而形成的新型宽包线多模态动力装置。与单一类型的发动机相比，组合发动机可发挥不同类型发动机在各自工作范围内的技术优势，具备工作范围宽、综合经济性好等技术特点，是宽速域、大空域临近空间及空天飞行器的理想动力装置。目前常见的组合动力类型有火箭基组合(Rocket-Based Combined Cycle，RBCC)发动机、涡轮基组合(Turbine Based Combined-Cycle，TBCC)发动机、空气涡轮火箭(Air Turbo Rocket，ATR)发动机、预冷类组合发动机、三组合发动机、基于爆震发动机的新型组合发动机等(见图 1-4)。目前,美国、日本、欧盟、俄罗斯等传统航空航天大国纷纷开展了组合发动机研究工作,并取得了一定成果。

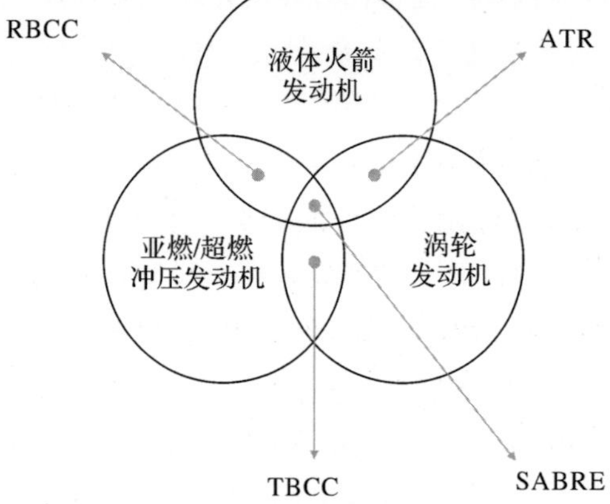

图 1-4　组合动力基本分类

1.1.3　超燃冲压发动机

高超声速冲压发动机是指最高来流马赫数大于 5 的冲压发动机,也称为超燃冲压发动机。当马赫数大于 5 时,采用超燃冲压发动机能够避免亚燃冲压发动机的燃烧室进口温度过高、激波损失过大。与其他系统相比,高超声速冲压发动机结构相对较简单,是目前最有前途的高超声速推进系统之一。

高超声速冲压发动机所需的流道组成包括压缩入口、隔离段、燃油喷射系统、燃烧室和尾喷管,其工作原理如图 1-5 所示。

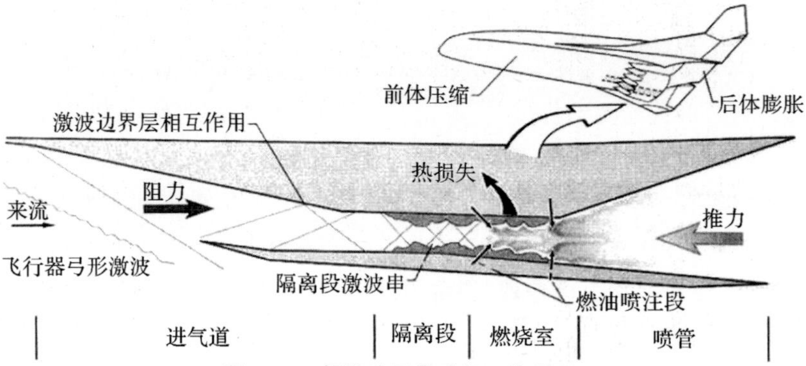

图 1-5　超燃冲压发动机工作原理

在高速飞行条件下,燃料在燃烧室内驻留时间以毫秒计,且喷注到空气中的燃料受发动机尺寸和质量的限制,必须在极短的时间内与空气进行有效掺混、反应,同时产生稳定的火焰结构。由于燃烧室内复杂的热释放诱导压力扰动会产生逆压梯度,沿气流道向上传播导致流动分离,最终导致进口不启动状态。因此,自 20 世纪 50 年代以来,在以超声速发动机为起源的高超声速冲压发动机研发历程中,对于高性能燃烧系统的研究是该技术发展的关键问题。高超声速冲压发动机燃烧室的设计,要保证燃料在有限空间、时间内,在复杂流动状态下完成掺混、燃烧等物理化学变化,并且在燃烧室正常工作的前提下要求发动机性能损失最小,因此,这是一项极具挑战性的工作。目前,世界上的主要国家在这一领域的研究中投入了大量的国防预算,这为高超声速冲压发动机燃烧在今后的发展奠定了坚实的基础。

1.1.4　爆震发动机

随着人们对爆震现象的深入研究,基于爆震的推进系统的概念方案和原理样机层出不穷。爆震燃烧具有单位时间放热强度大、燃烧自增压、燃气压力与燃气温度高等特点,理论上可以替代传统的等压燃烧。理论上,基于爆震燃烧构建的热力学循环相比传统布雷顿热力学循环可提升约 50%的效率。根据爆震波的产生方式,爆震发动机可以分为驻定爆震发动机(Standing Detonation Engine,SDE)、脉冲爆震发动机(Pulse Detonation Engine,PDE)与连续旋转爆震发动机(Rotating Detonation Engine,RDE)。连续旋转爆震发动机如图 1-6 所示。

图 1-6　连续旋转爆震发动机

对驻定爆震与脉冲爆震,人们都已经开展了大量研究。然而驻定爆震要求飞行器飞行速度不低于 C-J 爆震速度,且需防止可燃混气在形成驻定爆震之前提前燃烧,所以驻定爆震工程化尚面临不少技术挑战。此外,多次反复起爆的机理认知尚不充分,导致脉冲爆震发动机可靠触发等问题仍未很好地解决,相关研究有待进一步开展。近年来,连续旋转爆震成为学术界和工程界聚焦的热点研究方向,基于连续旋转爆震的推进装置也逐渐成为航空航天领域新型推进装置的发展趋势。

国外在脉冲爆震发动机及连续旋转爆震发动机研究方面制订了多个战略计划,开展了一系列的试验研究和样机试制,基本完成了原理性试验,进入了演示验证阶段,已经取得了阶段性成果;斜爆震发动机和内燃波转子发动机仍处在原理探索阶段,技术成熟度较低。国内在脉冲爆震发动机及连续旋转爆震发动机研究方面开展了大量的基础研究,但受试验条件、测试方法的限制,工程化应用步伐较为缓慢;斜爆震发动机和内燃波转子发动机也处在原理探索阶段,与国外研究水平持平。

1.2 美俄高超声速武器动力技术发展趋势研究

2021年9月27日，美国防部宣布由雷锡恩公司承研的“吸气式高超声速武器概念”(Hypersonic Aspirationg Weapon Concept，HAWC)高超声速巡航导弹成功完成首次飞行测试。2021年10月4日，俄国防部宣称其成功在核潜艇上完成了“锆石”高超声速导弹的首次试射。美俄相继公布这两款以超燃冲压发动机为动力的武器型号的最新进展情况，意味着以超燃冲压发动机为动力的高超声速武器将进入新的发展阶段。美俄高超声速武器动力技术或许将迎来新的发展趋势，其研发路线可能会作进一步调整。

1.2.1 美俄高超声速武器主要研发计划

广义地讲，高超声速武器既包括高超声速导弹，也包括高超声速飞机，甚至还包括天地往返可复用空天武器。目前，国外进行高超声速武器研发的国家主要有美国、俄罗斯、法国、德国、英国、澳大利亚、印度、日本等，其中美国和俄罗斯的高超声速武器研发计划实施进度最快，进展也最大。因此，下面重点介绍美国和俄罗斯的高超声速武器计划。

1.美国的高超声速武器计划

美国的高超声速武器研发计划主要体现在四个方面：一是高超声速导弹，二是高超声速飞机，三是天地往返可复用空天武器，四是高超声速飞行试验平台。2017年之前，美国一直按“先导弹，再飞机，最后可复用飞行器”的路线图和相关技术成熟度来实施其一系列高超声速武器研发计划。2018年3月，俄罗斯总统普京发表国情咨文讲话，透露其两款高超声速导弹后，美国受到较大刺激，对高超声速武器研发计划的实施步骤进行了较大调整，试图先期利用成熟的高超声速技术加快高超声速导弹的部署步伐，然后在相关技术不断成熟的基础上推进高超声速飞机和天地往返可复用空天武器的发展。在这个过程中，美国特别重视发挥高超声速飞行试验平台的作用。实施步骤调整之后，美国高超声速武器研发计划的具体情况见表1-2和表1-3。

表1-2 美国高超声速导弹计划基本情况

计划名称	主管单位	性能参数	动力形式	2022财年经费预算/亿美元	进度
常规快速打击(Conventional Prompt Strike，CPS)计划	海军	速度：$Ma=6$ 高度：90 km 射程：4 000～5 000 km	助推滑翔：两级固体火箭发动机＋无动力滑翔	13.74 (3.66↑)	2025财年部署于驱逐舰，2028财年部署于潜艇
进攻型反海面战武器系统升级计划(Offensive Anti-Surface Warfare，OASuW-2)	海军		吸气式巡航：双燃室固体冲压发动机	0.57 (0.57↑)	2023财年第二季度进入工程和制造EMD阶段

续 表

计划名称	主管单位	性能参数	动力形式	2022 财年经费预算/亿美元	进 度
远程高超声速武器(Long Range Hypersonic Weapons, LRHW)计划	陆军	速度:$Ma=15$ 射程:2 775 km	助推滑翔:两级固体火箭发动机+无动力滑翔	3.01 (5.00↓)	2023 财年原型机部署
空射型快速响应武器(Air Rapid Response Weapon, ARRW)计划	空军	速度:$Ma=6.8$～8.0 射程:1 609 km	助推滑翔:火箭发动机+无动力滑翔	2.38 (1.44↓)	2022 财年具备早期作战能力
高超声速攻击巡航导弹(Hypersonic Attack Cruise Missile, HACM)计划	空军		吸气式巡航:固体火箭发动机助推+超燃发动机	2.00 (2.00↑)	2023 财年完成关键设计评估
战术助推滑翔(Tactical Boost Glide, TBG)计划	DARPA	速度:$Ma=9.0$～10.0 射程:1 000～2 000 km	助推滑翔:火箭发动机+无动力滑翔	0.50 (0.67↓)	2022 财年继续测试
作战火力(Operational Fires, OpFires)计划	DARPA	速度:$Ma=5.0$～6.0 射程:1000～1 800 km	助推滑翔:第一级为固体火箭发动机,第二级为推力可调火箭发动机+无动力滑翔	0.45 (0.05↑)	2022 财年完成关键设计评估
吸气式高超声速武器概念(Hypersonic Aspirating Weapon Concept, HAWC)计划	DARPA	速度:$Ma=5.0$～6.0 射程:1 000 km	吸气式巡航:碳氢燃料超燃冲压发动机	0.10 (0.10↓)	2022 财年完成最终评估
南十字星综合飞行研究实验(Southdrn Cross Integrated Flight Research Experiment, SCIFiRE)计划	澳大利亚国防部	速度:$Ma=5.0$	吸气式超燃冲压发动机	0.45 (0.075↑)	2022 财年完成第一阶段初步设计评估

注:"↑"和"↓"分别表示与 2021 财年相比较增加和减少的预算经费。

表 1-3　美国其他高超声速武器计划基本情况

计划名称		主管单位	承研单位	用　途	动力形式	备　注
高超声速飞机	SR-72	空军	洛克希德·马丁公司	执行侦察和打击任务	并联式TBCC	两者气动布局较接近，只是发动机上、下和左、右并联形式不同而已
	曼塔(Manta)	空军	波音公司	执行侦察和打击任务	并联式TBCC	
	夸特马(Quarterhorse)	空军	赫米尔斯(Hermeus)公司	执行总统/要员运输，情报、监视及侦察(ISR)和其他可能的作战任务	采用航空燃料的新型TBCC	空军近十年来认可的首款高超声速飞行验证机项目
天地往返可复用空天武器	X-37B	空军	波音公司	探索研究空间快速响应作战能力	火箭发动机	人类首架太空战斗机
	试验性太空飞机(XSP)	DARPA	波音公司	以低发射成本将商用和军用相关的有效载荷送入近地轨道和亚轨道	液体火箭发动机	受“猎鹰9号”火箭为代表的可复用火箭技术进步的影响，2020财年后未获得军方预算支持
高超声速飞行试验平台	X-60A	空军	美国时代轨道发射服务(GO)公司	满足军方对高超声速武器开展低成本多频次飞行试验的需求	液体火箭发动机	该领域首个获得X系列验证机编号的项目
	Talon-A/Z	平流层发射系统公司	平流层发射系统	瞄准美国军方需求，针对高超声速飞行试验市场提前布局的项目	吸气式液体火箭发动机	在之前Hyper-A/Z研制计划的基础上提出
	高频次低成本高超声速飞行试验平台(HyRAX)	空军	空军研究实验室	开展高频次、低成本、长航时的高超声速飞行试验		2016年发布

2. 俄罗斯的高超声速武器计划

俄罗斯的高超声速武器计划紧密结合其经济实力，在继承苏联相关技术力量的基础上发展较为务实，重点发展高超声速导弹，稳步推进高超声速飞机，择机发展天地往返可复用空天武器。俄罗斯高超声速武器计划基本情况见表1-4。

表 1-4　俄罗斯高超声速武器计划基本情况

计划名称		特 点	性能参数	用 途	动力形式	备 注
高超声速导弹	先锋(Arangard)	助推滑翔飞行	速度:Ma=20.0 射程:6 000 km	突破世界上所有防空及反导系统,对目标实施精确打击	两级火箭发动机	已处于战备值班状态,但其最终使用的萨尔马特载具尚未正式投入使用
	锆石(Ziron)	潜射或空基巡航飞行	速度:Ma=9.0 高度:30~40 km 射程:1 000 km	摧毁航母群和打击陆基目标	固体燃料火箭发动机+超燃冲压发动机	2021 年完成所有海基国家测试,后续还将进行空中平台测试
	匕首(Kinzhol)	空射型弹道导弹	速度:Ma=10.0 高度:18 km 射程:2 000~3000 km	摧毁导弹防御系统,攻击地面目标和海上舰船目标	固体火箭发动机	由伊斯坎德尔导弹改型而来,已完成部署
高超声速飞机	图-2000			针对 NASP 提出	TBCC	苏联解体后停止
	鳐鱼(Okhotrikcc)		无人驾驶	技术验证机		六代机考虑高超声速无人作战,待证实
空天往返可复用空天武器	鹰(Eagle)			开展军用飞机与天地往返系统的试验研究		启动较早,在飞行器总体、气动、材料与结构等方面取得较大进展,无后续消息
	铁锤(Hammer)		高超声速无人飞行器	对轨道级的布局和结构、冲压喷气发动机膨胀喷管推力特性进行研究		近几年批露,第二阶段工作针对天地往返可复用空天武器

1.2.2　美俄高超声速武器动力技术发展基本情况

目前,美俄针对高超声速武器发展的动力技术主要有四类:①火箭动力技术,发展较早,相对较成熟,主要用于助推高超声速武器至高超声速飞行状态,并视任务需要保持高超声速飞行,高超声速助推滑翔弹、高超声速巡航弹、天地往返空天武器都将使用火箭动力技术;②吸气式超燃冲压发动机技术,是处于攻关阶段并将有突破性进展的技术,发动机在高超声速飞行状态下从大气中汲取氧气,不需要携带沉重的氧气罐,因而可以使武器更小、更轻、更快,高超声速巡航弹、高超声速飞机、天地往返空天武器都是潜在的应用对象;③组合动力技术是最具潜力且发展势头最强劲的高超声速武器动力技术,结合高超声速武器不同飞行阶段的特点,组合利用各种动力装置的优势,实现效率与经济最优化,高超声速飞机和天地往返可复用空天武器未来都将优先考虑使用组合动力;④新概念发动机技术,是处于原理探索和初期技术验证阶段的技术，主要利用物理概念和原理上的突破，实现新型高超声速动力的维持与突破，在高超声速导弹、高超声速飞机和天地往返空天武器上都有潜在的应用价值。

1. 火箭动力技术

火箭动力技术是发展最早且应用最多的高超声速武器动力技术，前面介绍的高超声速武器中，高超声速助推滑翔弹在进入滑翔阶段之前使用的是火箭动力，高超声速巡航弹不管是空射型、潜射型还是地面发射，在冲压发动机工作之前仍需部分使用火箭动力，高超声速飞机的组合动力也有多种以火箭动力为基础的动力形式，垂直起飞的天地往返可复用空天武器对火箭动力也有较强的依赖。尽管如此，火箭动力的不可复用性导致运行成本过高，是其长期以来不可回避的弱点。因此，近年来国外大力发展可复用火箭运载技术，以降低运行成本。发展最为成功的是美国 SpaceX 公司的“猎鹰 9 号”运载火箭，其 2011 年开始发展运载火箭垂直回收和重复使用技术，2017 年首次利用回收的火箭一子级进行发射，成功实现火箭复用。在这期间，美国蓝色起源公司的 New Shepard 火箭也实现了对一子级的海上平台可控垂直回收。两家公司的不同之处在于，回收过程中前者采用栅格翼，而后者采用气动舵面实施气动控制。另外，俄罗斯也在 21 世纪初开始研制一种先进的可复用“安加拉”系列运载火箭，这种新型火箭的一子级安装有两台 RD－35R 发动机，发动机在一子级与二子级分离并返回到 30 km 高度时开始工作，使一子级返回发射场而实现可复用。该一子级按照设计要求最少能重复使用 10 次。可复用运载火箭的关键技术包括再入导航与控制技术、着陆机构设计、热防护技术、可复用火箭发动机技术等。

火箭动力技术近年来发展的另一个方向在于固体燃料。长期以来，火箭发动机的燃料多以液态氢或碳氢化合物气体燃料为主，而使用固体燃料的发动机具有结构简单、成本低、作战反应时间短、机动性好、能量密度高等优势，因而也逐渐引起了国内外学者的高度关注。其中，对固体燃料的关注点集中体现在如何更好地实现高能量、低特征信号、低易损性（即钝感）、少污染、低毒性等良好特性上。

2. 吸气式超燃冲压发动机技术

吸气式超燃冲压发动机技术概念自 20 世纪 50 年代中期提出以来，大致经历了五个阶段：一是原理验证阶段（1950 年代中期至 1970 年代），以美国的空天飞机（National Aero-Space Plane，HASP）计划和高超声速研究发动机（Hypersonle Research Engine，HRE）计划为代表，针对超燃冲压发动机的基础问题开展了大量研究；二是关键技术研究阶段（1970 年代至 1980 年代），以美国 NASP 计划为代表，氢燃料超燃冲压发动机的多项关键技术得到了较为深入的研究；三是地面试验验证阶段（1990 年代至 2000 年代初），以美国 HyTech 计划、HyFly 计划等为代表，开展了包括碳氢燃料在内的超燃冲压发动机大量地面演示验证试验，取得了丰富的地面试验数据，超燃冲压发动机在地面自由射流试验中获得了超出预期的性能结果；四是飞行演示验证阶段（2000 年代到 2010 年代），以美国 X－43A 计划、X－51A 计划、HyFly 计划、美澳合作的 HiFIRE 计划以及俄罗斯的“鹰”计划为代表，大力开展超燃冲压发动机的飞行演示验证，X－51A 第四次试飞成功表明美国的超燃冲压发动机技术达到了一个较高的水准；五是目前正在实施的工程武器化阶段（2010 年代至今），以美国空军的吸气式高超声速武器概念(Hypersonic Aspirating Weapon Concept,HAWC)计划和海军的HyFly－2计划为代表,从双模态和双燃烧室两种方案入手具体解决工程型号应用中超燃发动机的关键技术问题,当前正处于攻坚关键期。可以看出,尽管美国、俄罗斯、法国、澳大利亚、日本等国家均在超燃冲压发动机领域开展了广泛而深入的研究,但美国在该方面一直处于绝对领先的地位,具体情况如下。

美国通过NASP极大地推动了超燃冲压发动机的发展,在NASP之后按照循序渐进的方式开展了更加务实的系列冲压发动机研究,包括HyTech、HyFly、X－51等。美国空军1995年启动的HyTech计划首先验证了液体碳氢燃料双模态超燃冲压发动机工作的可行性。与此同时,美国海军的高超声速武器技术(Hypersonic Weapons Technology,HWT)计划在双燃烧室冲压发动机(Dual Combustion Chamber Ram Engine,DCR)技术取得突破后开展了大量关键技术验证工作。1996年,这两项计划均被纳入美国防高级研究计划局(Defense Advanced Research Projects Agency,DARPA)制订的经济可承受快速反应导弹验证弹(Affordable Rapid Response Missile Demonstration,ARRMD)计划中,以研制马赫数为6.0～8.0、采用碳氢燃料超燃冲压发动机的高超声速巡航导弹,同时满足美国空军和海军的作战要求。ARRMD计划最初设计了两种方案,分别是海军的双燃烧室冲压发动机(DCR)和空军的双模态超燃冲压发动机(Dual Mode Supercharged Ramjet,DMSJ)方案。经过两年左右的研究论证,DARPA认为海军的DCR发动机有很多关键技术的难点不易解决,更看好双模态超燃冲压发动机设计,最终选择了空军的双模态超燃冲压发动机(DMSJ)方案。

然而,美国空军的双模态发动机方案进展并不顺利,普惠公司在研制超燃冲压发动机的过程中,一度遇到了在超声速气流中发动机无法维持燃烧的重大难题,导致ARRMD计划一再拖延,最终于2001年被迫终止。不过,2005年9月,空军启动了采用双模态超燃冲压发动机方案的X－51A计划,以重新验证超燃冲压发动机技术,并发展了具有快速全球打击能力的高超声速武器。X－51A共进行了四次飞行试验,2010年5月26日首次试飞完成90%的试验目标,后两次试验失败的原因各不相同,但相关问题在2013年5月1日的第四次试飞中得到了圆满解决。至此,美国经过几十年发展的超燃冲压发动机技术达到了一个较高的水准。实际上,美国国防部在2012年时就预测到双模态冲压发动机技术将取得突破性进展,因此DARPA联合美国空军研究实验室(Air Force Research Laboratory,AFRL)共同推出HAWC(Hypersonic Appirating Weapon Concept,HAWC)计划,旨在于现有高超声速技术的基础上,发展射程约1 000 km、飞行马赫数为6.0的高超声速巡航导弹,进行关键技术开发和验证,并且开始高超声速导弹的武器化研制。HAWC是X－51A的后继项目,较大程度地继承和延续了X－51A的技术方案和研究成果,降低了高超声速武器的研制成本。2020年9月,DARPA宣布已经完成了洛克希德·马丁公司(简称洛马公司)和雷锡恩公司两种HAWC飞行器的系列挂飞行试验,侧重对双模态冲压发动机性能和热管理技术进行测试,结果显示其适合悬挂到载机上并空运到发射位置。2020年12月,洛马公司的HAWC原型机试射,因为基础的错误导致HAWC没有从B－52H母机上分离,试射宣告失败,这意味着原计划于2020年底完成的HAWC原型机试射将延期至2021年。与此同时，美国空军研究实验室（AFRL）于 2020 年 8 月 12 日公开发布了“一次性使用高超声速多任务吸气式演示验证飞行器”（Mayhem）项目的信息征询书（Request For Information，RFI），旨在验证某型尺寸更大、速域更宽、鲁棒性更好的双模态超燃冲压发动机技术，支撑高超声速巡航弹、高超声速飞机等发展，同时在试验能力上具备较好的可扩展性，可作为一型大尺寸、长航时的高超声速飞行试验平台。AFRL 计划利用 5 年左右时间实现其首次飞行试验。

在双燃烧室冲压发动机方面，DARPA 在 ARRMD 计划终止后于 2002 年重新审视了双燃烧室冲压发动机技术方案，联合海军研究局发起了为期 4 年的 HyFly 计划。HyFly 计划在充分利用前期 ARRMD 计划的技术基础上，取得了较快的进展，共开展了 6 次飞行试验。前两次为分离、助推等辅助性飞行试验，第三次为缩比试验，都比较顺利。后三次为全尺寸 DCR 飞行试验，都以失败而告终，最后一次飞行试验时间延迟到 2008 年 1 月。不过，美国在 2008 年提出了新一代先进双任务制空导弹计划，仍然希望采用双燃烧室冲压发动机为推进装置方案，在 HyFly 计划的基础上发展空空导弹或反辐射导弹。据《航空周刊》2020 年 11 月 4 日报道，美国国防部允许波音公司参与马赫数为 6.0 的巡航导弹的研发竞争，恢复双燃烧室冲压发动机（DCR）技术研制，旨在完成一型 DCR 的初步设计审查（Preliminary Design Review，PDR）和地面试验，为 OASuW－2“啸箭”计划提供高超声速吸气式巡航动力。该型 DCR 发动机实际为双燃烧室固体燃料冲压发动机，研制计划名称为超声速推进使能先进冲压（Supersonic Propulsion Enabling Adranced Raw，SPEAR）发动机项目，也称为高超声速飞行（HyFly2）项目，表明该项目是美国海军 HyFly 计划的后续项目。

美国在超燃冲压发动机技术研究方面除了同步开展上述两种不同工作模式的超燃发动机外，还有一个研究方向近年来也受到了较大关注，即固体燃料冲压发动机技术。以其为动力的高超声速导弹及高超声速飞行器具有速度快、结构简单、作战反应时间短等优势，适合作为高超声速巡航武器的动力系统，对国家安全及未来空间作战具有重要意义。固体燃料冲压发动机有三种构型：固体燃料超燃冲压发动机构型、双燃烧室固体燃料超燃冲压发动机构型、固体火箭超燃冲压发动机构型。HyFly2 项目就是使用了双燃烧室固体燃料超燃冲压发动机构型。另外，美国国防部和挪威国防部于 2020 年 4 月联合启动的战术增程型高速进攻性冲压发动机（THOR－ER）项目也旨在探索高超声速巡航导弹所需的固体燃料超燃冲压发动机构型，并将其转化到经济可行的、可在实战条件下实现高速远程飞行的全尺寸原型样机中。

俄罗斯开展超燃冲压发动机技术的研究要追溯到 20 世纪 50 年代苏联时期。第一科学研究所（NII－1）和中央流体动力研究院（TsAGI）分别在 20 世纪 60 年代建设了一批超燃冲压发动机技术研究用的试验设备，80 年代后又进行了一系列自由射流试验。苏联解体后，俄罗斯主要实施“冷”计划和“鹰”计划。1991—1998 年，“冷”计划的飞行器进行了 5 次飞行试验，采用氢燃料双模态发动机，实现了由亚燃向超燃的转变，最大飞行马赫数为 6.5。“鹰”计划的飞行器采用升力体布局，用 3 台液氢燃料超燃冲压发动机提供动力，飞行马赫数在 6.0 以上，2001 年 6 月和 2004 年 2 月，以白杨/镰刀（SS－25）导弹作为助推器进行了试飞。随后，俄罗斯在超燃冲压发动机领域的研究相对沉寂，直至 2012 年才再次看到俄罗斯完成高超声速导弹与载机挂架的分离试验消息。近年来，俄军频繁试射“锆石”导弹，据俄国防部 2021 年 10 月 4 日报道，“锆石”首次成功从核潜艇发射。“锆石”服役后，将凭借其速度优势，大幅压缩敌方防空系统的反应时间，实施高速突防和精确打击。关于“锆石”导弹的动力系统，俄媒早期报道多数认为是使用超燃冲压发动机，但也有报道称是固体火箭冲压发动机。此方面可密切关注俄罗斯中央机械制造研究所(Tsniimash)PGU－11 和 PGU－7 设备的试验。

3. 组合动力技术

组合动力技术主要是为了满足高超声速巡航弹、高超声速飞机和天地往返可复用空天武器的需求，充分利用火箭发动机、涡轮发动机和冲压发动机(含超燃冲压发动机)的优势，将其进行不同模式组合而发展起来的一种动力技术。长期以来，将涡轮发动机与冲压发动机组合而形成涡轮基组合循环发动机(TBCC)是国外开展可重复使用高超声速武器追求的一种理想动力形式，他们对此制订了系列研究计划。但是，目前涡轮发动机水平不足以使其推力与冲压发动机的推力相衔接，这是一个推力陷阱问题。因而，退而求其次，考虑火箭发动机的优势，形成现阶段组合发动机技术三条主要技术路线：一是将火箭发动机与冲压发动机(含超燃冲压发动机)组合而形成火箭基组合发动机(RBCC)，该方案技术成熟度相对较高，近期(2025 年前)有望实现，不过由于火箭发动机的可复用性尚处于初期实践应用中，加之火箭发动机自身死重和过量的氧化剂重量，运用成本仍趋高；二是将火箭发动机、涡轮发动机和冲压发动机相组合形成三组合发动机，技术成熟度较高，而且大大降低了所需氧化剂的重量，是近中期(2025—2030 年)追求的主要目标，但是三种发动机的接力工作及其死重仍是需要攻克的关键技术问题；三是大力发展高马赫数涡轮发动机技术和低马赫数冲压发动机技术，使两者顺利衔接，组合成成熟的 TBCC，其技术难度相对较大，但应用潜力大，是中远期(2030 年后)需重点攻克的技术。从 20 世纪 60 年代开始，美国和俄罗斯相继开展了大量的吸气式组合发动机基础和关键技术研究，美国在军用高超声速武器和民用高超声速飞机应用方面均有考虑，俄罗斯重点考虑的是军用高超声速武器应用。具体情况如下。

美国自 20 世纪 60 年代就一直在开展 RBCC 和 TBCC 的研究。RBCC 的研究大致分为三个时期：一是概念及方案研究(20 世纪 60 年代)，代表性的发动机有 ERJ(喷射冲压发动机)和 SERJ(增压喷射冲压发动机)发动机，两者均属于火箭与亚燃冲压组合循环发动机，拟解决冲压发动机不能自主起飞的问题；二是关键技术攻关(20 世纪 90 年代末)，典型发动机包括 Aerojet 公司的支板引射(Strutjet)、Rocketdyne 公司的 A5、格林研究中心的 GTX RBCC 发动机等，主要集中在火箭引射增益、多模态燃烧、模态转换等关键技术攻关方面；三是技术集成演示研究(21 世纪初至今)，以 Sentinel 飞行器发动机、Astrox－RBCC 发动机为代表，飞行演示验证是以 RBCC 为一级动力、垂直起飞、水平降落的两级入轨飞行器的技术问题为主。在 TBCC 研究方面，美国利用其在涡轮发动机领域的领先优势，主要面向三个方向开展研究工作：一是面向 TBCC 所需的高速涡轮发动机的研究，集中体现在 DARPA 的“高速涡轮发动机验证”(HiSTED)、空军研究实验室的“远程超声速涡轮发动机”(STELR)、NASA 的“革新涡轮加速器计划”(RTA)等项目中；二是面向 TBCC 所需的大尺度、宽速域超燃冲压发动机的研究，主要体现在空军研究实验室的“中等尺寸超燃冲压发动机关键部件计划”(MSCC)、“中等尺寸超燃冲压发动机验证计划”(MSSD)等项目中;三是面向模态转换等 TBCC 关键组合技术开展的研究,重点体现在 NASA 的“组合循环发动机”(CCE),DARPA 的“‘猎鹰’组合循环发动机技术”(FaCET)、“模态转换”(MoTr)、“先进全速域发动机”(AFRE)等项目中。三组合发动机主要是为了解决 TBCC 在马赫数 3.0~4.0 的范围内无动力可用,需要通过火箭提供动力的问题。近年来,美国主要以 Aerojet 公司和波音公司提出的 TRIJET 为代表开展三组合发动机的研究。美国在这些项目的支持下,持续开展组合发动机技术攻关。

俄罗斯开展 RBCC 和 TBCC 发动机的研究也较早,做过许多试验验证,并取得了不少成果。20 世纪 60 年代,苏联就进行了高速发动机的研究。20 世纪 70—80 年代,中央航空发动机研究院(CIAM)进行了全尺寸的涡轮冲压发动机地面试验,对涡轮冲压发动机中的关键技术进行了研究,奠定了苏联在涡轮冲压发动机技术研究方面的领先地位。1993 年,俄罗斯宇航局制订了为先进可复用空间飞行器研制组合式推进系统的计划,即“鹰”(ORYOL)计划。其中,研制组合动力的计划称为“ORYOL-2”,CIAM 为最主要的承担单位。CIAM 联同俄罗斯重要的设计局、研究院所和大学,负责涡轮冲压组合循环发动机 TBCC 的研究,该项工作的代号为“ORYOL-2-1”。另外,还有一个“ORYOL-2-2”计划,主要研究液化空气循环发动机。近年来,未见有关于俄罗斯组合动力方面的后续消息。

4.新概念发动机技术

为了解决高超声速武器的动力问题,美俄除了持续开展上述动力技术的攻关外,也另辟蹊径,提出了一些新概念发动机技术。这些新概念发动机原理独特,作用效果明显,发展势头好,应用潜力大。典型代表有预冷却发动机、爆震发动机、磁流体发动机等。需要说明的是,有些概念尽管不是近几年才提出来的,但其仍未进入工程应用阶段,所以将其统一归为新概念类别。

预冷却发动机利用高效紧凑换热技术对高温来流进行预冷却,把进口空气的滞止高温降低至发动机正常工作的温度范围,并构建新的气动热力循环对来流空气的热量进行高效利用,从而在大气层宽速域工作范围内具有高比冲及高可靠性,可满足高超声速飞机和天地往返可复用空天武器从地面水平起飞至高超声速工作中宽速域范围内的推力需求。目前,英国喷气发动机公司(REL)是国外开展预冷却发动机技术研究进展最显著的机构,AFRL 给予了高度关注,并积极参与其“佩刀”发动机(SABRE)项目的合作研究,以支持美国的高超声速飞机研发。与此同时,AFRL 还开展了该类型发动机的建模和性能评估工作,认为该新型发动机方案原理先进可行,并且在工程实现上不存在重大技术障碍。2019 年 5 月,AFRL 与 REL 合作研究的 SABRE 实现了马赫数 5.0 条件下 1 000 ℃高温气流在 0.05 s 内冷却到约 100 ℃的模拟;2021 年 9 月,SABRE 完成了 HX3 换热器和先进氢预燃器这两个关键子部件的测试。在此之后,将开展这两个关键子部件的联调,以实现 SABRE 作为动力的高超声速飞机实现顺利起飞和早期稳定飞行的目标。

爆震发动机是一种基于超声速爆震燃烧的发动机,爆震燃烧过程具有很高的燃烧速度和反应物转换速率,可近似为等容燃烧过程,其热循环效率远高于常规等压燃烧。目前,爆震发动机主要有脉冲爆震发动机(PDE)、连续旋转爆震发动机(RDE)和斜爆震发动机

(ODE)三种类型。PDE 是一种利用脉冲式爆震波产生周期性冲量的非定常推进系统,具有热循环效率高、结构简单、重量轻、推重比大、比冲大、单位燃料消耗率低、工作范围宽等优点,不仅可以作为独立的推进装置,也可以与涡喷或涡扇发动机组合,为高超声速飞行器提供动力。美国和俄罗斯等国家已结合实际应用需求在 PDE 的研究方面投入了大量的人力、物力和财力,开展了大量试验研究和样机试制,目前已基本完成了原理性试验,进入了演示验证阶段,并取得了阶段性成果,但推力水平仍未达到预期,若要获得经济实用的高超声速武器,还需要解决大量技术难题。RDE 采用环形燃烧室,推进剂从燃烧室的封闭端喷入,产生一个或多个爆震波在燃烧室头部旋转传播,燃烧产物从另一端高速排出,从而产生推力。与 PDE 相比,理论上 RDE 只需要一次起爆就可以连续燃烧,避免了高频率重复起爆的问题,而且其工作上限马赫数可高于 5.0,下限马赫数可低于 3.0,是解决 TBCC 推力的理想动力装置,近些年成为了爆震发动机研究的热点之一。美国在旋转爆震机理研究和工程化应用方面处于世界领先水平。俄罗斯也在旋转爆震方面开展了较多应用研究,据称其成功试飞的 Yu－71 高超飞行器可能就采用了旋转爆震发动机动力形式。相比 RDE,ODE 是一种面向更高马赫数应用的爆震发动机形式,通过在燃烧室中放置激波发生装置,将已达较高混合效率的高速燃气来流通过斜激波压缩实现点火起爆,形成激波与燃烧波的耦合体,即斜爆震波,以实现连续的燃烧放热。斜爆震可工作的马赫数上限高于传统超燃冲压发动机,因此可延缓火箭推进模式开启的时间,进而可以减少火箭推进剂的携带量。美国和俄罗斯曾经兴起过 ODE 研究热潮,但迄今还没有能长时间稳定运行的试验案例,也没有可靠性高的发动机样机。

磁流体发动机是采用磁流体能量旁路技术扩展发动机工作范围的一种动力形式。其基本原理是利用磁流体发电,从发动机入口前的高焓气流中提取部分能量,通过磁流体加速重新注入燃气中使其加速,因而可以不用经过燃烧室就能转化为喷气流的动能。磁流体发动机起源于 20 世纪末俄罗斯 Leninetz 公司提出的磁流体冲压组合发动机(AJAX)概念。作为一种新概念的高超声速动力装置,AJAX 的提出受到了国际上航空航天大国的高度关注。目前,磁流体发动机主要有磁流体冲压组合发动机和磁流体涡轮组合发动机两种形式。磁流体冲压组合发动机通过磁流体发电,使进入发动机的气流速度减小和温度降低,发动机能在更高的飞行马赫数下工作,磁流体加速进一步增大发动机排气速度,增大推力,提高发动机性能。磁流体涡轮组合发动机是在磁流体冲压组合发动机的基础上,由美国 NASA 格林研究中心于 2003 年提出的,是一种利用磁流体能量旁路与传统涡轮发动机组合实现高超声速发动机的研究方案,能使涡轮发动机的工作范围从马赫数 3.0 扩展到马赫数 7.0。不过,由于现有技术成熟度的限制,目前磁流体能量旁路技术在组合发动机中应用的相关研究主要集中在理论分析、数值模拟和相关原理试验验证方面。对于磁流体冲压组合发动机,研究进展相对较慢,主要工作集中在可行性研究,以及简单参数研究的准一维流路计算和近似的二维数值模拟研究等。对于磁流体涡轮组合发动机,NASA 格林研究中心正在考虑进行地面示范验证试验计划,并对其可行性进行了数值计算,主要针对磁流体发电通道出口气流是否能满足后续发动机工作要求进行研究。无论是磁流体冲压组合发动机,还是磁流体涡轮组合发动机,其关键都在于磁流体发电。

1.3 高超声速飞行器动力系统未来发展前景分析

通过对美俄高超声速武器及相关动力技术研究情况进行梳理，可发现其高超声速武器动力技术未来的发展趋势主要体现在以下几个方面。

(1)火箭协同其他动力形式将是近阶段美俄高超声速武器优先考虑的动力技术发展方向。具体来说，高超声速助推滑翔弹主要考虑采用火箭助推＋空气动力辅助机动的动力方式，技术较成熟，易进入型号生产；陆基、空基和海基高超声速巡航弹在初始飞行阶段均需考虑采用火箭进行助推加速至超燃冲压发动机工作状态；高超声速飞机的理想动力形式是涡轮基组合发动机，但在当前高马赫数涡轮发动机尚不成熟的条件下，先期将借用火箭发动机的技术优势，包括发展火箭基组合发动机、吸气式火箭协同组合发动机等；天地往返可重复使用空天武器也重点考虑火箭动力协同入轨和可重复使用再入需求。

(2)吸气式超燃冲压发动机在工程型号应用上的重大突破将加速美俄高超声速武器研发路线的调整。美俄在规划高超声速武器重大研发项目时，一直没有放弃过使用超燃冲压发动机的动力方案。俄罗斯近年来在高超声速滑翔弹研究上取得的重大进展，迫使美国将原来“优先发展高超声速巡航弹”的路线调整为“优先发展高超声速滑翔弹”的路线。不过，这只是超燃冲压发动机尚未攻克关键工程应用技术过程中的暂时调整。从最近 DARPA 成功试飞 HAWC、俄军成功试射“锆石”等消息，以及相继批露的 Mayhem、SPEAR 等吸气式动力研究计划中可以看出，美俄将于近期将“优先发展高超声速武器滑翔弹”的路线调整为“并行发展高超声速滑翔弹和高超声速巡航弹”的路线。

(3)以涡轮发动机为基础组合的其他冲压发动机，仍是美俄高超声速武器在动力方向追求的高级目标。涡轮发动机和吸气式超燃冲压发动机的共同特点是能够从大气中汲取氧气，不需要携带沉重的氧气罐，因而可以使武器更小、更轻、更快，两者相组合能使高超声速飞机、天地往返空天武器等高超声速武器实现地面水平起降，是最具潜力且发展势头最强劲的高超声速武器动力技术。结合高超声速武器不同飞行阶段的特点，组合利用涡轮发动机等各种动力装置的优势，实现效率与经济最优化，高超声速飞机和天地往返可复用空天武器未来都将优先考虑使用以涡轮发动机为基础的组合动力。

(4)预冷却发动机等新概念发动机的快速发展有望在美俄高超声速武器中得到应用。预冷却发动机、爆震发动机、磁流体发动机等新概念高超动力在原理上具有创新性，发展势头非常强劲，应用潜力很大，值得高度关注。这些新概念发动机近年来在原理验证方面均取得了明显的成绩，尤其是预冷却发动机中的强预冷却发动机已趋于工程应用的阶段。当然，这些发动机要真正走进工程应用阶段，还有许多关键技术需要攻破。在关键技术攻关阶段，需要进行大量的数值模拟分析和地面验证试验，可以持续跟踪这方面的具体进展情况来研判这些新概念发动机在未来高超武器中应用的可行性。

第 2 章　国内外涡轮基组合循环(TBCC)动力系统发展状况

2.1　国内外涡轮基组合循环动力系统研发概况

2.1.1　TBCC 推进系统基本特征

1. TBCC 推进系统发展背景及特点

进入 21 世纪以来，空间载荷的低成本投送、对超远距离目标的快速打击，以及全球范围的高速运输，种种诸如此类的目标都使得人们对远程、高速飞行器的需求日益增加。

TBCC 推进系统有着较高比冲、宽飞行包线，更符合大气层内飞行的高超声速飞行器对动力的要求。对此，世界各国纷纷推出 TBCC 发动机研究计划，对 TBCC 发动机进行了大量的研究，取得了一定的成果。但由于研制高超声速推进系统难度大，开发和飞行试验周期长，地面试验设备昂贵，仍有很多 TBCC 发动机关键技术没有突破，人们所期待的吸气式高超声速飞行的实现还有很长的路要走。

2. TBCC 推进系统组成结构

TBCC 发动机从结构布局上可分为串联式和并联式，如图 2-1 所示。

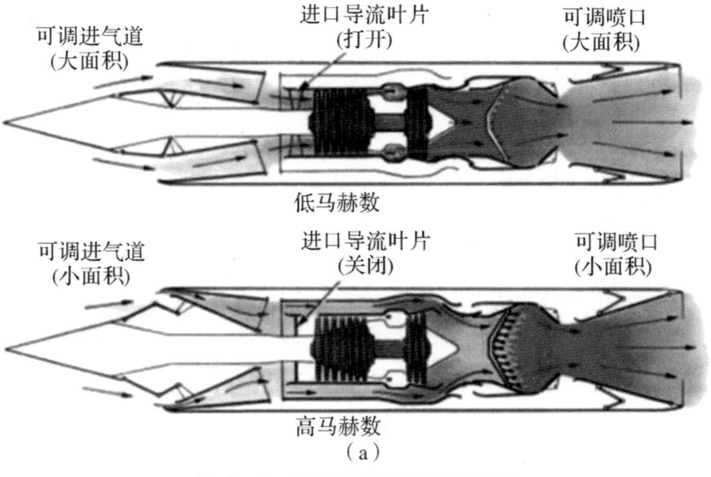

图 2-1　TBCC 发动机方案结构

(a)串联式 TBCC

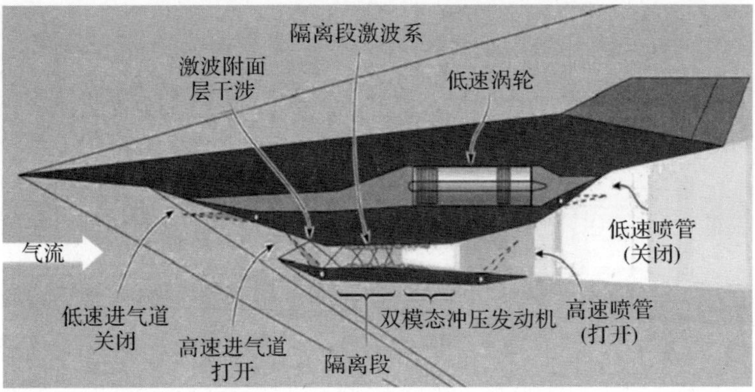

(b)

续图 2-1 TBCC 发动机方案结构

(b)并联式 TBCC

串联式 TBCC 的冲压发动机置于涡轮发动机之后,两种发动机共用进气道、燃烧室和尾喷管。在进气道下游,设置空气调节阀门。在低马赫数下,涡轮发动机通道和冲压发动机通道的压差很大,要通过空气调节阀门将冲压发动机通道关闭,发动机完全以涡轮加速模态工作,此时,发动机具有加力涡轮发动机的特性。同样,在高马赫数下,因为在冲压条件下气动加热对结构有着重大影响,为了避免发动机受到破坏,空气调节阀门将涡轮发动机通道关闭,使涡轮发动机通道与冲压发动机通道隔离,此时,发动机完全以冲压模态工作,具有冲压发动机的特性。

从布局来看,串联式布局方式结构紧凑,附加阻力小,但是由于这种结构采用加力/冲压燃烧室共用模式,因此,在模态转换过程中,"如何保证燃料在加力/冲压燃烧室稳定燃烧?""如何防止气流从冲压管道回流?""如何防止涡轮发动机出现气动不稳定?"等问题,使得从涡轮模态向冲压模态及冲压模态向涡轮模态转换成为这一布局的最大技术难点。

并联式 TBCC 的涡轮发动机和冲压发动机分为两个独立的通道,都有各自的燃烧室。在前体预压缩下游,发动机分为涡轮通道和冲压通道,涡轮发动机和冲压发动机的尾喷管都与公共的二元扩张喷管相连接。当涡轮发动机工作时,涡轮发动机进气阀门打开,气流通过涡轮发动机燃烧做功,产生推力。当冲压发动机工作时,冲压发动机进气阀门打开,同时涡轮发动机的进气阀门完全关闭,以避免高温空气进入通道烧蚀压缩部件。

并联式布局方式迎风面积大,但这种排列能够在很大程度上避免串联布局结构所引起的模态转换对发动机稳定工作影响的弊端。在并联 TBCC 方面,为了开发高效益、安全、可靠的新型航天运载器,美国的下一代发射技术(NGLT)提出了双级入轨(TSTO)方案。对该方案在 2003—2004 年期间进行了论证,并确定了以并联 TBCC 作为双级入轨第一级的入轨方案。该方案中的并联 TBCC 由独立的涡轮发动机和双模态超燃冲压发动机组成,预计进行 $Ma=7$ 的高速飞行。

3. 典型 TBCC 推进系统工作原理

TBCC 动力系统由涡轮喷气(或涡轮风扇)发动机与冲压发动机有机结合而成。在起飞和加速期间，发动机起到常规涡轮喷气发动机的作用。在 $Ma\approx3.0$ 以下的飞行状态，加力燃烧室不工作。当飞行器加速通过 $Ma\approx3.0$ 时，涡轮喷气发动机关闭，进气道的空气直接进入加力燃烧室，加力燃烧室成为冲压发动机燃烧室。此时，发动机起冲压发动机的作用。

2.1.2　全球重点国家及地区 TBCC 推进系统发展概况

1. 美国 TBCC 推进系统发展概况

美国自 20 世纪 50 年代开始，遵循不同阶段的国家项目或计划开展 TBCC 发动机研制工作，经历了 SR－71 项目、NASP 下的 RTA 计划、FaCET 计划、SR－72 计划、AFRE 项目等时期，其研制历程如图 2－2 所示。

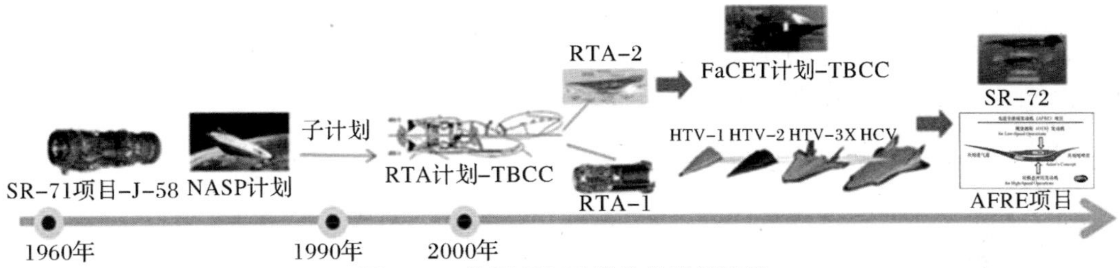

图 2－2　美国 TBCC 发动机研制历程

2. 日本 TBCC 推进系统发展概况

1989 年，日本提出了高超声速运输机 10 年研究计划，首期目标是研制飞行马赫数超过 5 的 TBCC 发动机。先后共论证了 12 种 TBCC 结构形式，最终对同轴串联式组合发动机进行重点研究。1990 年，日本开始验证发动机的基础设计，1993 年完成了高超声速运输推进系统研究(Hypersonic Transport Propulsion System Research，HYPR)项目变循环涡扇发动机核心机第 1 阶段实验，验证了核心机涡轮前温度能达 1 973 K。1994 年秋，日本进行变循环涡扇发动机验证机地面实验，验证了其海平面状态性能良好；同一年，完成缩比尺寸冲压发动机火焰稳定器实验；1996 年，成功进行了高空台实验，验证了发动机高空性能、风车起动特性以及变循环方案的可行性。经过近 10 年的研究，日本初步完成了 TBCC 发动机及其部件的可行性验证，突破了许多关键技术。后续研究重点主要转向进气预冷 TBCC 发动机膨胀式空气涡轮冲压发动机(Air Turbo Ramjet Expander，ATREX)。

3. 俄罗斯 TBCC 推进系统发展概况

20 世纪 60 年代，俄罗斯中央航空发动机研究院(CIAM)开展了 TBCC 发动机研究，基于地面试验样机 CIAM TRJ，研究了模态转换、部件冷却等。1993 年，俄罗斯联邦航天局制订了为先进可重复使用空间飞行器研制组合式推进系统的计划，目的为探索并联式和串联式 TBCC 发动机方案，并分析其优缺点。研究表明，并联式 TBCC 发动机方案较串联式更好，所以在后续研究中主要倾向于并联式方案。同时，开展了 TBCC 关键技术研究，针对不同飞行器需求，开展了飞行器与组合动力一体化研究。

4. 其他国家 TBCC 推进系统发展概况

1985 年，德国开始桑格尔(Sanger)空天飞机研究，旨在发展一个水平起降的两级入轨飞行器，如图 2－3 所示。直到 1991 年，在各方面的支持下，欧洲第 1 台用于空天飞机的涡轮冲压组合推进系统才成功进行了地面试车，但由于经费问题，该项目后来被迫停止。

图 2－3　Sanger 概念飞行器

2.1.3　TBCC 推进系统应用前景

1. 作为轨道飞行器的第 1 级推进系统

无论是较早的美国 NASP 计划，还是德国的 Sanger 计划，针对 TBCC 发动机的研究都是为了满足可重复使用的天地往返运输系统的要求而开展的。随着新的空间军备竞赛的不断升温，建立太空军事基地已成为航天先进国家发展的方向，而其前提是必须有速度快、机动性强、可重复使用的高速飞行器，以满足高频率的运送任务。以 TBCC 发动机为动力装置的高速飞行器在满足未来向太空军事基地运送有效载荷方面具有相当大的优势。

2. 作为低成本高速飞行试验平台的动力装置

在飞行试验过程中，高速飞行器的起飞一般由火箭助推或飞机携带发射完成。如果高速飞行器在飞行试验过程中发生故障而无法返回，将造成极大的试验经费损失，且延长试验周期。采用 TBCC 发动机作动力装置的飞行器具有能水平起飞和着陆的特点，可以避免此类问题，而且用 TBCC 发动机做动力装置的飞行器可以达到马赫数为 6 的飞行速度，基本能够完成新型高速飞行器的飞行试验(例如可作为类似美国 X－43A 高速飞行器的飞行试验平台的推进系统)。美国空军对一种预冷却的涡轮基组合循环发动机(Steamjet)感兴趣的原因之一就是希望 Steamjet 能够作为小型高速飞行试验平台的动力装置。

3. 作为高速巡航导弹的动力系统

目前，世界主战巡航导弹的动力装置主要是涡轮风扇发动机。受涡轮风扇发动机使用的限制，该类巡航导弹一般都是在亚声速条件下飞行，因此很容易被防空导弹拦截，达不到有效攻击的目的，所以必须提高巡航导弹的飞行速度。虽然超燃冲压发动机是现在研究的热点，而且其飞行马赫数可以达到 6 以上，但由于其技术上实现困难，暂时还难以用作巡航导弹的动力装置。而 TBCC 发动机凭借其技术特点，成为高速巡航导弹动力装置的理想选择之一，美国 RTA 计划的近期目标就是将 TBCC 发动机用作高速巡航导弹动力装置。

4. 作为高速侦察机的推进系统

受科索沃战争、阿富汗战争和伊拉克战争的影响，各国对发展无人侦察飞机给予了前所未有的重视。目前许多高空无人侦察飞机的飞行马赫数都不超过 1，很容易遭受导弹的攻击。因此，发展高空高速无人侦察飞机是一个新的方向，而预冷却的 TBCC 发动机是其理想的动力装置。实际上,预冷却的 TBCC 发动机最早是冷战时期的产物,为了发展高速拦截机,美国于 1955 年开展了预冷却的 TBCC 发动机研究,并成了大量的工作,而随着冷战的结束,高速拦截机已经失去了存在的意义,预冷却的 TBCC 发动机研究也就相应终止。但 TBCC 发动机作为高空高速无人侦察飞机动力装置是可行的。

2.2　国内外典型涡轮基组合循环动力系统项目

TBCC 组合发动机作为一种革新的吸气式高超声速推进系统概念,各国研究者都对其应用价值给予了极高的期望。以美国为代表,其在空气涡轮冲压发动机方面的研究工作早在 20 世纪 50 年代就已经开始了。近几十年来,在 TBCC 组合发动机方面,国外取得了许多重要的工作进展。

2.2.1　NASA CCE LIMX 推进系统

NASA 的组合发动机部分发展(CCE)计划针对 RBCC 开展研究工作,旨在为军事空天飞机提供第一级动力,可运送有各种使用目的的第二级载荷进入轨道。CCE 计划采用哨兵(Sentinel)开展试验,以引射模态作为低速段动力垂直起飞,当飞行马赫数达到 3.5 时,开始以双模态冲压发动机模式进行工作;当飞行马赫数达到 8 时,第 2 级由一次性的过氧化氢助推火箭推送入轨,第 1 级则返回地面水平降落。目前,飞行器一体化气动设计和飞行轨迹的优化等工作已部分完成。如图 2-4 为 NASA CCE LIMX 推进系统样机。

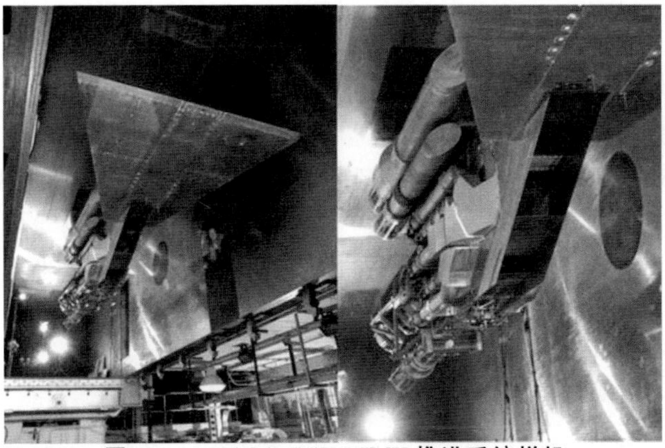

图 2-4　NASA CCE LIMX 推进系统样机

2.2.2　J58 发动机

20 世纪 70 年代及以前的高马赫数飞机最高速度均为 $Ma=3$ 级别,动力系统主要是涡喷发动机,或基于涡喷发动机应用扩包线技术扩展并改进其高速性能。这一阶段,美国的 SR-71 高空高速战略侦察机和 J58 涡喷发动机是研究高马赫数飞机及动力设计(见图 2-5 和图 2-6)的典型案例。该发动机从 1956 年起研制,飞机从 1963 年起研制、1966 年投入使用、1998 年退役。SR-71 最大飞行马赫数为 3.2,升限为 30 km,最大起飞总质量为 78 t,作战半径为 5 400 km。推进系统采用双发半翼展短舱式布局,由多波系轴对称混合压缩式进气道、J58发动机、引射式尾喷管等构成。推进系统主要有3条流路:发动机主流路、发动机旁路和发动机舱流路。

图2-5　SR-71高空高速战略侦察机

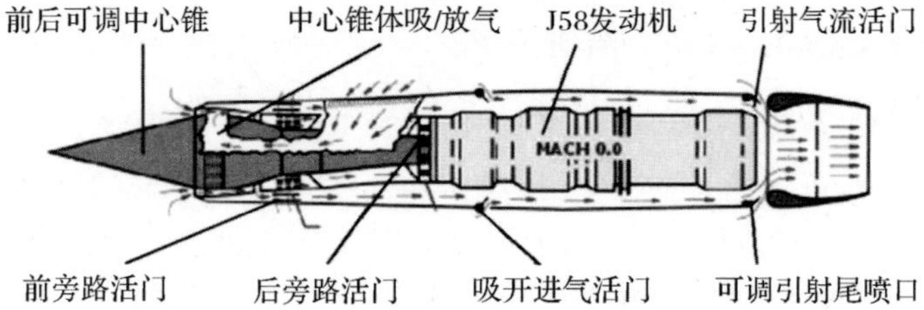

图2-6　SR-71高空高速战略侦察机的推进系统

1. J58发动机概况

J58发动机为带旁路放气的单轴涡喷加力发动机,有9级压气机、8管环管燃烧室和2级涡轮。发动机进口流量为136 kg/s,总增压比为8.8,起飞推力为152.9 kN,推重比为6。在之前原型基础上压气机第4级后增设6根大直径放气管路,当飞行马赫数低于2.2时,旁路放气系统关闭,发动机工作在涡喷模式;当飞行马赫数高于2.2时,旁路放气系统打开,发动机工作在类似涡扇模式,涵道比约为0.15。6根放气管路将第4级压气机后部分气流引至加力燃烧室参与燃烧,缓解压气机堵塞问题,改善流通能力,增大发动机推力。图2-7所示为J58发动机。

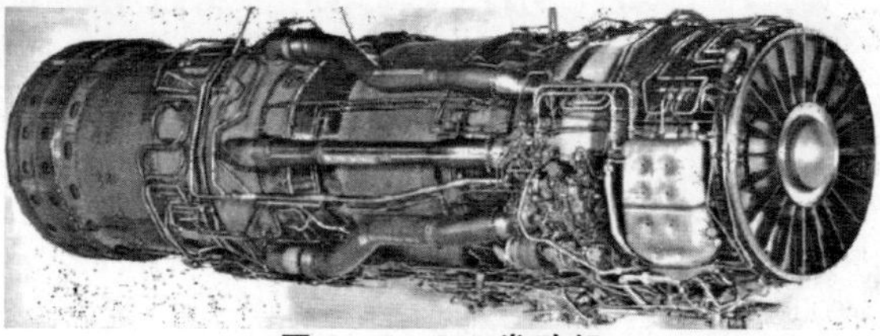

图2-7　J58发动机

2. 进/排气系统

进气系统采用一套复杂调节机构(见图2-8),以解决不同状态下与发动机的流量平衡、混合压缩进气道起动和进气道附面层吸除等问题。中心锥根据马赫数前后可调,6个辅助进/排气通道根据压力平衡自行调节。排气系统中主发动机采用可调收敛式喷管、吸开式辅助排气门,短舱后体结构尾喷管采用浮动式可调喷管。

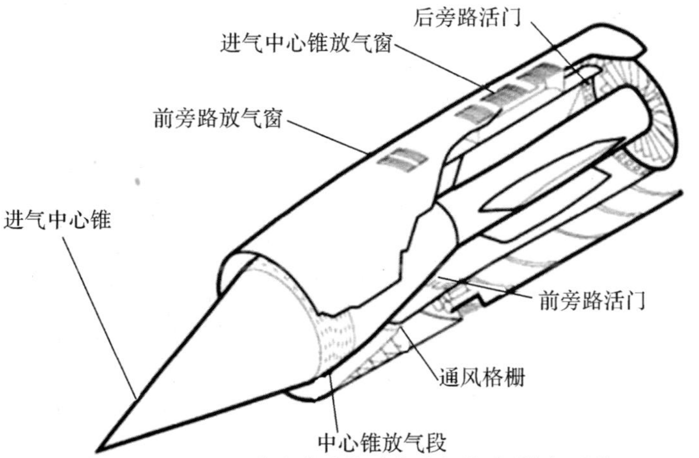

图 2-8　SR-71 高空高速战略侦察机的进/排气系统

在不同马赫数下，动力系统进气道、发动机、引射喷管所产生推力的占比见表 2-1，从表中可见，在高马赫数状态下，推力主要来自进气道和引射喷管。

表 2-1　在不同马赫数下动力系统各组成部分产生推力的占比

马赫数	进气道/%	涡轮发动机/%	引射喷管/%
0	0	100	0
2.2	13	73	14
3.0	54	17	29
3.2	58	17	25

2.2.3　SR-72 飞行器动力系统

SR-72 是洛克希德·马丁公司于 2013 年 11 月公布的马赫数为 6 的高超声速飞行器，采用并联式 TBCC 发动机。该项目的技术源自“猎鹰”计划的 HTV-3X 项目，特别是动力装置。SR-72 采用的并联式 TBCC 发动机与 HTV-3X 验证的很相似(见图 2-9 和图 2-10)。项目中的关键技术有推力接力技术、射流预冷却技术、超级燃烧技术、涡喷发动机与超燃冲压发动机集成技术。

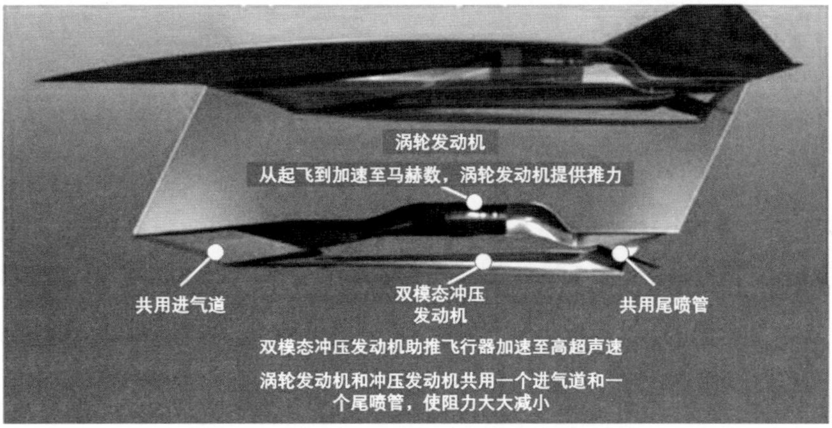

图 2-9　SR-72 概念构想及其动力示意图

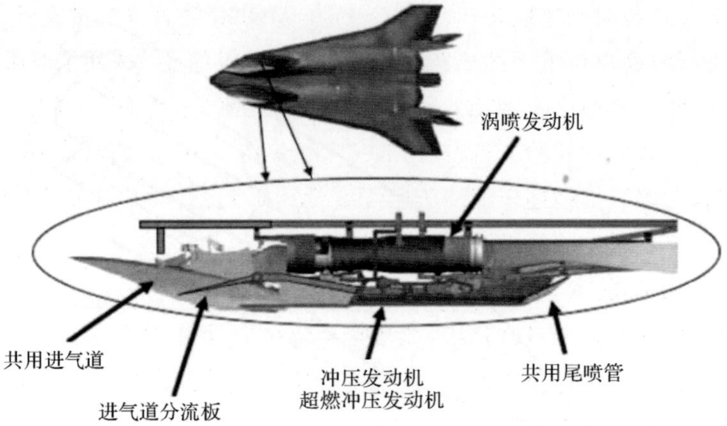

图 2-10　HTV-3X 概念构想及其动力示意图

在 SR-72 项目中，臭鼬工厂与航空喷气洛克达因共同合作，借鉴 FaCET 项目技术，解决了 TBCC 动力中现有涡喷发动机与超燃冲压发动机的集成问题。FaCET 项目完成的 TBCC 缩尺模型地面试验，由小型高马赫涡轮发动机和亚燃/超燃冲压发动机组成，两种发动机共用一轴对称进气道和喷管。SR-72 项目的动力集成方式与该模式联系紧密。解决推力接力问题时：SR-72 一方面借助 HiSTED 计划开发的高速涡轮发动机技术，来提升涡轮发动机的性能，使涡轮发动机的工作马赫数能提高到 2.5 以上；另一方面对冲压发动机进行改进，使其工作包线能下移到马赫数 2.5 左右。同时，还考虑采用射流预冷技术和超级燃烧技术来扩大涡轮基工作包线。在 SR-72 概念构想阶段，TBCC 的涡轮基采用战斗机成熟发动机改型，超燃冲压发动机技术则继承 X-51A 计划中飞行验证过的技术。

SR-72 未来将拥有有人、无人两种飞行模式，当 $Ma=0\sim3$ 时，可采用有人驾驶方式执行飞行试验、作战等任务，当 $Ma=3\sim6$ 时，可选用无人驾驶方式执行 ISR 和打击等任务。洛马公司已完成 SR-72 部件的缩比试验，并进行一系列演示验证试验，2018 年研制了技术验证机，2023 年实现首飞。该高超声速飞机可在 1 h 内到达全球任何地点，凭借其速度优势突破敌防空系统，执行 ISR 及打击等多样化作战任务。

2.2.4　Hypr 90 发动机

日本在高超声速客机发动机研制方面不甘落后，制订了 HYPR 计划，目的是研究和验证高超声速运输机（巡航马赫数为 5）的推进技术。

该计划始于 1989 年，由日本国际贸易与工业部的工业科学与技术研究所（AIST）牵头，参与研制计划的除日本 3 家公司和政府下属的 4 个实验室外，还联合了美国的通用电气公司（GE）飞机发动机部（GEAE）和普惠司（P&W）、英国罗尔斯·罗伊斯公司（RR）和法国斯奈克马（SNECMA）公司。

在 HYPR 的 10 年研究中，首先进行了组合循环发动机的方案论证，选定发动机的设计参数，采用涡扇发动机和冲压发动机共轴前后串联的组合循环结构方案（其中，涡扇发动机工作范围为从起飞到马赫数 3；冲压发动机从马赫数 2.5 开始工作，最大飞行马赫数达到 5，并在马赫数 5 下保持长时间巡航飞行。为了满足起飞和着陆时排气速度低、实现低噪声水平及高空高速飞行时高单位推力的要求，涡轮风扇发动机的设计采用了变循环概念，然后分阶段进行高温核心机、变循环涡轮风扇发动机验证机(HYPR90 - T，见图 2 - 11)、亚声速燃烧的冲压发动机、组合循环发动机验证机(HYPR90 - C，见图 2 - 12)及其部件的设计、制造和实验(地面和高空台实验)，其他还包括冲压燃烧室设计研究、噪声抑制实验研究、低污染物排放的燃烧室研究、进气道和喷管设计、测量和控制的研究，并发展了广泛用于部件设计研究的计算流体力学(CFD)技术。

经过 10 年的研究和发展，HYPR 计划取得了丰硕的成果，实验验证了组合循环发动机及其部件的可行性，突破了许多关键技术。后续的研究计划主要转向以液氢为燃料，进气预冷的涡轮/冲压组合发动机技术领域。

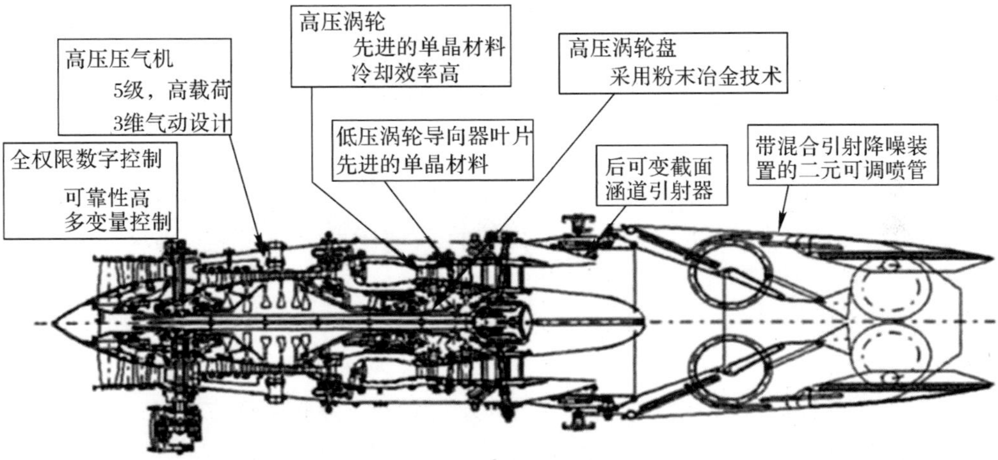

图 2 - 11　HYPR90 - T 剖面

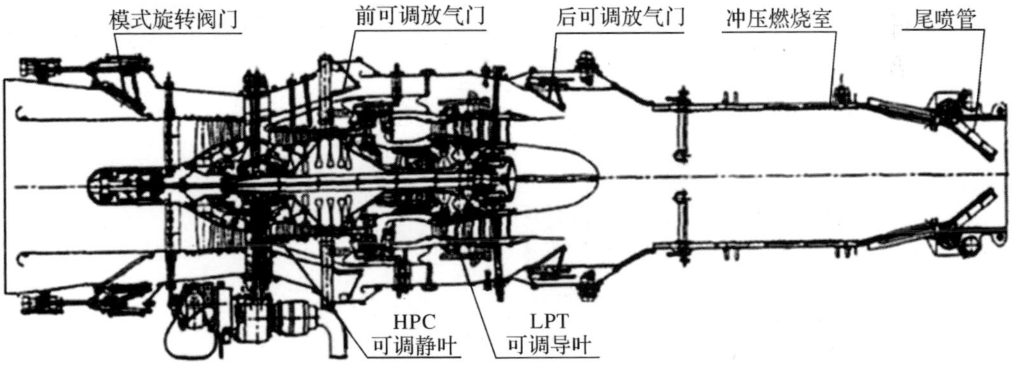

图 2 - 12　HYPR90 - C 剖面

2.2.5　RTA 发动机

在 ASTP 计划中，从 2001 年开始，NASA 与通用电气公司和艾利逊先进发展公司等签订合同，开发革新的涡轮加速器(RTA)，同时还与波音公司签订合同，开发以 RTA 为动力的空间飞行器。

1999—2000 年，在 TBCC/RTA 项目支持下，针对波音和洛克西德·马丁公司提出的几种马赫数为 4 的一级飞行器对推进系统的需求，通用电气公司、艾利逊先进发展公司和普惠公司提出了一种中等尺寸的、推力可达到 453 600 N 的 TBCC 验证机方案。在 TBCC/RTA 项目的资助下，NASA 格林研究中心（GRC）、美国空军研究实验室（AFRL）和美国通用飞机发动机集团（GEAE）的研究工作分两个阶段进行：第一阶段，设计一台中等尺寸发动机（RTA－1），对可能使用的先进技术进行系统级的验证，原计划在 2006 财年进行首次试验；第二阶段将进行马赫数为 5、推重比为 15 的一级缩尺发动机的地面试验，原计划在 2009 财年完成 TBCC 和 RBCC 推进系统的技术对比研究，并根据研究结果在 2016 财年实施。GEAE 将在原有 YF120 发动机部件的基础上，集成部分新的部件，形成低成本、多用途的马赫数为 4+的技术验证机 RTA－1，如图 2－13 所示。图 2－14 所示为 RTA 计划发展路线图。

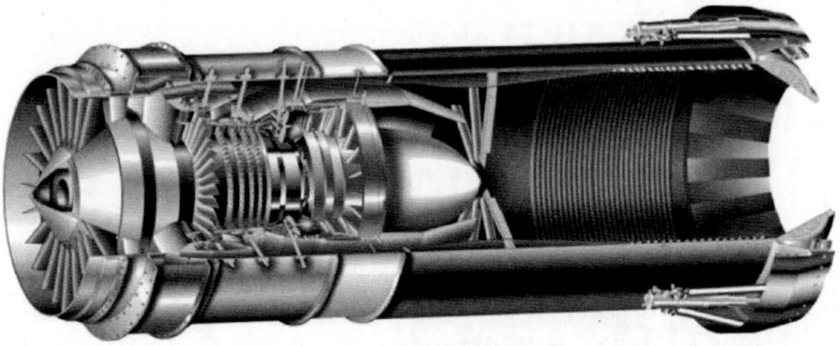

图 2－13　RTA－1 **发动机外形**

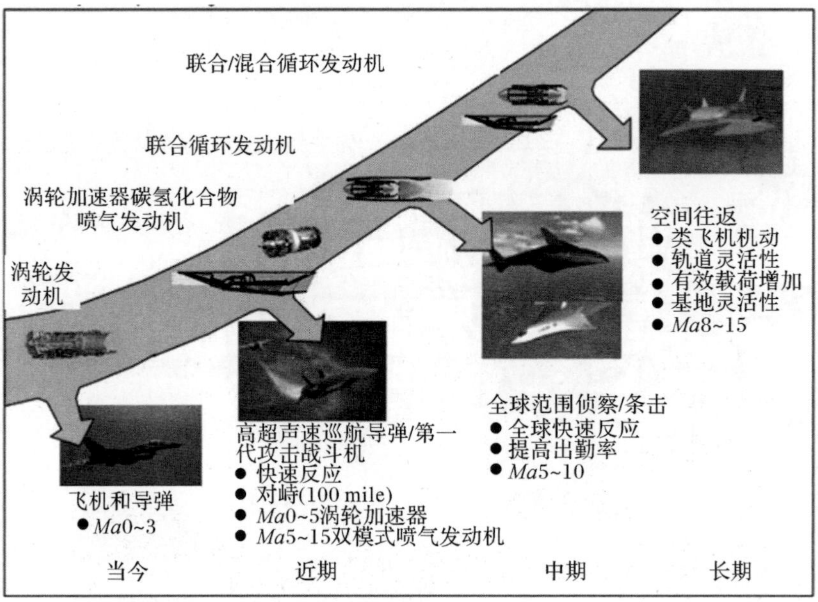

注：1 mile＝1.609 3 km

图 2－14　RTA **计划发展路线图**

RTA-1 涡扇发动机采用常规的加力燃烧和变循环技术，产生足够的推力将飞行器加速到马赫数 3，马赫数大于 3 后，冲压燃烧室从常规的加力工况过渡到冲压工况，继续加速到马赫数 4+(见图 2-15)。在 RTA-1 的设计中，涵道比变化范围达到 10 倍的量级，需要设计新的风扇和核心驱动风扇级，并使得总压比与 YF120 相比有所下降；风扇、核心机和冲压燃烧室特性必须在宽广的工作范围内达到匹配，同时还需要冲压燃烧室的性能适当；从加力到冲压的转换，需要复杂的燃油系统和冲压燃烧室结构；由于高马赫数引起高进口温度，所以需要热管理系统来保护发动机构件和轴承等。

RTA-2 将采用通用可承担先进涡轮发动机(VAATE)计划和超高效发动机技术(UEET)计划中发展的新技术，原计划到 2015 年推重比达到 15 以上，工作马赫数达到 5+，与 J58 相比，部件寿命将是它的 4 倍，维修工作量大大降低，可靠性达到现代民用航空发动机的水平。

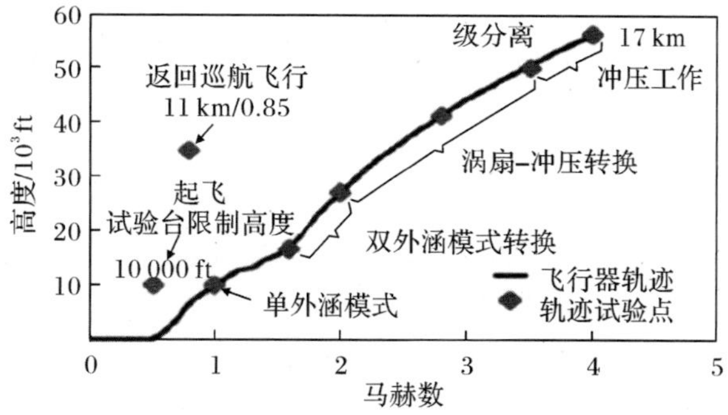

注：1 ft=0.304 8 m

图 2-15　RTA-1 发动机在飞行轨迹上的地面试验点

图 2-16 所示是 RTA 在 X-43B 上进行飞行试验的上下安装布局。图 2-17 所示是波音公司专为 RTA 设计的两级入轨飞行器方案。第一级以 RTA 为动力用碳氢燃料，将航天器加速到马赫数超过 4 后，第二级脱离，以火箭基组合动力继续加速入轨。第一级运载机为无人驾驶；驾驶员和乘员在第二级内，发射时可以控制运载机；第二级脱离后，运载机无人驾驶返回目的地，加油并装载新的第二级航天器后又可起飞。第一级还可作为运载工具，将第二级航天器转场。

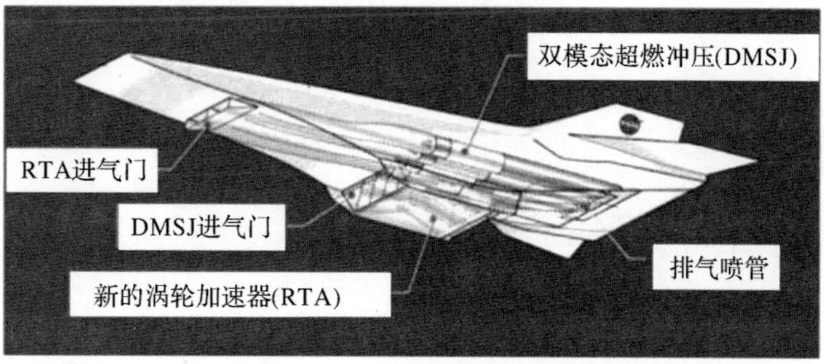

图 2-16　RTA 在 X-43B 上进行飞行试验的上下安装布局

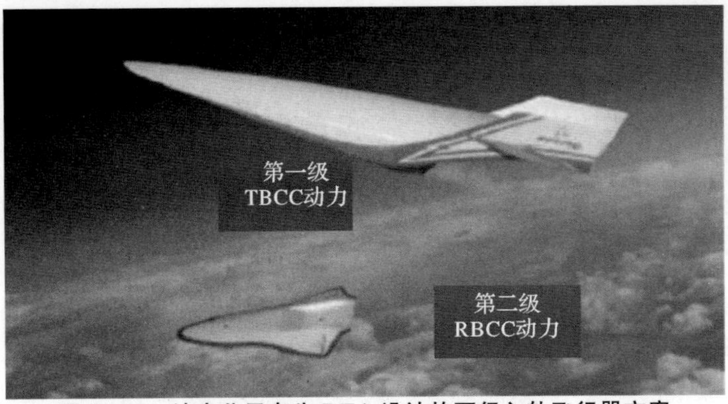

图 2-17　波音公司专为 RTA 设计的两级入轨飞行器方案

2.2.6　ATREX 计划

膨胀式空气涡轮冲压发动机(ATREX)是日本航空航天科学研究所联合几家公司(IHI、KHI、MHI 等)共同研制的,可用作高超声速飞行器或两级入轨可往返式空天飞机的推进系统。ATREX 发动机的有效推力可将飞行器从海平面静止状态推到高 30 km、飞行马赫数 6.0 的飞行状态。

ATREX 的主要部件包括轴对称进气道、预冷却器、燃烧室、塞式喷管等,如图 2-18 所示。预冷却器是 ATREX 的关键部件之一,主要作用是扩展涡轮发动机的工作包线,提高其推力。在预冷却器研制中,分别对其进行了缩尺模型试验和地面试验。试验结果表明,预冷却器还存在不少设计问题,如结冰等。日本国家航天实验室正积极尝试新的方法,试图解决预冷却器结冰的问题。

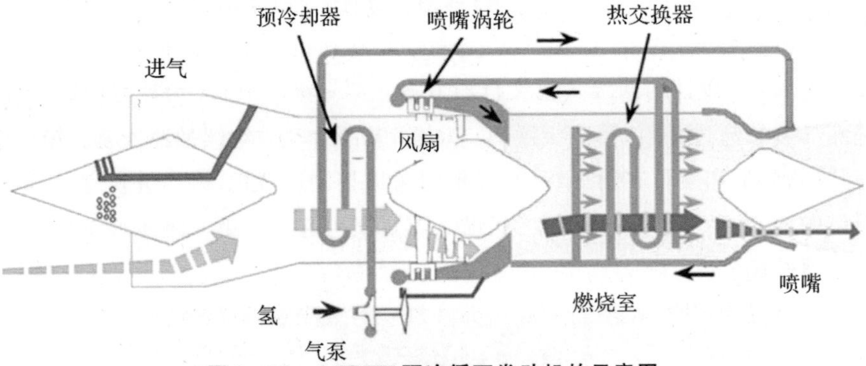

图 2-18　ATREX 预冷循环发动机的示意图

ATREX 项目实施过程显示,在吸气式涡轮冲压膨胀循环中,涡轮基的工作范围可明显增大,最大飞行马赫数有望从常规涡喷发动机的 3.0～3.5 扩展到 5.5～6.0。采用这种带预冷装置的 TBCC 组合动力装置,可使高超声速飞行器实现水平起降。ATREX 发动机地面试验验证进一步表明,该类型组合循环具有可实现性。

其中 ATREX 发动机空气/氢气预冷器是该项目首创的独特部件。一种早期配置如图 2-19 所示。预冷循环特有的一个问题是预冷器结冰,日本设计团队成功验证了一种防止结冰的措施,即在预冷器前喷洒少量酒精。

图 2-19　AN 型预冷器

2.2.7　MANTA 计划

MANTA 计划是由美国空军牵头，由美国航空工业巨头——波音公司承担的临近空间侦察、打击平台研究项目，其于 2007 年启动，预计型号于 2025 年首飞。该计划分两阶段发展。第一阶段采用缩比飞行器，利用空中发射实现马赫数 5~7 的巡航飞行，最后利用涡轮发动机实现亚声速返回，2013 年实现初始运行能力；第二阶段为全尺寸飞行器，利用组合动力实现水平起降和马赫数 7 的巡航飞行，预计 2025 年前实现初始运行能力。

MANTA 布局方案由波音公司提出，采用涡轮基双模态冲压发动机，机头为三维内转进气、小展弦比、大后掠翼翼身融合布局，机长 22.9 m、翼展 13.4 m、机高 5.4 m，起飞总重 84 t，载荷 2.5 t，翼载 273 kg/m^2。全机总体布置非常紧凑，机身主要布置进/排气系统和动力系统，占到全机投影面积的一半以上。采用内外混压不可调内并联进气道、大膨胀比单边膨胀喷管。采用大后掠凸前缘三角翼布局，外漏翼面积非常小，属于典型的高速布局。全机仅四块舵面(两块升降副翼、两块方向舵)，气动力控制难度较大。MANTA 飞行器总体布局如图 2-20 所示。

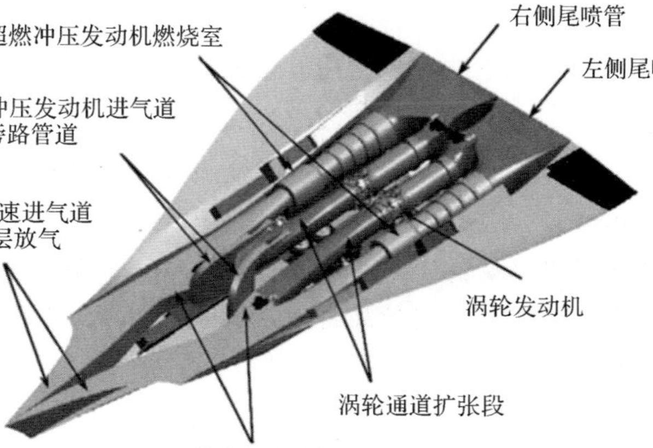

图 2-20　MANTA 飞行器总体布局

2.2.8 AFRE 计划

先进全速域发动机（AFRE）计划建立在 RTA、FAP、FaCET、HiSTED、STELT 和 MoTr 计划的研究基础上，启动于 2016 年，旨在完成马赫数 0～5 级全尺寸涡轮基冲压组合发动机模态转换的地面集成验证，拟为未来吸气式可重复使用高超声速飞行器提供动力。该计划已于 2017 年 9 月分别与轨道（ATK）公司和洛克达因公司签订合同，在 2018 财年完成大尺寸进气道、全尺寸燃烧室的制造和初始测试，以及全尺寸尾喷管的制造及其与现货涡轮发动机的初步集成等。该项目包含两个阶段：第一阶段主要完成 TBCC 各部件的设计、试制和试验以及整机方案设计，第二阶段则主要完成整机集成以及地面试验验证，具体任务分解及进度安排如图 2-21 所示。

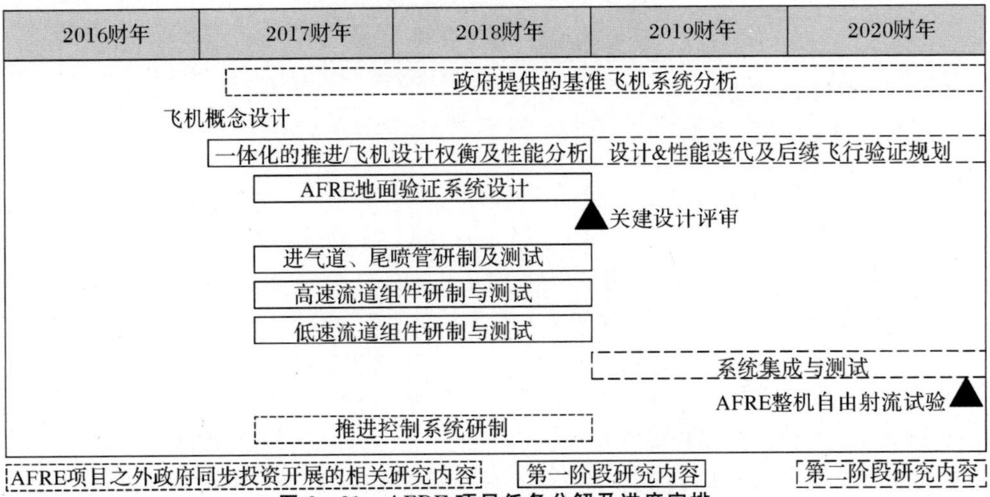

图 2-21　AFRE 项目任务分解及进度安排

AFRE 计划是模态转换（MoTr）计划的持续计划。MoTr 计划是验证采用涡喷模式，在转换到冲压/超声速冲压之前，达到 $Ma=3.0\sim4.0$；而 AFRE 计划是直接采用目前能够达到 $Ma=2.5$ 的发动机。AFRE 计划的目的是解决常规涡喷发动机在 $Ma=2.5$ 时仍然能够正常工作及冲压发动机在 $Ma<3.5$ 时不能有效工作的问题。AFRE 发动机的结构如图 2-22 所示。

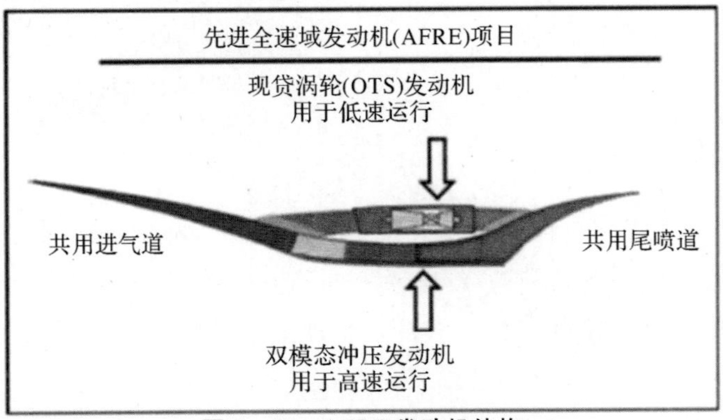

图 2-22　AFRE 发动机结构

2.2.9　NASP 计划

1986—1995 年,美国开展的国家空天飞机(National Aero-Space Plane, NASP)计划,为了发展单级入轨(SSTO)高超声速飞行技术,其推进系统分成高速($Ma=6\sim25$,超燃冲压模态)和低速($Ma=0\sim6$,TBCC 模态)两模块,其低速推进系统采用上、下并联式 TBCC 设计,飞行马赫数 $Ma=0\sim5$,模态转换点为 $Ma=3$,通过机械调节控制涡轮喷管和冲压喷管的流量,如图 2-23 所示。

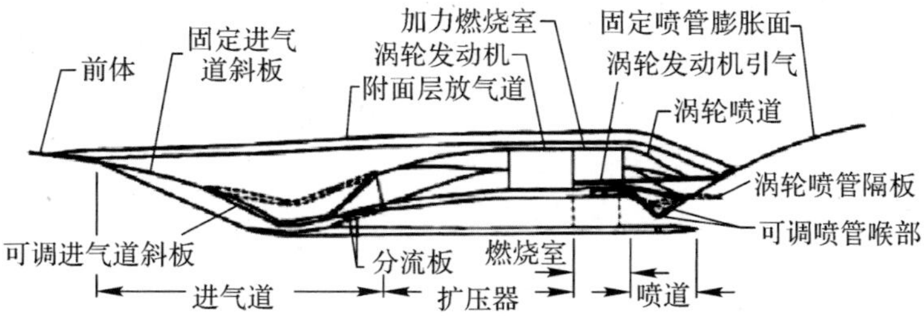

图 2-23　NASP 计划的并联式 TBCC 发动机

2.2.10　FaCET 计划

美国还制订了"猎鹰"组合循环发动机技术(Falcon Combined-cycle Engine Technology,FaCET)计划,这是为了研究和发展一种可重复使用的采用碳氢燃料的 TBCC 组合发动机,其从起飞到超声速飞行由涡轮发动机单独完成($Ma=0\sim4$),在超声速段和高超声速初始段由亚燃冲压发动机完成($Ma=2.5\sim5.0$),从 $Ma>5$ 到高超声速巡航状态由超燃冲压发动机完成。图 2-24 所示为 FaCET 计划试验模型及试验台架。

图 2-24　FaCET 自由射流试验模型及试验台架

2.2.11　Sanger 计划

德国在 1988—1994 年期间开启了一项高超声速发动机研究与发展计划(Sanger 计划),主要完成 TBCC 发动机及其进/排气系统的研发设计,其发动机为一台串联式 TBCC 发动机,作为 Sanger 飞行器的一级动力装置,如图 2-25 所示。MTU 公司提出,TBCC 发动机的关键技术主要有满足全包线的推力性能要求、飞行器-发动机的一体化相容技术、高推重比/低耗油率设计、涡轮和冲压模态转换控制技术、进气道和喷管复杂型面设计等。

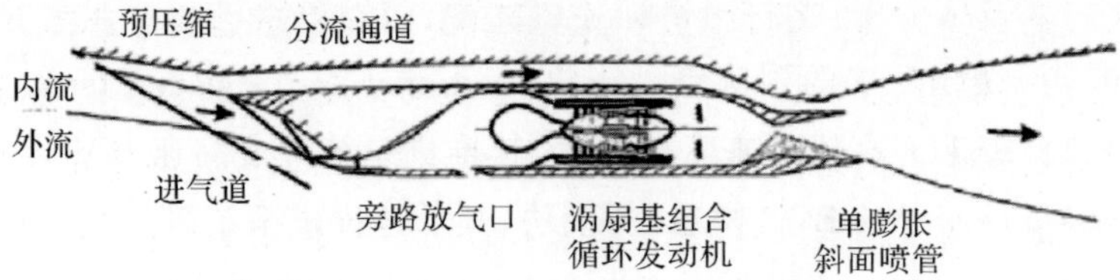

图 2-25　Sanger 飞行器的 TBCC 发动机

2.2.12　国内研究进展

我国在高超声速研究领域的起步较晚，在 20 世纪 90 年代中期，沈阳发动机研究所的诸惠民开展了串联式 TBCC 发动机基准方案的研究，主要包括一体化性能、结构与布局设计和部件级相关设计工作。在 TBCC 发动机总体性能和部件级方面的研究，中国燃气涡轮研究院等研究所的科研人员开展了较为详细的并联式 TBCC 发动机部件级研究。

哈尔滨工业大学、南京航空航天大学和西北工业大学等高校对并联式 TBCC 发动机进行建模和仿真研究，得到了发动机全包线范围内的工作特性。北京航空航天大学的陈敏等开展了串联式 TBCC 发动机模态转换过程相关研究。南京航空航天大学的张华军等开展了 TBCC 发动机的内、外并联两种构型的进气道设计方法研究。西北工业大学的张建东开展了 TBCC 发动机进气道初步方案设计研究。西北工业大学的王占学等开展了串联式 TBCC 发动机的总体性能计算、进/排气系统一体化设计等方面的研究。

2.3　涡轮基组合循环动力系统研发关键技术

根据 NASA 基础航空计划高超项目组以及国内外相关学者研究，目前，TBCC 发动机面临的主要核心关键技术如下。

2.3.1　模态转换技术

TBCC 发动机的模态转换技术是整个 TBCC 研究的一个重点和难点。TBCC 发动机在每次使用中都将面临从涡轮向冲压、超燃冲压或相反的模态转换，在转换中怎样避免压缩系统的失速，推力的大幅下降，来自冲压发动机进气道和风扇旁路门的逆流、堵塞、熄火、喘振等，以及如何实现涡轮发动机的空中起动，都是 TBCC 发动机模态转换过程中需要考虑的问题。同时，如何合理匹配涡轮、亚/超燃等模态的气动设计，将其集成为一个统一的推进系统？这也是目前待解决的问题。串联式布局的 TBCC 发动机的最大技术难点在于，模态转换时保证燃料在加力/冲压燃烧室稳定燃烧，防止气流从冲压管道回流；并联式布局的 TBCC 发动机因进气道内流动十分复杂，需确保在模态转换过程中建立稳定和有效的气动过程。

模态转换技术的研究途径如下：

(1)结合飞行器总体方案、飞行弹道和流道匹配，研究模态过渡点选择方法，确定出涡轮/冲压和亚燃/超燃模态过渡点，为模态过渡的数值模拟和试验研究提供指导依据。

(2)通过对涡轮发动机的结构优化，引入涡轮预冷技术，以提高涡轮发动机最大工作马赫数，拓宽涡轮发动机的工作范围，促进两组元发动机的顺利过渡。

(3)以模态过渡点附近的飞行马赫数为目标，优化冲压发动机的结构，以提高冲压发动机在模态过渡前的工作性能，拓宽冲压发动机的工作范围，促进两组元发动机的顺利过渡。

(4)在涡轮发动机和冲压发动机的基础上引入其他形式的发动机，在发动机模态过渡点附近高效稳定地工作，避免由涡轮向冲压发动机过渡时产生推力。

(5)研究模态转换方法：改变来流总温，即通过改变加热器中氢气、空气以及补充的氧气之间的配比来不断提高来流总温，提升马赫数，实现双模态冲压发动机从亚燃模态转换为超燃模态；改变燃料当量比，模态转换取决于燃料的喷注压力，随着燃料当量比的增大，燃烧室由超燃模态进入亚燃模态；通过改变几何构型和喷注位置等方法实现燃烧模态的转换；等等。

2.3.2　高速涡轮发动机技术

旋转部件必须能够承受高飞行马赫数引起的高温气流的冲击；相比现在军用的涡轮发动机，TBCC 发动机中的涡轮发动机必须能够适应宽广的飞行范围；用于 TBCC 发动机的涡轮发动机必须在尺寸和重量等方面有严格的限制，同时，高速飞行时发动机进气温度相当高，目前材料难以满足需求。如何在高温、高速旋转时还能够保证发动机部件的轻质和高强度？这是亟待解决的问题。TBCC 发动机的燃料除了需要体积小、热值高之外，还必须承担繁重的飞行器和发动机部件冷却的任务。因此，高热沉的碳氢燃料或其他燃料必须能够同时满足以上要求，从而在高速飞行时为 TBCC 发动机提供可靠的冷却能力。

调整涡轮发动机技术的研究途径如下：

(1)利用最新热防护材料设备技术，完善压气机叶片等高温热端部件的热防护方案。

(2)开展冲压燃烧室传热数值模拟，确定热防护方案，并利用已有条件开展发动机燃烧室直连试验，考核主动冷却发动机燃烧室热防护方案。

(3)开展变循环涡轮和冲压流道的一体化主动热防护耦合设计，尝试利用液氧的冷却能力进行热防护，考虑利用新的循环方式建立新型主动热防护方式。

2.3.3　组合循环一体化技术

当高速飞行器以 6 倍于声速以上的速度在大气层中飞行时，空气阻力将急剧上升，所以其外形必须高度流线化，即让前机身容纳发动机吸入空气的进气道，让后机身容纳发动机排气的喷管。

(1)研制可变几何进气道,解决进气道较大的马赫数工作范围和性能之间的矛盾;采用先进的流场控制技术,合理布置进气道内的波系,提高进气道的起动与气动性。

(2)TBCC发动机在工作过程中,尾喷管的热力载荷与气动载荷增加很大,尤其是在冲压模态下,有必要考虑新型冷却方式及创新性结构设计方法(如上下双喉道型尾喷管概念)。

(3)开展一体化建模工作,建立等效进气道模型和尾喷管模型,保证发动机模型具备正常工作的能力,进而建立综合飞行器进气道、发动机、飞行器尾喷管等的数学模型。

2.3.4 宽域进排气系统设计技术

TBCC发动机进排气系统的设计难点在于覆盖马赫数0～6＋解决宽域工作范围带来的进/排气系统匹配设计问题。

一是几何可变进气道的设计技术。一般将高超声速飞机的前体下壁面作为组合动力进气道预压缩面,提供高压力的入口流场给进气道内压段。要进行流场控制设计,合理布置进气道波系,保证进气道能够正常起动,提高气流捕获流量系数和总压恢复系数,并具备较好的出口流场品质和抗反压能力。

二是几何可变排气系统设计技术。一般将飞机平台后体下表面作为排气系统的外膨胀段,降低静压,增加动量,获得推力。排气系统要同时满足不同类型发动机在各自工作时的需求,减轻不同流道气流干扰对推力造成的影响,尤其是模态转换时要精确调节喷管喉道面积,平稳过渡推力,同时还要满足尾喷管在高热载荷和气动载荷下的对结构强度和热防护等的需求。

2.3.5 发动机自适应控制技术

高超声速飞机速域宽,动力系统工作模态多,进排气系统调节机构复杂,控制逻辑复杂,对精度以及反应时间要求极高,要求动力系统能够根据飞行状态进行实时动态自适应调节,并具备强鲁棒性。同时高超声速飞机平台的热管理系统、能源生成系统、热防护系统等均与动力系统关系密切,也需要动力系统能够实时自动监控相关状态,并能够根据平台总体需求自动进行适应性调整。

2.3.6 热管理技术

高超声速飞行时发动机产生的内部热和飞机平台外部热需要统筹考虑管理。除采用陶瓷和碳/碳复合材料等耐热、隔热材料进行热防护外,还要考虑采取被动和主动冷却措施,既要保证冷却效果,又要保证冷却系统重量和结构不影响平台和动力系统的性能,还要满足可重复使用的长寿命需求。对于动力系统内部,除了高速通道、低速通道以及热部件的热防护需求外,还需要考虑进气道和尾喷管的分流调节板与固定侧壁之间存在的高温动态密封问题,若气体泄漏率过大,则不仅会降低发动机性能,甚至会导致整个发动机结构破坏,必须高度重视。

2.4　涡轮基组合循环动力系统相关专利

2.4.1　一种基于中间分流板调节的 TBCC 排气系统设计方法

(1)申请号:CN202210202769.6。

(2)专利权人:南京航空航天大学。

(3)发明人:徐惊雷、李源、吕郑、李锐。

该发明中的 TBCC 排气系统如图 2-26 所示。

按照动力布局划分,TBCC 可分为串联式和并联式两大类,串联式布局的冲压发动机沿来流方向布置在涡轮发动机后方,二者共用进排气和燃烧室等主要部件,结构紧凑、技术成熟度高,但两种类型的发动机共用流道部分过多,相互之间存在强烈干扰,难以协调控制,导致其工作上限不高。并联式布局则将冲压发动机和涡轮发动机上、下分开布置,二者有各自独立流道,大大减小了两套发动机之间的相互干涉,提高了最大工作马赫数上限和推进性能,但同时也存在占用空间大、与机身一体化困难的问题。双通道排气系统作为并联式 TBCC 的核心部件之一,其设计水平对飞行器加速性能、燃油消耗量和姿态平稳控制都有着极大的影响。如何设计结构简单、与后体高度一体化的调节机构是排气系统设计中亟待解决的核心问题之一。传统的旋转下唇板+旋转分流板方案存在操纵力矩过大、与中间分流板位置干涉等问题。

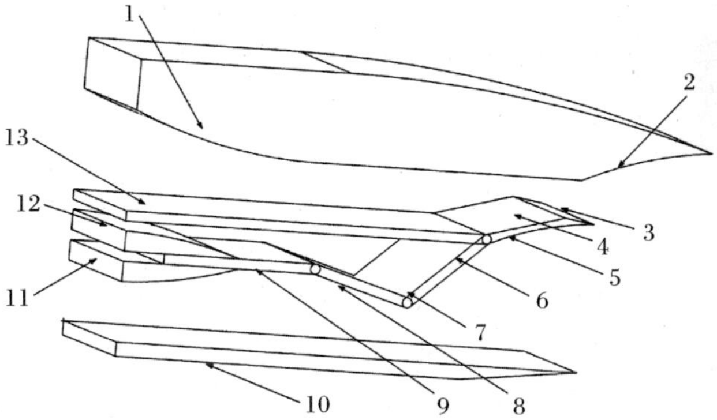

图 2-26　排气系统示意图

1—涡轮发动机通道的上收缩段;2—涡轮发动机通道出口的上膨胀段;
3—中间分流板上型面的后半段;4—中间分流板上型面的前半段;5—中间分流板的下型面;
6—被动杆;7—铰接销;8—连杆;9—滑轨;10—冲压发动机通道的下唇板;
11—滑轨下支座;12—滑轨上支座;13—涡轮发动机通道的下收缩段

该发明的目的在于提供一种基于中间分流板调节的 TBCC 排气系统设计方法,用以解决两通道调节机构位置存在相互干涉的问题,同时降低了冲压发动机通道喉道调节所需的操纵力矩。

该发明不存在两通道调节机构的位置干涉问题;可通过优化连杆和被动杆长度的方式,解决所需操纵力矩过大的问题;在整个过程中保持冲压发动机通道下唇板的水平状态,有利于减小排气系统的非对称程度,有利于解决宽域排气系统设计中存在的进排气力矩配平问题。

2.4.2 一种并联式组合动力进气道的调节机构及设计方法

(1)申请号:CN202210120198.1。

(2)专利权人:南京航空航天大学。

(3)发明人:刘君、许凌锋、袁化成、李铮、周珂玉。

该发明中的调节机构如图 2-27 所示。

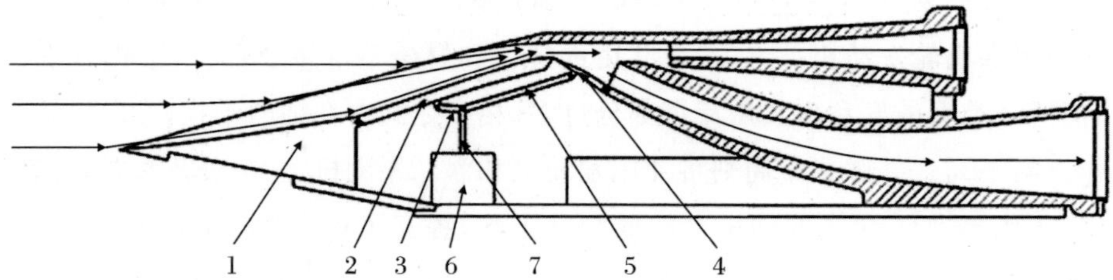

图 2-27 调节机构示意图

1—一级压缩面;2—二级压缩面;3—二级压缩面连杆;4—分流板;

5—分流板连杆;6—直线动力源;7—直线作动杆

TBCC 推进系统的运行,需要经历地面起飞、涡轮发动机工作、模态转换和冲压发动机工作等阶段,对应不同的工作状态需要进气道能够根据不同飞行高度、飞行速度和发动机工作情况,提供足够且满足燃烧室压力速度要求的气流。根据不同的 TBCC 推进系统状态来控制进气道内型面是实现流量匹配的主要方式,因此,研究与 TBCC 推进系统相匹配的变几何进气道是十分必要的。

该发明提出了一种并联式组合动力进气道的调节机构及设计方法,其中的进气道内型面能够根据不同来流状态主动进行调节,可以实现 TBCC 推进系统在宽速域内工作,以满足各种状态。

该发明的技术方案为:所述进气道内依次设置有一级压缩面 1、二级压缩面 2 以及分流板 4,一级压缩面 1 固定设置在进气道内,二级压缩面 2 与一级压缩面 1 铰接,分流板 4 铰接于后方的涡轮通道的通道口处;通过调节机构带动二级压缩面 2 以及分流板 4 同步转动,从而同步调节二级压缩面角度以及分流板角度。

2.4.3 串联式 TBCC 发动机模态转换控制方法及装置

(1)申请号:CN202110949089.6。

(2)专利权人:南京航空航天大学。

(3)发明人:席志华、张海波、胡晨旭、汪勇。

该发明中的TBCC发动机模态转换控制结构如图2-28所示。

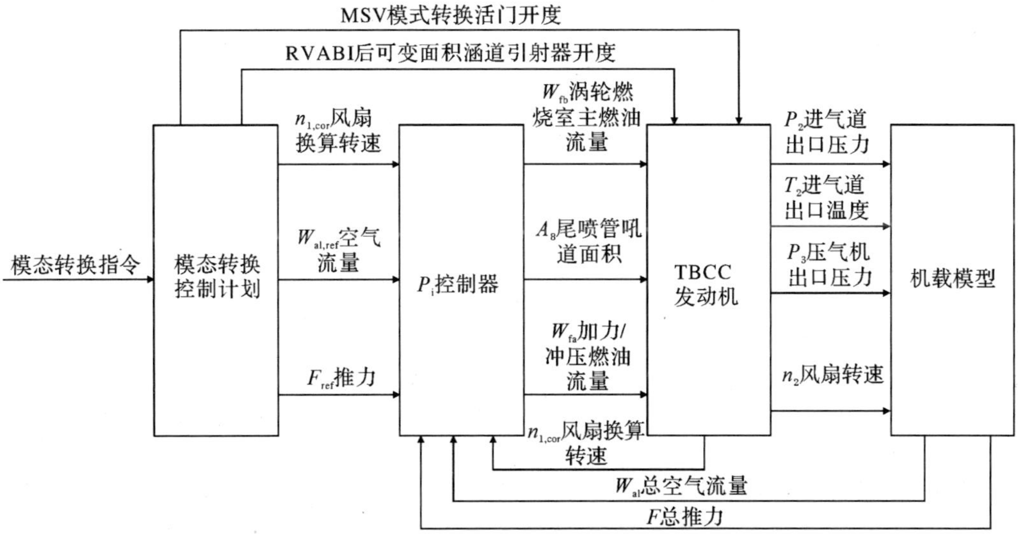

图2-28　TBCC发动机模态转换控制结构

目前，针对TBCC发动机模态转换阶段控制方法的研究，更多关注推力及空气流量的平稳过渡，尚未有研究关注模态转换过程的快速性及模态转换过程的安全性。模态转换控制方式还局限于开环控制方式或者基于压力、转速等可测状态量的闭环控制方式。相较上述控制方式，以直接性能量(如推力、流量等)为被控制量的控制方式可以在保证高抗扰性的基础上更加直接、有效地满足模态转换期间对推力、流量平稳过渡的要求。

该发明解决的技术问题在于克服现有技术不足，提供一种串联式TBCC发动机模态转换控制方法，以直接性能量作为被控量来对发动机进行闭环控制，可有效提高转换过程的平稳性、安全性和速度。

该发明具体采用以下技术方案解决上述技术问题：采用一种串联式TBCC发动机模态转换控制方法，在发动机模态转换过程中，以涡轮部件的最大状态工作点和慢车状态工作点作为优化边界，通过优化求解得到模态转换过程中总推力F、总空气流量W_{a1}、风扇换算转速$n_{1,cor}$、后可变面积涵道引射器开度RVABI、模式转换活门开度MSV的最优变化曲线，然后以总推力F、总空气流量W_{a1}、风扇换算转速$n_{1,cor}$这三个直接性能量的最优变化曲线对发动机进行闭环控制，以后可变面积涵道引射器开度RVABI、模式转换活门开度MSV的最优变化曲线对发动机进行开环控制。

2.4.4　基于曲面百叶窗原理的TBCC进气道调节机构设计方法

(1)申请号：CN202011617302.5。

(2)专利权人：厦门大学。

(3)发明人：穆瑞、张凯瑞、林晓鹰、尤延铖、朱呈祥。

该发明中的进气道调节结构装置爆炸视图如图 2－29 所示。

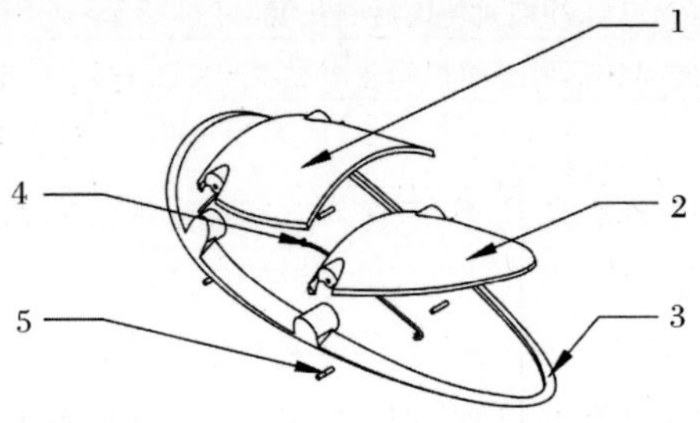

图 2－29　进气道调节结构装置爆炸视图

1,2—叶片；3—外框；4—传动连杆；5—传动销

进气道是 TBCC 发动机的重要组成部分,改进进气道的气动性能和不同飞行状态下的实用性已被认为是 TBCC 发动机的关键技术之一。L. D. Huebner 等对以转动唇口方式的调节机构进行了研究,该机构在助推过程中将进气道封闭,可以提高助推的可靠性和稳定性,且进气道由关闭到打开的过程能够实现内收缩比的调节,使过压缩的进气道实现启动。在《一种埋入隔板内部的 TBCC 并联尾喷管调节机构》(陈荣钱、黄阳灿、卢世宁、苏茂禄、尤延铖,CN201721916123.5)中调节机构使用单隔板对进气道进行调节,不免存在调节力矩过大等问题。因此,有必要提出一种基于曲面百叶窗原理的 TBCC 进气道调节机构设计方案,以改善并提高 TBCC 发动机在整个飞行过程中的效率。

本发明的主要目的在于克服现有技术中的上述缺陷,提供一种基于曲面百叶窗原理的 TBCC 进气道调节机构设计方法,实现在开合过程中对进气道通风面积进行控制并且可连续调节,在闭合时也能完全密闭。

2.4.5　三维内转消膨胀波高性能双通道 TBCC 进气道

(1)申请号:CN202021235435.1。

(2)专利权人:厦门大学。

(3)发明人:朱呈祥、王天洋、胡占仓、尤延铖。

该发明中的进气道如图 2－30 所示。

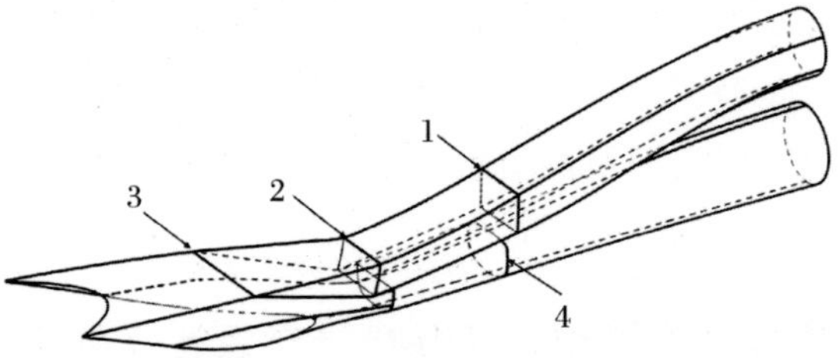

图 2－30　进气道示意图

1—涡轮通道扩张段入口；2—分流板运动极限位置；3—分流板转轴；4—冲压通道隔离段入口

在航空飞行器中,高超声速进气道是超燃冲压发动机的核心部件,进气道的压缩效率每提升 1%,整个推进系统的比冲能提高 3%～5%,所以提升高超声速进气道的压缩性能有重

要意义。三维内转进气道在提升压缩效率时有明显的优势,目前的高超声速进气道三维内转进气道的来流压缩形式分为二维平面式压缩、轴对称外锥式压缩、三维侧面式压缩和三维内转式压缩等四种类型。其中三维内转压缩式进气道具有浸润面积小、压缩效率高、捕获流量大等特点。

传统的内并联式三维内转双通道进气道,在单通道冲压模态下,进气道外压段压缩性能有限,喉道马赫数较大,能量损失高;在双通道涡轮模态下,当分流板完全打开的时候,转轴位置膨胀效果明显,进而使气流加速,提高了喉道马赫数,增大了能量损失。

本实用新型发明的目的在于解决现有技术中的上述问题,提供三维内转消膨胀波高性能双通道 TBCC 进气道,其几何结构简单、压缩性能强、总压损失小,并且可消除膨胀波的三维内转双通道 TBCC 进气道。

为达到上述目的,本实用新型发明采用如下技术方案:三维内转消膨胀波高性能双通道 TBCC 进气道,包括外压段、冲压通道、涡轮通道和分流板;所述冲压通道和涡轮通道共用外压段;冲压通道包括依次连接的冲压通道内压段和冲压通道隔离段,冲压通道隔离段的入口为类矩形型面,冲压通道隔离段的出口为椭圆形型面;涡轮通道包括依次连接的涡轮通道内压段和涡轮通道扩张段,涡轮通道扩张段的入口为类矩形型面,涡轮通道扩张段的出口为椭圆形型面。其中,当进气道的工作状态从冲压模态转换到涡轮模态时,分流板绕转轴匀速运动,完全开启后,分流板末端与涡轮通道的上边缘相交;当进气道的工作状态从涡轮模态转换到冲压模态时,分流板完全关闭,分流板末端与冲压通道上边缘相交。

2.4.6　并联式 TBCC 可调尾喷管

(1)申请号:CN201822126614.0。

(2)专利权人:中南大学。

(3)发明人:罗世彬、何天琦、席文雄、周嘉明、许德泉、王思远、朱慧玲。

该发明中的尾喷管主视图如图 2-31 所示。

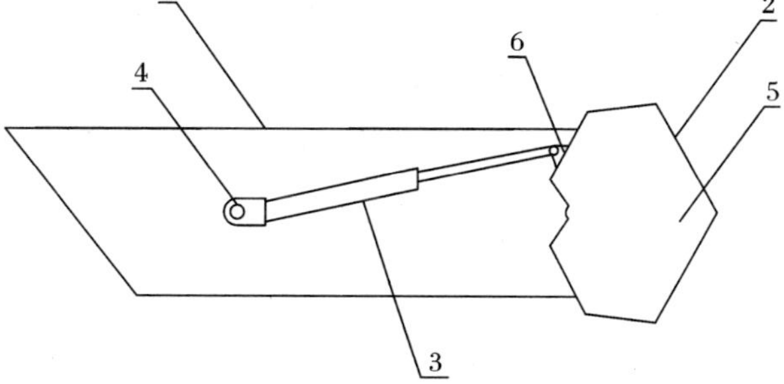

图 2-31　尾喷管主视示意图

1—管主体;2—从动分流组件;3—伸缩缸;4—铰接座;5—活动壁;6—耳座

为了实现扩张比的调节,现有并联流路尾喷管在多处设置铰链,使上下流道隔板和冲压流道下板的尾部均可上下转动,使上下流道的喉道面积均可调节,以满足涡轮、冲压流道的不同流量和落压比的变化要求。这类可调尾喷管的不足之处在于:可动部件较多,需设置多个驱动器,且结构和控制较为复杂;燃气流温度较高,使得尾喷管结构部件发生变形;由于相对运动的需要，分流板与管壁之间的密封性难以得到保证，存在漏气的问题。

该发明的目的在于针对现有技术的不足之处，提供一种避免分流板与管壁之间出现漏气现象的并联式 TBCC 可调尾喷管。

该发明将活动分流板固接于一对活动壁之间形成从动分流组件，使活动分流板与活动壁之间无缝隙，达到良好的密封状态，然后将活动板的内端与固定分流板铰接，活动壁装配于管主体外作为管主体的延伸壁；在气流喷送过程中，气流沿固定分流板进入活动分流板，由于活动分流板与活动壁之间密封性良好，能够避免气流自活动分流板与活动壁之间漏出，而活动壁内端位于活动分流板内端的上游，使进入从动分流组件中的气流不会回流至活动壁与管主体的连接缝处外漏，从而能够保证分流板与管壁之间不会出现漏气的现象。

2.4.7 TBCC 分布式控制系统通信网络拓扑结构优化方法

(1)申请号：CN201710809805.4。

(2)申请人：南京航空航天大学。

(3)发明人：潘慕绚、梅满、黄金泉、李岩、戴冬红、聂聆聪。

该发明中的 TBCC 混合拓扑网络如图 2-32 所示。

TBCC 的控制系统依旧采用当今航空发动机的分布式控制系统。在过去的 30 年中，航空发动机控制系统已经从最初的机械液压式系统逐步过渡到今天的全权限数字电子控制，随着军用航空科技的竞争日趋激烈，对航空发动机数字控制器性能以及减重需求进一步提高，集中式控制构架已经难以满足发展需求，分布式控制逐渐成为研究热点。航空发动机分布式控制系统有利于减少推进系统控制器和附件系统重量，增加系统通用性、可靠性，其最显著的特点是其工作中的空间结构。到 21 世纪初，发动机分布式控制系统结构已有多种形式，如过渡分布式控制系统、部分分布式控制系统和完全分布式控制。其中，完全分布式控制系统是分布式控制系统的发展方向。

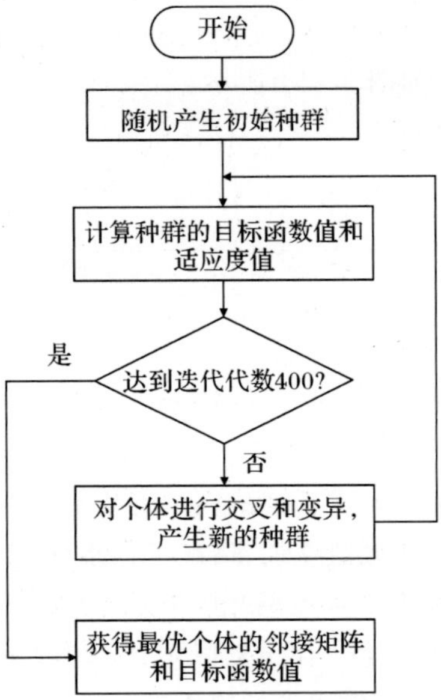

图 2-32 TBCC 混合拓扑网络示意图

完全分布式控制系统(见图 2-33)是由智能传感器、智能执行机构、子控制器等控制节点构成的一个网络,每个节点都直接与通信总线相连,连接方式构成航空发动机分布式控制系统通信总线的拓扑结构。对于航空发动机分布式控制系统,通信网络环形拓扑结构更有利于控制系统的减重,但是在实际应用中拓扑结构有总线、星型、环型以及三者混合型等多种形式,其构架受到系统特性和物理限制条件的约束。

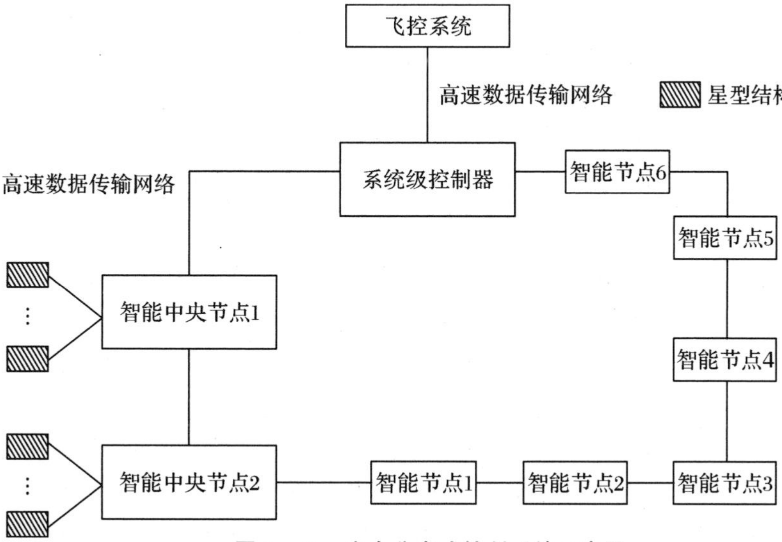

图 2-33　完全分布式控制系统示意图

该发明为了克服涡轮基组合循环(TBCC)现有分布式控制系统拓扑结构设计技术中存在的不足,提出一种 TBCC 分布式控制系统通信网络的拓扑结构优化方法。考虑 TBCC 控制系统中节点特性和温度限制,通过建立 TBCC 控制系统几何模型、网格模型、网络拓扑模型和网络结构优化指标函数,采用 GA 算法优化拓扑网络。采用上述方法,可获得节点间线束长度最短的星型和总线型构成的 TBCC 发动机分布式控制网络混合拓扑结构。

为实现上述目的,该发明采用的技术方案为一种涡轮基组合循环发动机分布式控制系统通信网络的混合拓扑结构优化方法,包括以下步骤:建立 TBCC 发动机几何模型和网格模型,优化星型结构智能中央节点位置,优化 TBCC 发动机总线-星型混合拓扑结构。

2.4.8　一种用于 TBCC 亚燃冲压发动机燃烧室的火焰稳定装置

(1)申请号:CN201611209284.0。

(2)申请人:中航空天发动机研究院有限公司。

(3)发明人:王慧汝、张稳、贾真、刘玉英、黄夏、薛然然、李瑞明、夏姣辉。

该发明中的 TBCC 亚燃冲压发动机燃烧室火焰稳定装置如图 2-34 所示。

对于 TBCC 亚燃冲压发动机燃烧室而言,在工作起点,来流温度仅有 486 K 左右,燃油雾化、蒸发受到较大影响,必须通过多种方式促进燃油的雾化、蒸发过程,以保证点火成功概率。同时,也必须合理设计燃烧组织方式,保证燃烧室能够有宽广的高效稳定工作范围。

因此,该发明的目的是提出一种用于 TBCC 亚燃冲压发动机燃烧室的火焰稳定装置,以满足 TBCC 亚燃冲压发动机燃烧室的可靠点火,同时保证在宽广范围内的稳定、高效燃烧。

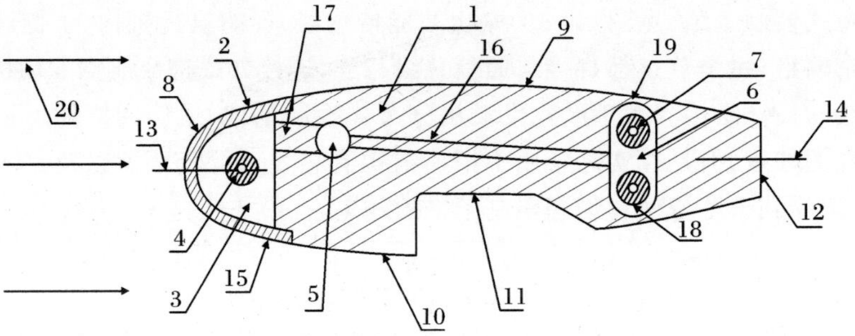

图 2-34　TBCC 亚燃冲压发动机燃烧室火焰稳定装置的剖面示意图

1—支板；2—帽罩；3—空腔；4—喷油杆；5—前腔；6—后腔；7—主油路喷油杆；
8—外表面；9—上表面；10—下表面；11—凹腔；12—支板尾缘；13—帽罩的中心轴线；
14—支板尾缘的中心轴线；15—空腔的出口；16,17—连通前腔与后腔的冷却气圆形通道；
18—主油路喷油杆的喷油孔；18—后腔上的喷油孔；19—前方来流

该发明提出了一种用于 TBCC 亚燃冲压发动机燃烧室的火焰稳定装置，该火焰稳定装置包括支板、帽罩、值班喷油杆，支板与帽罩连接在一起，形成空腔，值班喷油杆设置于空腔内，支板具有上表面和下表面，下表面具有凹腔，上表面不具有凹腔。优选的值班喷油杆位于空腔的大致中心位置。

该发明的有益效果包括：

(1)该发明利用压力雾化、气动雾化、碰撞雾化等多种方式，改善值班燃油的雾化效果，在凹腔边缘借助高能点火电嘴实现可靠、稳定的点火。

(2)该发明利用冷却空气和前方来流对主油路喷油杆喷射的燃油进行气动雾化，增强燃油的雾化、蒸发效果；在支板尾缘的回流区内组织燃烧，从而实现在宽广范围内高效、稳定燃烧的目的。

(3)该发明的火焰稳定装置与供油系统是一体化的设计方案，流道光滑，流阻小，减少了零部件数量，能够提高 TBCC 亚燃冲压发动机燃烧室的整体性能。

(4)与传统的火焰稳定装置相比，该发明适用于 TBCC 亚燃冲压发动机燃烧室的火焰稳定装置，通过合理布置值班供油和主油路的供油位置，并利用多种方式改善雾化效果，提高了 TBCC 亚燃冲压发动机燃烧室的点火性能，并兼顾了宽广范围内的燃烧性能。

2.4.9　一种串联 TBCC 发动机吊舱结构

(1)申请号：CN201821018332.2。

(2)专利权人：中国航空工业集团公司成都飞机设计研究所。

(3)发明人：邵若石、魏星、万全红、闫励、葛清源、张卓坤。

该发明中的发动机吊舱结构及部分构件如图 2-35～图 2-38 所示。

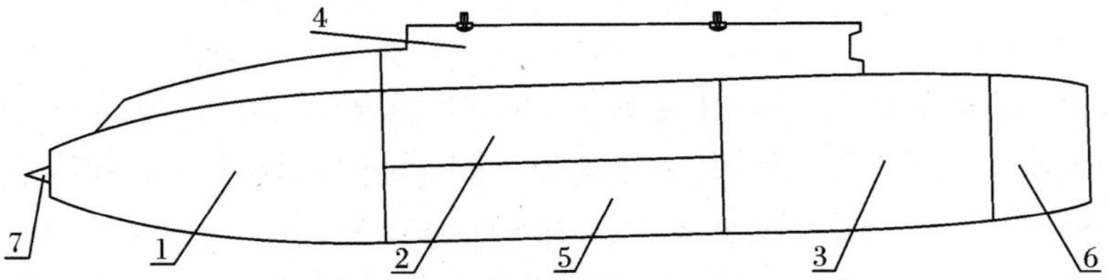

图 2-35　吊舱结构组成的示意图

1—前段；2—中段；3—后段；4—吊挂结构；5—口盖结构；6—尾罩；7—进气道

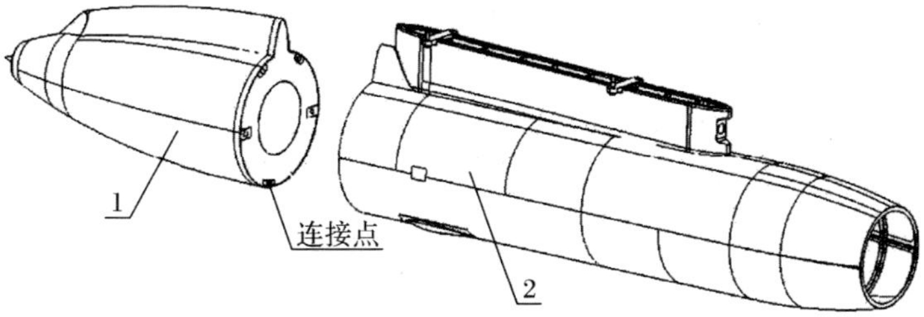

图 2-36　吊舱前段和中段连接的示意图

1—前段；2—中段

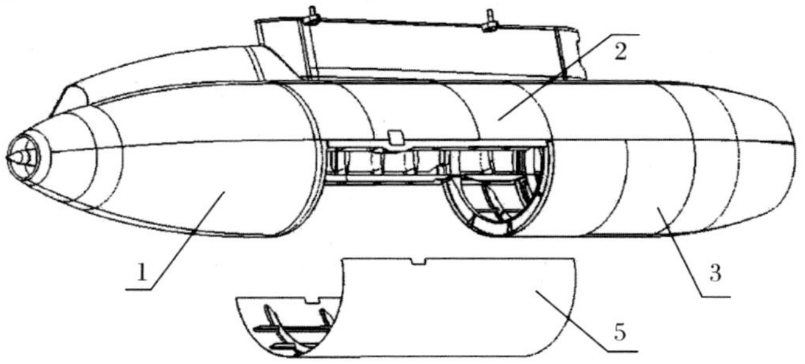

图 2-37　吊舱中段口盖的示意图

1—前段；2—中段；3—后段；5—口盖结构

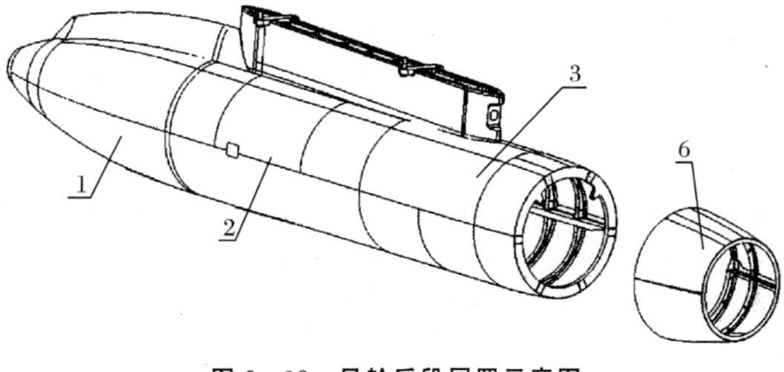

图 2-38　吊舱后段尾罩示意图

1—前段；2—中段；3—后段；6—尾罩

吊舱的设计应满足要求的进气条件，可承受发动机的载荷，为发动机及设备的维护和装拆提供方便。现有的发动机吊舱结构适用于普通的涡轮喷气发动机或涡轮风扇发动机，没有针对串联 TBCC 发动机的进气要求高和前后两段串联的特点进行设计，不能保证串联 TBCC 发动机的正常工作，发动机的维护和装拆困难。

该发明的目的是针对现有技术存在的问题，提供一种用于串联 TBCC 发动机安装的吊舱结构。

该发明采取的技术方案：采用串联 TBCC 发动机吊舱结构，包括前段 1、中段 2、后段 3 和吊挂结构 4；前段 1 内部布置进气道 7，中段 2 内安装 TBCC 发动机的涡轮段，后段 3 内安装 TBCC 发动机的冲压段，吊挂结构 4 提供与载机的机械连接接口；中段 2 与后段 3 为固定连接；吊挂结构 4 位于中段 2 的上方，吊挂结构 4 与中段 2 固定连接。前段 1 与中段 2 采用快速拆装的螺栓连接。

该发明提出的串联 TBCC 发动机吊舱结构，针对串联 TBCC 发动机的进气要求高和前后两端串联的特点进行设计，能够保证发动机的正常工作，并为发动机的装拆和维护提供方便。

2.4.10 一种高性能矩形双通道外并联 TBCC 进气道及设计方法

(1)申请号：CN201710664795.X。

(2)申请人：南京航空航天大学。

(3)发明人：孙姝、张宇超、谭慧俊、刘亚洲、黄河峡、张悦。

该发明中的 TBCC 进气道如图 2-39 所示。

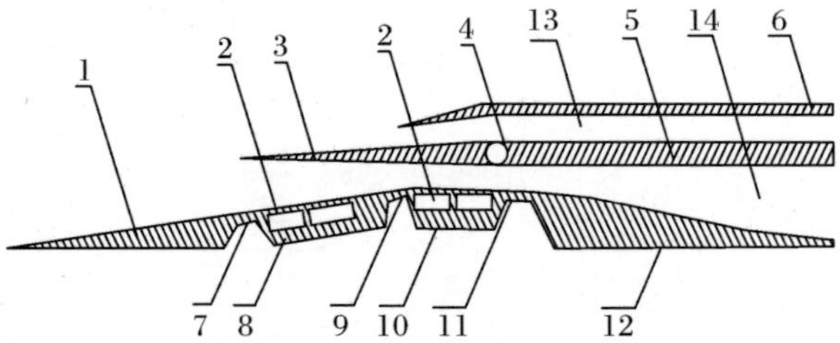

图 2-39 高性能矩形双通道外并联 TBCC 进气道的结构示意图

1—一级压缩面；2—泄流腔；3—转动唇罩；4—转动铰接点；5—通道隔板；6—高速通道唇罩；7—第一控制点；8—可动收缩段；9—第二控制点；10—可动喉道段；11—第三控制点；12—可动扩压段；13—高速通道；14—低速通道

当前，对于并联式 TBCC 进气道而言，其设计方法与实现形式存在各种问题。首先，在不同飞行条件下，要确保进气道具有良好的工作性能，这对进气道的气动设计和结构设计提出了不小的考验。其次，如何可靠地进行模态转换，使得流量与压力平稳过渡？如何合理运用流动控制手段，保证进气道非设计工况下的性能？如何保证低速通道的气动性能与流量匹配？这些同样是 TBCC 进气道面临的关键性问题。

为解决上述问题，该发明提供了一种矩形双通道外并联 TBCC 进气道，能够拓宽进气道工作马赫数范围，并且解决低速通道起动性能不佳的问题。

该发明矩形双通道外并联 TBCC 进气道采用如下技术方案：高性能矩形双通道外并联 TBCC 进气道包括自前向后延伸的高速通道、位于高速通道内侧并与高速通道并排自前向后延伸的低速通道、一级压缩面、位于高速通道及低速通道之间的通道隔板、铰接在通道隔板前端并向前延伸的转动唇罩；高速通道的外壁面为高速通道唇罩，低速通道的内壁面包括铰接于一级压缩面后端的可动收缩段、铰接于可动收缩段后端并向后延伸的可动喉道段、连接于可动喉道段后端的可动扩压段；可动收缩段内部及可动喉道段内部均设有泄流腔。

有益效果：为拓宽进气道工作马赫数范围，该发明在传统二级外压缩高超声速进气道的基础上，将二级压缩面设置为转动唇罩，并且在此基础上增设低速通道实现外并联结构；而针对低速通道起动性能不佳的问题，该发明将低速通道下壁面设置为可变结构，使低速通道内收缩比可调，并且增设流动控制装置，控制激波边界层干扰，从而改善进气道起动性能。另外，为保证低速通道在各工作条件下均有良好的气动性能，可变喉道与转动唇罩分开调节，通过选取合适的低速通道设计点与转动唇罩配合，从而实现低速通道流量调节。

2.5 涡轮基组合循环动力系统的未来发展趋势

对目前的几种动力系统而言，未来最具发展潜力的空天动力毫无疑问是TBCC发动机。对于二级入轨飞行器，它可作为第一级的推进系统，而且能满足从地面跑道起飞直接进入轨道飞行的条件，低成本高速试验平台也可把它作为动力系统。目前来看，成熟的涡轮和涡扇发动机是TBCC发动机相关技术的基础，而在未来，与全发动机总体设计相匹配，专门为组合循环动力而设计的专用涡轮涡扇发动机将会出现。

1.临近空间组合动力核心与关键

从国外的研究结果和装备研发情况看，跨过涡轮发动机"热障"($Ma>2.5$)的高速涡轮发动机是完全可以工程实现的。近年来，随着临近空间飞行器技术的不断发展，逐步工程化，高速涡轮发动机作为高超声速TBCC动力涡轮基的主要选择重新得到各方重视，成为TBCC组合动力技术发展的重要方向。外国特别是美国，通过系列研究计划，推动高速涡轮技术取得了较大发展，针对组合动力需求，新研的高速涡轮动力朝着指标提升、寿命明显增加、维护需求降低的方向发展；从近些年发展情况看，涡喷发动机热力循环和结构形式简单，研制技术难度相对较小，研制周期短，仍然是高超声速TBCC动力的涡轮基的主要选择之一；随着后续动力技术的进步，高速涡轮发动机技术通过各种研究计划支持，也在持续发展，新型高性能高速涡轮发动机技术将逐步加速走向成熟。

2.最大工作马赫数至少达到3

TBCC动力的关键技术之一在于涡轮与冲压需要有效衔接，平稳完成模态转换。由于冲压发动机在低马赫数时推力不足，而目前现有涡轮发动机最大工作马赫数一般在2左右，从而导致在涡轮与冲压发动机工作范围内存在"速度裂缝"，要跨过该区域，在降低冲压发动机起动马赫数、提高性能的同时，更重要是扩展涡轮发动机工作包线，发展高马赫数涡轮基。研究结果表明，涡轮发动机扩大工作范围是关键，当涡轮发动机最大工作马赫数扩展至3或3以上时，可有效解决TBCC发动机的"速度裂缝"问题。从目前技术水平看，除了发动机主体相关技术，针对高速条件下热环境适应性，还存在较大的技术短板，必须采用耐高温设计，发展耐高温燃油和滑油应用技术，同时涡轮发动机外部附件及传感器、控制元件等系统需进行热防护，并解决高温状态下密封、润滑和燃油结焦等问题。

3.具备大推力、大单位迎面推力和高空高速性能

研究结果表明，临近空间高速飞机的有效载荷要远小于常规作战飞机，因此，要保证作战效能，飞机必须具备较大的起飞吨位，同时为兼顾宽速域工作，高速飞机的气动布局也必须做出部分牺牲，相对常规飞机升阻比下降。基于以上原因，作为TBCC动力的核心涡轮发动机也必须采用大推力设计以满足飞机需求；高速飞行条件下迎风面积和有效推力对飞机设计影响巨大，同时，组合动力一般通过冲压发动机巡航，涡轮基的主要作用是实现飞机的爬升和加速到冲压可以稳定工作速域。因此，要求高速涡轮发动机具有大的单位迎面推

力和高空高速性能，从而提高推进系统的有效推力，提升飞机加速能力。未来高速涡轮预计将采用涡喷/小涵道比涡扇发动机或采取增推措施。

4. 兼顾高低速性能

现阶段要实现水平起降且获得高超声速，一般来说并联 TBCC 组合发动机是最优选择，在低速条件下冲压发动机不工作，造成发动机迎面阻力大，推重比低，而高速飞机由于其宽速域工作的特点，低速性能较差，因此，在低速特别是跨声速上，采用组合动力的高速飞机往往存在过载小、耗油多甚至推阻不平衡的问题，可见，作为涡轮基使用时，高速涡轮发动机的低速性能也不能被忽略。此外，在既定的技术水平下，提升低速性能，必然涉及提高压比、降低节流比等性能提升措施，反过来降低了高空高速性能，而高速飞机在 $Ma=2\sim3+$ 阶段，高速阻力大，同时涡轮性能下降，冲压还未达到其最优工作点，对推力提升的需求也非常迫切。从国外已有的工程实践看，一般是牺牲部分低速性能换取工作范围扩展，在此过程中，高、低速性能都难以达到优异。未来组合动力中，由于跨声速、高空加速的需求，必然需要发展同时具备优异高、低速性能的高速涡轮发动机。

第3章 国内外火箭基组合循环(RBCC)动力系统发展状况

3.1 国内外火箭基组合循环动力系统研发概况

3.1.1 RBCC推进系统的基本特征

1. RBCC推进系统发展背景及特点

20世纪60年代美国提出了火箭基组合循环(Rocket Based Combined Cycle,RBCC)这一推进理论模型,RBCC综合了火箭发动机和吸气式发动机的优点,在其整个弹道上都有较好的性能。临近空间作为卫星和航空器之间的空域,在军事和航天领域具有重要意义。此空间内大气稀薄,吸气式发动机无法正常工作,而RBCC能满足高超声速临近空间飞行器技术需求。目前,美国、俄罗斯、日本和欧盟的一些国家和地区开展了RBCC的相关研究工作。

从RBCC的研究现状来看,国外对RBCC的研究十分重视,很多国家已经制定了战略规划,研究层次从总体设计、发动机到关键技术,研究构型既有二元结构又有轴对称结构。目前,在RBCC的基本原理、方案选择和关键技术等方面都取得了很大进展,并开始向工程应用方面迈进。采用RBCC作为推进装置的飞行器,发射及维护费用低、可靠性高,受到世界各国航天部门的重视,具有极大的发展需求和广阔的应用前景。

2. RBCC推进系统组成结构

依据推进过程中发挥的功用不同,动力系统的流动通道分为进气道、混合段、燃烧室和喷管,RBCC发动机构型示意图如图3-1所示。进气道的主要功能是捕获来流空气,在超声速情况下对来流进行有效压缩,提高流动静压,为燃烧室内的燃烧提供氧化剂和足够高的燃烧室压强。进气道可以依据飞行器总体采用不同形式。混合段的主要功能在于使火箭发动机一次主流与引入的二次空气流混合。就目前的设计特点来看,如果是火箭发动机燃气与引射进入的空气充分混合,然后进行燃烧,则混合段应取等截面设计;如果考虑对引射空气进行补燃,使空气一边燃烧,一边与火箭发动机燃气进行混合,则混合段应采取扩张型面。在亚燃冲压模态,喷管需用收扩型喷管(机械式喉道或者热力喉道),在超燃冲压模态,喷管直接用扩张型面。

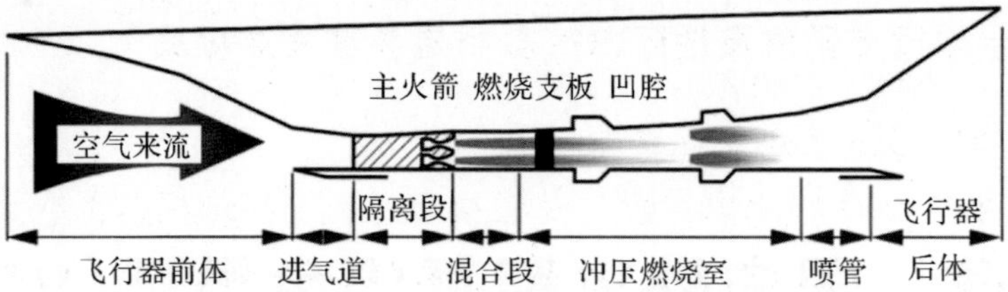

图 3-1 RBCC **发动机构型示意图**

3. 典型 RBCC 推进剂系统工作原理

RBCC 用于单级入轨一般要经历四种模态，即火箭引射模态（$Ma=0\sim3$）、亚燃冲压模态（$Ma=3\sim6$）、超燃冲压模态（$Ma=6\sim8$）和纯火箭模态（$Ma=8\sim10$）。RBCC 四种模态示意图如图 3-2 所示。

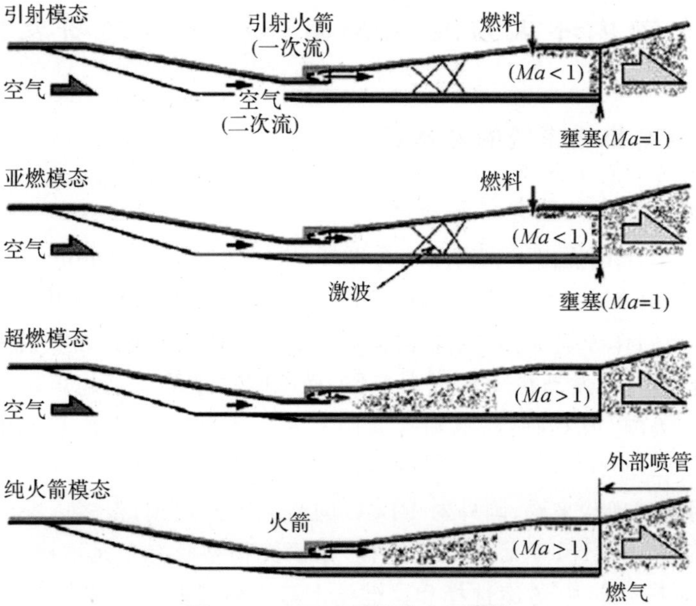

图 3-2 RBCC **四种模态示意图**

在引射模态工作阶段，在从火箭排出燃气的引射作用下，空气被吸入进气道，空气的总压升高。但是由于来流的动压较低，所以发动机的推力主要是由引射火箭提供的，这就使得引射火箭的工作压力较高，高温燃气与空气进行掺混，进而在混合气流中喷入燃料，进行补燃燃烧，此时，引射火箭和扩压段均产生推力。研究表明，相对于纯火箭工作的情况，对引射气流进行二次补燃可以大大提高发动机的推力。在零速度的情况下，推力可以提高 15%，而在 $Ma=2$ 的情况下，推力增益可以达到 50%。

在亚声速燃烧冲压模态，火箭的排气量减少，从进气道流入的高速气流在扩压段，压力得到恢复。由于气流的总压升高，恢复的压力可以产生足够的推力。在这种情况下，引射火箭工作在高混合比、低燃烧室压力的状态下，可以作为值班火焰。

随着飞行马赫数的进一步提高，当发动机采用超声速燃烧冲压模态时，引射火箭关闭，飞行器在超燃冲压发动机的推动下继续加速。

当推进系统进入纯火箭模态时,进气道关闭,仅有引射火箭产生推力。

3.1.2　全球重点国家及地区 RBCC 推进系统发展概况

1. 美国 RBCC 推进系统发展概况

美国从 20 世纪 60 年代开始 RBCC 发动机研制工作,并分别于 20 世纪 60 年代和 90 年代掀起 2 次研制热潮,21 世纪初至今处于第 3 次研制热潮。概括来看,美国 RBCC 发动机研制历经了认知—关键技术突破—工程应用的过程,其研制历程如图 3-3 所示,美国典型 RBCC 研究计划见表 3-1。

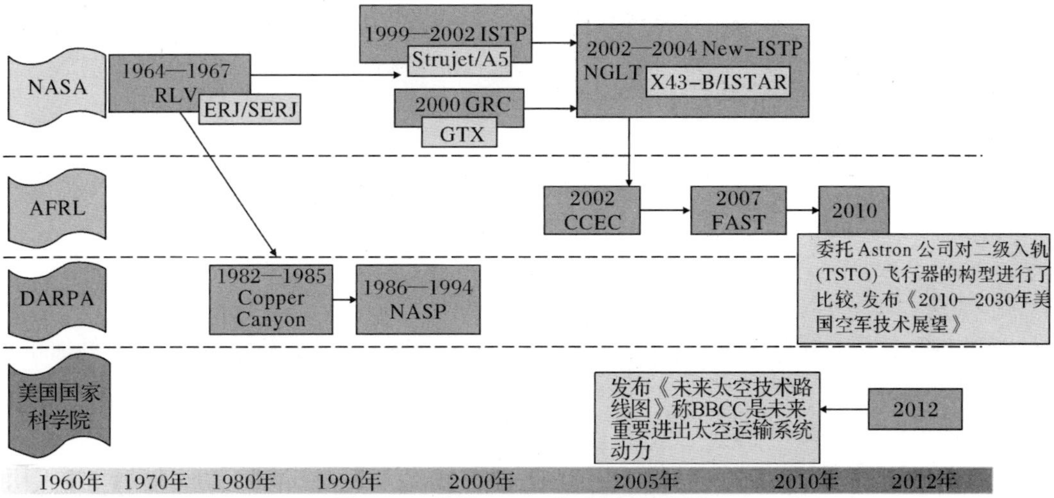

图 3-3　美国 RBCC 发动机研制历程

表 3-1　美国典型 RBCC 研究计划

计 划	开始时间	典型发动机	支持单位
可重复使用航天运输系统研究计划	1962 年	ERJ,SERJ	Air Force
国家空天飞机(NASP)	1986 年		DARPA
综合航天运输(ISTP)	1999 年	Strutjet,A5	NASA
轴对称 RBCC 飞行器研究计划	20 世纪末	GTX	NASA
下一代发射技术(NGLT)	2002 年	ISTAR	NASA
组合循环发动机组件(CCEC)	2002 年	Sentinel	Air Force
完全可重复使用进入太空技术计划(FAST)	2007 年		Air Force
CCE 计划和 Robust Scramjet 计划	2008 年	Axtrox-RBCC ART-RBCC	Air Force

2. 日本 RBCC 推进系统发展概况

日本宇宙航空研究开发机构(JAXA)从 20 世纪 90 年代开始,就开展了 RBCC 推进系统研究,以重复使用飞行器为目标。研究包括进气道、一次火箭、火箭引射模态、亚燃模态、超燃模态等方面。JAXA 于 2005 年制订了未来 20 年的高超声速飞行器研究发展计划，其中 RBCC 研究仍是实现可重复入轨飞行器的重要途径。从日本近年来的公开资料来看，主要开展了关键技术攻关及缩尺件试验，如图 3－4 所示。截至 2015 年，已完成 RBCC 动力 $Ma=0\sim11$ 的自由射流验证，计划 5 年内开展 RBCC 动力飞行试验，并于 2025 年开展基于 RBCC 的两级入轨飞行器飞行演示。

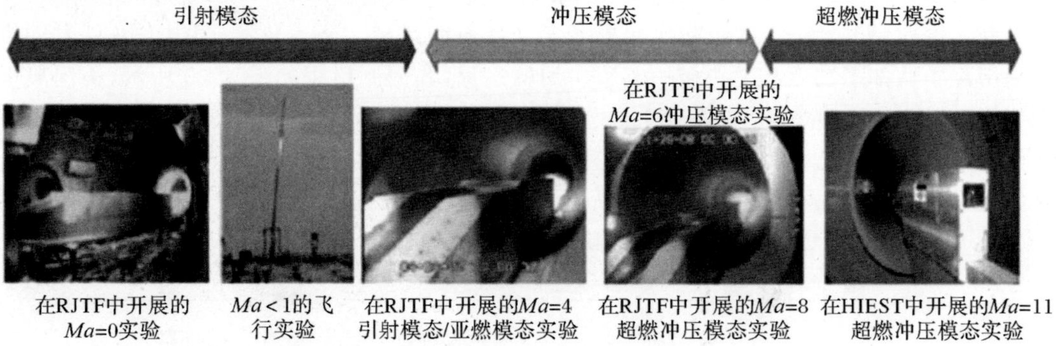

图 3－4　日本 RBCC 试验情况

3. 俄罗斯 RBCC 推进系统发展概况

俄罗斯(包括苏联时期)也进行了能源-暴风雪号、MAKS 等重复使用运载器、贝加尔重复使用助推器研制。

4. 其他国家 RBCC 推进系统发展概况

其他国家也对 RBCC 进行了相关研究工作。欧洲航天局提出了未来空间运输研究计划(FESTIP)，主要内容是研究可重复使用飞行器系统。研究内容涵盖五大领域，即结构、材料、推进、热管理和空气热动力学。其中推进部分包括 RBCC 推进研究，其着眼点主要是低速条件下引射模态的研究。F. Dijkstra 和 A. G. M. Maree 等人曾用实验研究了 $Ma=0\sim2.2$ 下引射模态的工作性能。

1992 年，在国防部等单位的领导下，法国宇航马特拉公司开始了为期 6 年的国家高超声速研究与技术计划(PREPHA)。这项计划旨在通过地面试验研制和验证 $Ma=4\sim8$ 的缩比超燃冲压发动机，目标是用于单级入轨航天器。1999 年 PREPHA 计划的研究工作又延长了 5 年，继续探讨 $Ma=2\sim8$ 的碳氢燃料变几何亚燃/超燃双模态冲压发动机作为一种空射型导弹动力的可行性，导弹总重 1 700 kg，最大飞行马赫数为 8。

从 1995 年起，MBDA 法国子公司牵头和莫斯科空军学院联合开发了一种在宽马赫数范围内工作的变结构双模态冲压发动机，$Ma=2\sim12$，燃料采用煤油和氢；另外还与 ITAM 公司联合发展了一种可变结构的进气道。1997 年，法国宇航研究院和德国宇航研究院(DLR)开始了为期 4 年的德法联合研究计划，称为 JAPHAR。该计划的目的是研制出 $Ma=2\sim12$ 的氢燃料双模态冲压发动机，并进行地面试验；验证一种可在 $Ma=4\sim8$ 下自主飞行的飞行试验发动机。1999—2002 年，欧洲导弹集团(MBDA)法国子公司又开展了 PROMETHEE 计划，目的是研究可用于长打击距离空地导弹的变结构双模态冲压发动机。从 2003 年开始，该公司提出了为期 9 年的 LEA 计划，旨在发展一种 $Ma=4\sim8$ 的双模态发动机。

韩国科学技术院近年来也进行了RBCC的相关研究，目前研究主要集中在引射模态的试验和理论研究上，并建立了一种轴对称结构的引射模态性能研究试验模型。其中，主火箭为环形结构，安装在流道的外壁面，Sejin等基于此模型开展了冷流试验研究和数值模拟。

3.1.3　RBCC推进系统的应用前景

1.临近空间高超声速巡航、强机动飞行器动力装置

液体火箭发动机推质比大，可达130以上，具体随发动机(如推力等)而变，推力增速极快(启动至达到额定推力的时间为毫秒级)，但比冲低(小于450 s)；冲压发动机具有高速(Ma=2～8)经济巡航的优势，但推质比偏小；同等推力的冲压发动机尺寸比火箭发动机要大十几乃至几十倍。当高度到30 km以上时，冲压发动机难以产生足够推力甚至难以工作，若将火箭与高马赫数冲压发动机有效组合，在临近空间底层，以冲压发动机模式高速巡航；当飞行器需要机动或者爬升时，以火箭冲压共同工作模式产生短时大推力，使飞行器具备加速乃至“跃升”能力；当飞行器从高空再次进入30 km以下的稠密大气层时，把火箭发动机作为动力、点火和火焰稳定装置，可以使飞行器平稳再过渡到冲压模式。利用火箭发动机弥补冲压发动机加速性、大角度机动及大气层外工作等方面的不足，则有望解决冲压发动机升限低、火箭发动机不宜用于长时间巡航飞行的问题，实现二者的优势互补，且达到“1+1>2”的效果，这可能是火箭冲压组合发动机的出路之一。

加速任务要求发动机的有效推力大，即推力与阻力之差，或者说是净推力大；巡航任务要求发动机比冲高；强机动则要求发动机有大攻角/侧滑角下的稳定工作能力和较好的推力加速能力。此类飞行器应采用升力体构型，火箭冲压组合发动机进排气系统应与飞行器构型相适应，燃烧室可用圆、椭圆或者类椭圆结构，以同时满足燃烧组织、火箭布局、燃烧室热防护和结构力学需求；采用多模块并联的方式，以降低对地面试验系统(尤其是自由射流试验系统)的压力；火箭发动机应置于冲压发动机燃烧室侧壁，此时引射为非主要考虑因素，重要的是热防护问题，且可以匹配与冲压发动机相当乃至大数倍推力的火箭发动机推力室，火箭发动机的燃气流速应与冲压发动机燃烧室中空气流速相当，具备良好的流动匹配特性；燃油供应系统可根据需要采用燃气涡轮泵方式，或者燃气涡轮泵与电动泵组合方式。从目前研究情况看，在一定的高度范围内，飞行器及发动机可以采用固定结构，能达到一定的性能。需要做的是进一步提高火箭发动机推力调节范围，简化相对复杂的供应系统，采用与冲压发动机同样的燃料，进一步降低室压，以优化共用燃油系统，研究将大变比、多次工作的火箭发动机与冲压发动机融为一体的设计技术。

2.空射巡航飞行器或二级运载器动力装置

火箭引射模态在低速下产生推力增益较小、比冲较低，对于需要在低速下长时间飞行的应用，引射模态及其组合方案并不适用(这也是SERJ方案的初衷)。但对于机载、地面电磁弹射等方式发送到一定高度(如10～30 km)和速度(如Ma=1.8～8)工作的空射型巡航飞行器或者二级运载飞行器，如能将火箭与宽范围(如Ma=1.8～8)冲压发动机结合起来，加速爬升阶段两者共同工作，利用火箭发动机弥补冲压发动机点火、大角度机动的不足，到达

巡航高度和速度，以冲压发动机模式巡航，也不失为一种选择，有可能成为火箭冲压组合发动机的另一条出路。

从目前的研究情况看，适应此类飞行器的动力系统可采用升力体构型或者常规的轴对称构型，当然，火箭冲压组合发动机进排气也需与飞行器构型相适应，燃烧室同样可用圆、椭圆或者类椭圆结构，与前者不同的是，在此较大范围内工作，可能需要采用进气道或者燃烧室喉部变结构方式，以提高低马赫数时发动机性能。同样，多模块并联的方式更为实际。如果马赫数达不到高超声速(如 $Ma<4.5$)，那么火箭发动机置于冲压发动机流道中央更有利于引射及掺混燃烧。飞行器如在大气层内工作，燃油供应系统采用空气涡轮泵有利。此时，需要解决的是高马赫数($Ma<5$)时，来流空气的冷却问题。同样，需要提高火箭发动机推力调节范围，简化相对复杂的供应系统，与冲压发动机共用燃料，进一步降低室压，以优化燃油系统。对于出大气层飞行器，则需更深入地综合论证，其关键在于：大变比(10∶1以上)的火箭发动机；宽范围($Ma=2\sim8$)工作的冲压发动机和简单共用的燃油系统；$Ma=2\sim8$ 范围内冲压发动机进排气系统和燃烧室的结构设计(以适应大范围内空气流量变化带来的进排气的“吞吐能力”问题和高效燃烧需要的“反应空间”问题)；燃烧室、进排气系统乃至副系统的热防护问题；适应于宽速域范围的飞行器气动外形设计。

3. 两级入轨之一级用动力装置

若能将空气作为火箭发动机的氧化剂，实现高室压燃烧，将是对火箭发动机产生的革命性的改进。低速段要提高进入燃烧室的空气压力，最好的方法就是利用涡轮增压(SERJ 的初衷)；而要提高压气机的运行范围和压缩效率，最好能对空气进行预冷。在高马赫数下，来流温度高，一方面影响压气机的压缩效率，同时也限制了压气机的工作范围(目前的预冷涡喷、SABRE 都基于同样道理)，如在 8 km 高度下，当来流马赫数达到 3.0 时，对于压比 15 的轴流压气机，压气机出口温度将达到 1 300 K，压气机的材料将成为主要问题。目前需要解决的最重要问题是进一步优化协调，研制轻质、高效的换热器，提高氦涡轮及压气机的效率，增强发动机的实用性。巡航类飞行任务要求飞行器的升阻力比大、发动机比冲高，巡航速度高及初终状态质量比大，同时其敏感度与航程参数成正比，与瞬时质量成反比；加速任务则要求发动机的有效比冲高[即 $I_e=I(1-D/T)$大，其中 I 是比冲，D 是质流失，T 是时间]和初终状态质量比大，其敏感度与有效比冲成正比，与终态质量成反比。另外，加速要求净推力，如果发动机比冲高，飞行器推阻比也大，则其加速性能就不好；强机动飞行任务要求发动机能适应大攻角和侧滑角飞行，且发动机的推力加速性好。不同飞行任务(如加速与巡航)对飞行器的要求差异很大，飞行器对火箭冲压组合动力的具体要求差异也会很大。火箭冲压发动机必须依据任务及飞行器而设计，这样会产生方案不同的多种火箭冲压组合发动机。

3.2 国内外典型火箭基组合循环动力系统项目

3.2.1 Strutjet 发动机

最著名的矩形截面 RBCC 之一是 Strutjet，这是美国 Aerojet 公司在 1995 年提出的。这种配置是由 Lewis 公司、美国空军、Aerojet、通用应用科学实验室(GASL)和洛克希德·

马丁公司联合设计实现。Strutjet 发动机示意图如图 3 - 5 所示。

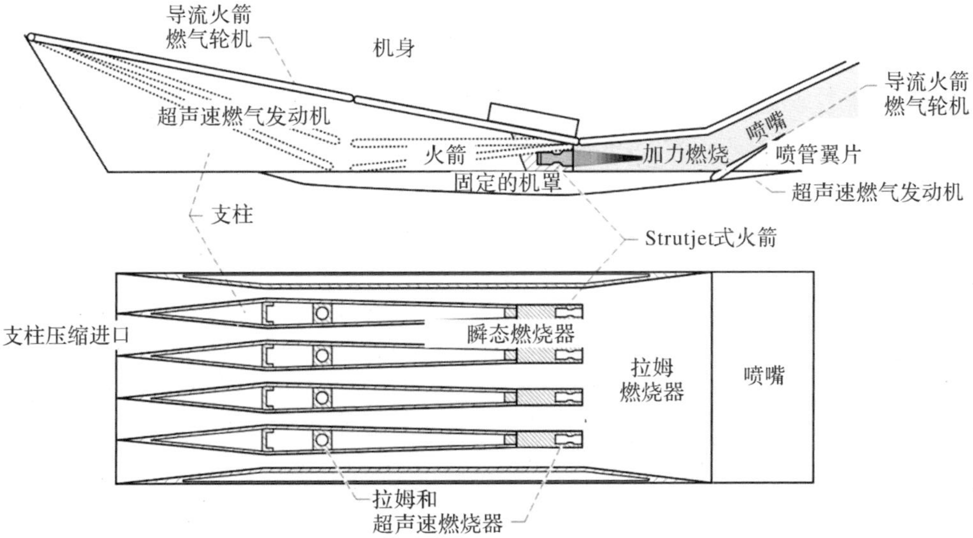

图 3 - 5　Strutjet 发动机示意图

Strutjet 具有矩形截面的射流冲压发动机/超燃冲压发动机联合循环。通常，它结合了进气、二次燃烧器、喷嘴集成设计和模块化设计技术。四种模式可以基于一根流路中的支撑杆平稳过渡。这种配置具有可变的机械入口和喷嘴。随着马赫数的变化和工作模式的转变，进气口的配置和喷嘴的膨胀比也可以改变。这对于提高进气口的起动性能和自由流捕获能力至关重要。它还可以增强喷嘴的推力输出能力，从而使发动机可以适应全速范围。在弹出模式期间，发动机内部的支撑火箭是产生推力的主要部件之一。它也用于排出次级流。当进气口关闭时，发动机将以纯火箭模式工作，而支杆火箭是唯一提供推力的部件。

Strutjet 发动机的喷射火箭在冲压喷射模式下用作燃料喷射槽，如图 3 - 6(a)所示。从支柱后部喷出的富含燃料的气体与二次流发生反应，从而产生更多的能量。在超燃冲压发动机模式下，关闭喷射火箭，并采用横向喷射，如图 3 - 6(b)所示。事实证明，支杆两侧的射流有助于缩短混合长度并提高混合效率。横向射流通常用于超燃冲压发动机，支柱本身是非常有益的结构。它可以黏合发动机的两侧并增强结构强度。在超燃冲压发动机模式期间，支柱可增强燃油/空气混合性能，它的跨范围配置可以帮助压缩自由流动。Strutjet 发动机坚固耐用，易于操作和维护。

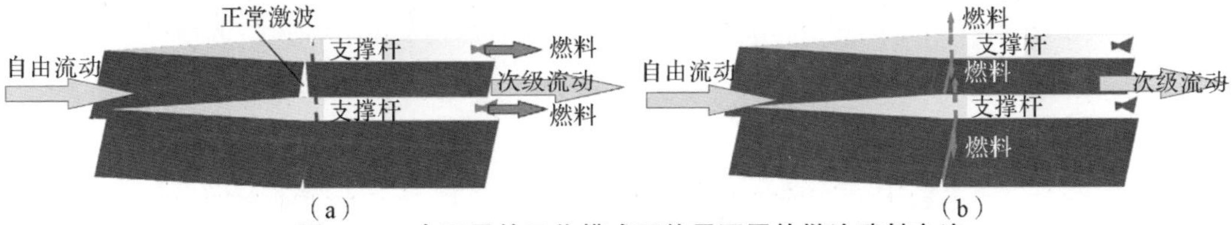

图 3 - 6　在不同的工作模式下使用不同的燃油喷射方法

3.2.2　ISTAR 计划

ISTAR 计划为 RBCC 发动机飞行演示计划，采用 X - 43B 飞行器载机发射模式，演示 RBCC 发动机在 $Ma=0.7\sim7$ 范围内的火箭引射、亚燃冲压和超燃冲压等三种工作模态，验证发动机的工作包线及相关关键技术。ISTAR - RBCC 发动机以 Strutjet 发动机为基础，采用 JP - 7/H_2O_2 作为推进剂，B - 2 或 L1011 飞机将 X - 43B 携带到空中，当 $Ma=0.7$ 时进行投放，当 $Ma=2.5$ 时转为亚燃冲压模态，当 $Ma=5$ 时转为超燃冲压模态，在 $Ma=7$ 后滑翔降落，规避了 RBCC 发动机低速段推力不足的问题。ISTAR 项目完成了 X - 43B 演示飞行器设计和发动机燃油系统、进气道、燃烧室等关键组件设计和地面试验，获得了不同模态下的发动机性能，验证了 RBCC 发动机的适用性。2003 年，ISTAR 飞行演示项目暂停。

ISTAR 发动机(见图 3 - 7)将 Strutjet 发动机的工作范围由 $Ma=0\sim20+$(入轨)缩小到 $Ma=0.7\sim7$，大大降低了发动机的设计难度。研究表明，RBCC 发动机在地面零速状态下，火箭引射推力增益约为 13%。随着飞行马赫数的提高，火箭引射增益不断提高，当 $Ma=0.8$ 时引射增益可以达到 30%，当 $Ma=2.8$ 时则超过 100%。ISTAR 在 $Ma=0.7$ 时通过载机进行投放，避免了低速状态下引射增益不足，理论上有利于飞行器加速爬升，实际上飞行器总体计算表明，仅靠 30%的引射推力增益难以实现爬升要求，需要进一步提升 RBCC 发动机起始的工作马赫数。ISTAR 发动机工作范围为 $Ma=0.7\sim7$，进排气系统仍然采用可调结构才能满足工作要求。ISTAR 飞行器飞行过程如图 3 - 8 所示。

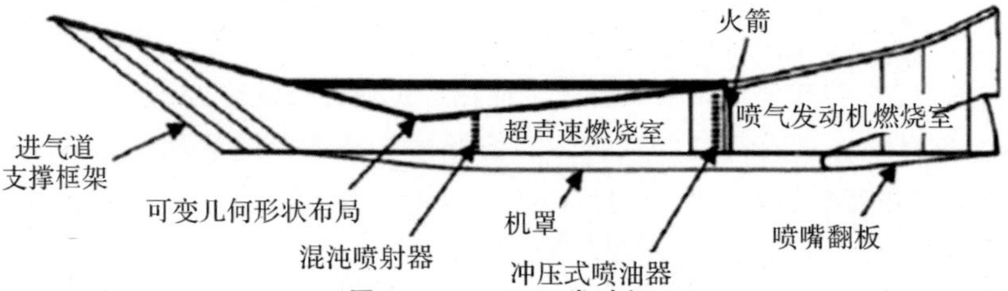

图 3 - 7　ISTAR 发动机

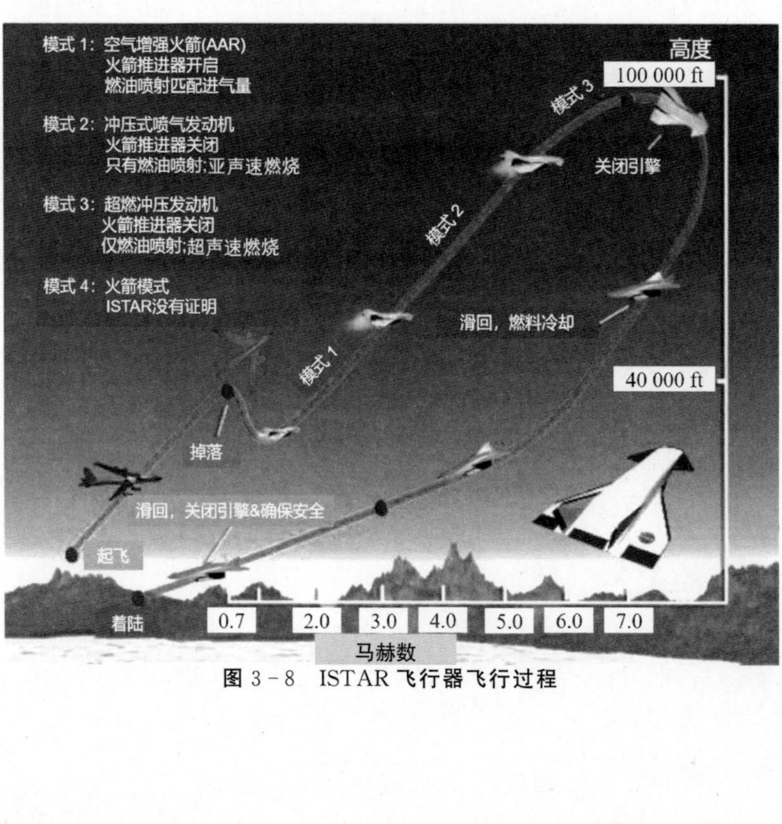

图 3 - 8　ISTAR 飞行器飞行过程

3.2.3　E3 发动机

日本在 1990 年开始探索可重复使用的飞机系统进入轨道的单一阶段。2003 年,JAXA 测试了联合循环发动机的燃烧模式,采用了两枚火箭来产生富含燃料的气体。JAXA 的第一个 RBCC 配置的最开始就是基于此测试的。2005 年,JAXA 设计了矩形截面的 RBCC 发动机,即 E3 发动机,如图 3-9 所示。

图 3-9　E3 发动机引擎概念图

图 3-10 显示了 E3 的草图尺寸。发动机长 3 m,宽 0.28 m。入口长 1.14 m,占总长度的 1/3 以上。直径为 0.08 m 的后退火箭安装在发动机中部,其出口距离发动机出口 1.61 m。

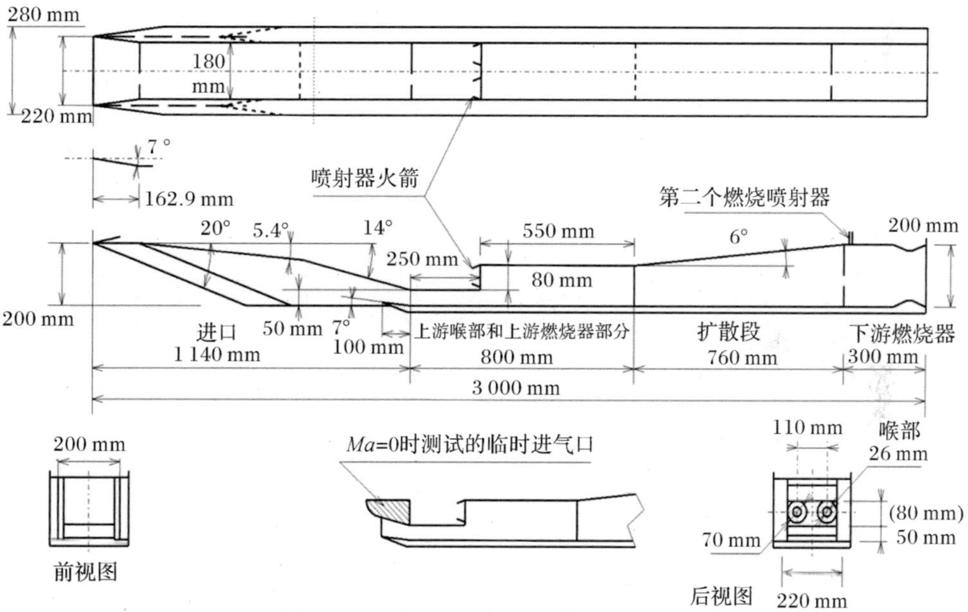

图 3-10　E3 引擎的关键剖视图和尺寸

该模型采用两个平行的 H_2O_2 火箭,弹射火箭安装在进气口末端的后级。燃油供应系统位于发动机顶部的机身中。入口是可移动的斜面,可以在重新进入过程中将其关闭。发动机出口处没有第二喉道,因为可以使用热喉道技术实现燃油加速。次级射流布置在燃烧器的膨胀区域中,使得添加到燃烧器中的燃料可以提升放热性能和发动机的推力。JAXA 还通过实验研究了每个独立组件的性能并建立了它们的物理模型。E3 发动机被设计为分别以马赫数 0～3、3～7、7～12 和 12 以上的速度在喷射发动机、冲压喷气发动机、超燃冲压发动机和纯火箭模式下工作。

为了研究 E3 发动机的喷射性能，JAXA 研究了发动机进出口形状、燃烧室长度、二次喷射口的位置以及火箭工作条件的影响，以测试 E3 的喷射性能。2006 年，JAXA 研究了单级入轨 RBCC 发动机在不同模式下的运行特性，研究人员研究了在低马赫数下推力增益不足的相关问题。

3.2.4 GTX 发动机

GTX 飞行器（见图 3－11）是一种垂直起飞、水平着陆的可重复使用的单级入轨（SSTO）概念机。NASA 格林研究中心开展了半轴对称流道的 RBCC 动力研究。该发动机采用固定尺寸流道，内置火箭与冲压流道设计为一体化结构，主火箭安装在发动机侧壁，发动机的半圆形机舱贴附在飞行器主体的周围，充分利用了飞行器前体的预压缩功能。这种构型结构紧凑，在相同容积的条件下，可以减轻结构重量。格林研究中心完成了进气道、前体以及吸气模态推进模型的风洞试验和燃烧室直连试验，试验范围包括从海平面静态到 $Ma=2.5$ 的飞行状态，原计划在 $Ma=2.5$ 的条件下进行引射/亚燃冲压模态过渡试验，但未有相关文献。GTX－RBCC 发动机火箭布置在隔离段侧壁，结构设计难度和热防护难度显著降低。对宽范围而言，GTX 发动机仍然需要采用可调结构。燃烧室采用多路喷注、多级燃烧组织和热力壅塞的燃烧组织方式。Strutjet、ISTAR 等宽范围发动机也采用多级燃烧组织、多路喷注的燃烧组织技术。多级燃烧组织、多路喷注会使得燃油供应与调节复杂，结构设计特别是带冷却的结构设计难度增大。

图 3－11　GTX 飞行器及 RBCC 发动机燃烧室试验件

3.2.5 A5 发动机

Rocketdyne 公司的 A5 发动机（见图 3－12）为二元固定结构，由 3D 内侧壁收缩进气道、等截面隔离段组成，发动机燃烧室和尾喷管为扩张结构。采用固定几何结构，减少了复杂性和结构重量。3D 侧壁进气提供了自起动能力。燃油与空气采用漩涡掺混最大化，以提高燃烧效率，多燃料喷注位置使得各模态性能最优化。高性能火箭发动机整体安装于冲压燃烧室侧壁，具有深度节流和大范围变混合比的能力，不仅为亚燃和超燃模态供应部分燃料，而且作为稳定的点火源，使得发动机在整个工作过程中可以稳定可靠地工作。A5 发动机完成了海平面引射模态和 $Ma=3.0\sim4.0$ 飞行状态试验，验证了推力增益、进气道抽吸、进气道起动、多模态燃烧组织和喷管分离等关键技术。采用固定流道是 A5 发动机的大胆尝试，也是工程上理想的结构形式，但实现难度较大。

图 3-12　A5 发动机

3.2.6　LAPCAT 计划

在欧盟长期先进推进概念与技术计划 LAPCAT I(2005—2008 年)的资助下,德国、英国、法国、意大利、荷兰、比利时 6 个欧盟成员国的 12 家研究机构联合开展了巡航马赫数 4～8 的高超声速民用飞行器以及吸气式推进系统方案可行性与技术验证研究,旨在缩短长途旅行时间,如布鲁塞尔到悉尼的旅行时间由原来的 23 h 左右缩短到 2～4 h。该计划共探讨了 2 个方案:LAPCAT - A2 概念飞行器(见图 3-13),LAPCAT - M8 概念飞行器(见图 3-14)。

图 3-13　LAPCAT - A2 概念飞行器

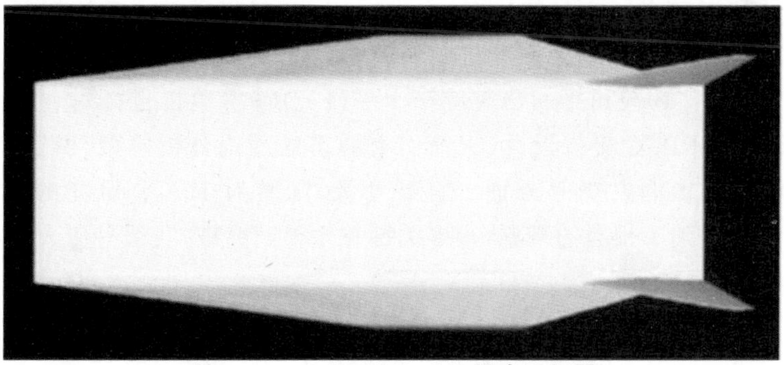

图 3-14　LAPCAT - M8 概念飞行器

其中:LAPCAT - A2 选用以液氢作为燃料、进气预冷、巡航马赫数为 5 的 Scimitar 发动机作为动力;LAPCAT - M8 选用 RBCC 组合循环发动机作为动力。整个研究计划资助金额为 700 万欧元,研究内容包括:系统级的需求分析、任务分析、方案评估以及可行性研究,部件模型试验、机理试验以及建立仿真验证数据库,揭示高压、超声燃烧流动机理、湍流、模式转换复杂流动现象的仿真建模研究,等等。

研究表明,从布鲁塞尔到悉尼(约 16 800 km),LAPCAT - A2 方案的旅行时间为 3.8 h;影响 Scimitar 发动机进行工程应用的瓶颈关键技术包括轻型、低 阻、高效、高可靠性换热器技术以及以氦气作为工质的对转涡轮技术等。Scimitar 发动机如图 3 - 15 所示。从布鲁塞尔到中澳大利亚(约 16 000 km),LAPCAT - M4 方案的旅行时间为 6.6 h,影响该方案进入工程应用的瓶颈关键技术在于双外涵变循环发动机在超宽工作范围(马赫数 0～4.5)内各部件(包括进气道、喷管)之间的气动相容性、结构相容性和热防护技术。由于火箭推进剂的低比冲,LAPCAT - M8 方案起飞总重 944 t,携带的液氢和液氧质量高达 669 t,最大航程不超过 9 500 km。作为 LAPCAT Ⅰ项目的延续,LAPCAT Ⅱ(2008—2012 年)继续资助 LAPCAT - A2 和 LAPCAT - M8 方案进行进一步的深化研究,总资助额度为 1 000 万欧元。

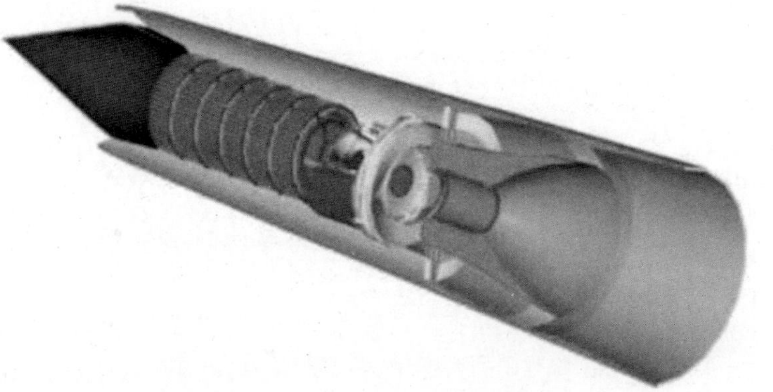

图 3 - 15 Scimitar 发动机方案

3.2.7 国内研究进展

国内也对 RBCC 展开了大量的研究,三院 31 所(中国航天科工集团第三研究院三十一研究所)从 1970 年就开始了组合发动机的研究。西北工业大学、国防科技大学、航天六院 11 所(中国航天科技集团公司第六研究院第十一研究所)等单位也都对 RBCC 开展了相关的研究,主要集中在 RBCC 整机设计、火箭引射模态的理论分析模型、引射/亚燃模态过渡研究、发动机燃烧室掺混燃烧等方面。直到今天,随着对 RBCC 研究的不断深入,关于 RBCC 的研究成果得到了相当的积累,很多关键技术得到突破,我国科研人员对 RBCC 发动机的认识也不断提高。

2022 年 7 月 4 日,由西北工业大学航天学院空天组合动力创新团队牵头研制的“飞天一号”火箭(冲压组合动力)在西北某基地成功发射,在国际首次验证了煤油燃料火箭冲压组合循环发动机火箭/亚燃、亚燃、超燃、火箭/超燃的多模态平稳过渡和宽域综合能力,突破了热力喉道调节、超宽包线高效燃烧组织等关键技术，飞行试验圆满成功。

图 3-16 “飞天一号”火箭(冲压组合动力)实物图

3.3 火箭基组合循环动力系统研发关键技术

RBCC发动机具有宽包线工作的特点，兼具加速、机动和巡航能力，这就要求发动机在同一流道内实现引射、亚燃、超燃和火箭多模态协调匹配工作，多模态间需稳定高效兼容，发动机宽广的工作包线带来了一系列的技术问题和挑战。

以RBCC为代表的组合动力空天飞行器一般通过单级或两级入轨的方式实现低成本天地往返运输。因此，为了实现组合动力空天飞行器的工程化研制，除了动力系统设计之外，组合动力飞行器的总体设计还要突破一系列的关键技术。

3.3.1 引射增益和引射条件下的进气道特性研究

引射模态是影响整个火箭组合推进系统综合性能的关键，国内外对如何实现高效燃烧和高引射效率开展了大量研究。

美国宾州大学和阿拉巴马州大学在ASTP计划的资助下针对传统的扩散后燃烧(Diffusion After Burning，DAB)的引射模态和边混合边燃烧(Simultaneous Mixing and Combustion，SMC)的燃烧模式开展了大量研究。结果表明，DAB模式燃烧和推力性能优于SMC，但需要更长的燃烧室，SMC模式掺混效果更好，但有可能会影响引射效率并且推力相对较小。Brigham Young大学和Aerojet公司在前期研究的基础上提出了屏蔽式一次注入(Shielded Primary Injection，SPI)燃烧模式，这种燃烧模式既能实现燃料与空气的高效掺混，又使得燃烧放热区域位于燃烧室偏下游位置，在不影响空气引射量的前提下实现高效燃烧。Aerojet公司提出的Strutjet-RBCC就采用了SPI燃烧方式，在引射模态下实现了高性能工作，海平面条件下实现引射模态推力增强10%。GTX-RBCC发动机采用了分级燃烧循环(Staged Combustion Cycle，SCC)+独立冲压流(Independent Ramjet Stream，IRS)燃烧组织模式，在引射模态工作于较低马赫数时采用SCC模式，当马赫数增大后转为SCC+IRS混合模式。IRS即在进气道隔离段中向空气喷入燃料，并增强掺混程度。国内中国科学院力学研究所针对RBCC研究了不同工况下一次流和引射二次流之间混合的演变和发展过程，找出了不同来流条件下影响引射性能的主要参数，并根据试验结果提出了促进混合的可行方案。西北工业大学对DAB和SMC燃烧性能开展了数值模拟研究，获得了不同燃烧模式的影响因素。搭建了冷流试验系统，获得了火箭引射模态进气系统特性的变化规律。采用DAB和SMC混合工作模式更有利于提高燃烧和引射效率，静态条件下获得了大于10%的推力增强。

3.3.2 大范围和大尺寸条件下的双模态冲压火焰稳定技术

在不同的工作模态，RBCC发动机采用不同的燃烧组织方法。

(1)火箭引射模态。与扩散后燃烧、边混合边燃烧等燃烧组织方式相比，GTX-RBCC发动机采用的独立冲压流(IRS，见图3-17)模式显然具有较高的结构效率，工程适用性好。

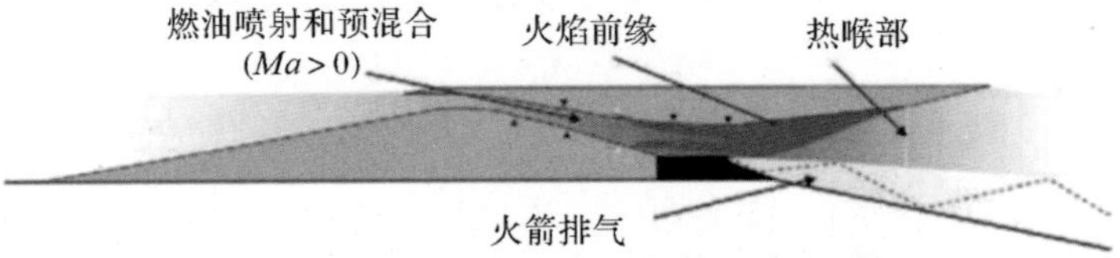

图3-17 引射模态IRS燃烧组织示意图

(2)亚燃冲压和超燃冲压模态。在RBCC发动机亚燃冲压和超燃冲压模态下，燃烧组织广泛借鉴了超燃冲压发动机的支板/壁面喷注与混合、支板+凹腔火焰稳定、多级喷注燃烧实现燃烧释热与型面匹配等燃烧组织设计思想，后者已经经过了X-43A、X-51A等飞行器飞行演示验证。同时，由于火箭燃气的加入，RBCC发动机在亚燃冲压和超燃冲压模态的点火和火焰稳定更加灵活和稳健。灵活应用支板、凹腔、火箭台阶、火箭热燃气等火焰稳定手段，是实现宽范围稳定燃烧组织的关键，Strutjet发动机(见图3-18)是其中的典型代表。相对日本RBCC发动机采用的燃料壁面喷注而言，支板和壁面喷注相结合的喷注方式能够在较短的距离内获得较高的混合效率，对未来航天运输系统的大尺度发动机而言，侵入流道的支板喷注带来的混合效果显然优于壁面喷注，这样设计的燃烧室可以获得较好的性能。

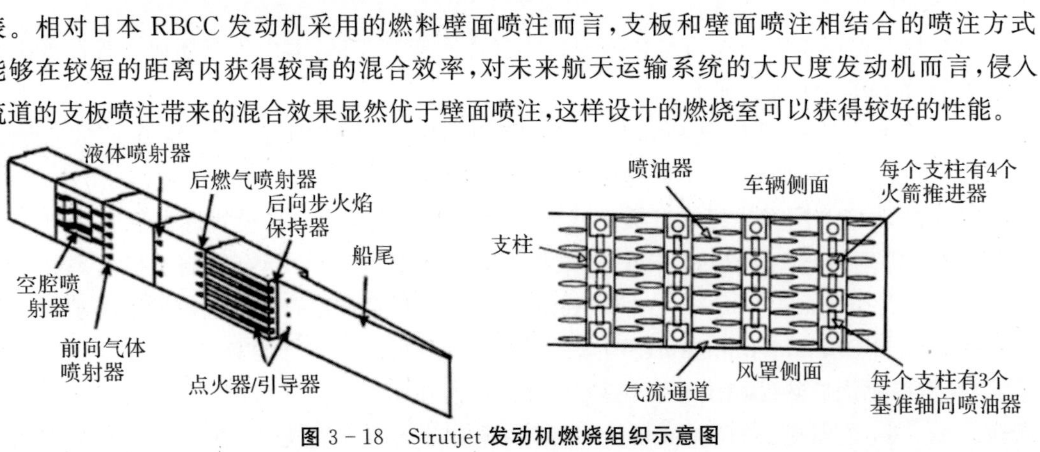

图3-18 Strutjet发动机燃烧组织示意图

3.3.3　多模态过渡和流道匹配技术

火箭基组合推进具有多个工作模态,如何实现多模态的平稳高效过渡和流道匹配是实现火箭基组合发动机高效工作的关键技术之一。

Strutjet－RBCC 在引射模态向亚燃模态过渡时,通过合理改变燃料喷注位置,从 SPI 燃烧组织模式改变为亚燃组织模式,同时配合可调进气道和尾喷管的变化实现了 $Ma=2.5$ 条件下引射模态向亚燃模态的平稳过渡。A5－RBCC 通过使用流向涡技术增强燃烧控制,其一次火箭具有宽混合比和流量比的工作特性,在模态过渡过程中能够逐渐减少一次火箭流量。A5－RBCC 发动机在 GASL 的连续调节实验台上实现来流 $Ma=3\sim4$ 动态条件下的模态过渡。西北工业大学也开展了引射向亚燃模态过渡的研究,通过采用支板/凹腔燃料喷射,一次火箭流量的逐渐减少和火炬诱导的方式实现了 $Ma=2.6$ 条件下较为平稳的模态过渡。虽然目前人们对引射模态向亚燃模态过渡、亚燃模态向超燃模态过渡均有较多研究,但还未见同一流道内实现引射、亚燃和超燃模态过渡的详细报道。美国 ISTAR 集成发动机虽然进行了引射、亚燃和超燃模态集成,但未见其全模态过渡的研究结果。因此,应进一步开展对同一流道下多模态过渡和多模态流道匹配性的深入研究。

3.3.4　可重复使用深度可调火箭发动机技术

在 RBCC 工作的各个模态中,对火箭发动机的性能要求均不同。引射模态中,火箭发动机需要具备高室压、大推重比;冲压模态中,火箭发动机应能在某种“低工况”进行稳焰;火箭模态入轨时,火箭发动机应有较大比冲;再入时,火箭发动机需要逐步减小到“低工况”工作。因此,要完成任务剖面,势必需要深度可调的火箭发动机。目前发展较为成熟的有 Space X 公司的 Merlin 发动机以及针拴发动机,但它们仍不具备 RBCC 的工程应用水平。

3.3.5　发动机与机身一体化技术

当空天飞机以 6 倍于声速以上的速度在大气层中飞行时,空气阻力将急剧上升,其外形必须高度流线化。亚声速飞机常采用的翼吊式发动机已不能使用,需要将发动机与机身合并,以构成高度流线化的整体外形,即让前机身容纳发动机吸入空气的进气道,让后机身容纳发动机排气的喷管,因此称作发动机与机身一体化。

在一体化设计中,最复杂的是要使进气道与排气喷管的几何形状能随飞行速度的变化而变化,以便调节进气量,使发动机在低速时能产生额定推力,而在高速时又可降低耗油量,还要保证进气道有足够的刚度和耐高温性能,以使它在返回再入大气层的过程中,能经受住高速气流和气动力热的作用,不致发生明显变形,从而实现多次重复使用。

Smart 等人对入口马赫数为 4 的进气道进行了风洞试验和数值计算分析。在风洞试验中获得了多种性能参数,如捕获流量、最大背压和进气道的自启动特性。数值计算研究主要为了对捕获流量、进气道效率进行确认,并弄清流场的结构。研究结果表明:进气道捕获流量范围在基线质量流率的 97.3%～112.5%之间;喉部上游无扰动情况下最大背压与参考压力之比在 4.46～5.41 之间；喉部上游有扰动时，这一比值最高达到 6.21；飞行器身部一侧安装泄漏平板(见图 3-19)，泄漏 0.9%～1.55%的基线质量可以使背压上升 8%～12%，而且可以使进气道在蒙皮靠近更前方的位置的情况下也能自起动；在进气道前面安装一个 30.48 cm 的前体平板(留有蒙皮高度 3%的间隙)，可以使最大背压降低 5%～8%。这一结论说明，这种进气道适合作为机身一体化的推进系统构型。在进气道蒙皮上引入泄漏孔可以使其在蒙皮靠近更前方的位置的情况下也能自起动；进气道在引入一个带凹口和一个泄漏孔的蒙皮(见图 3-20)且机体侧有 1.5%质量泄漏的情况下，其性能可以达到最优。

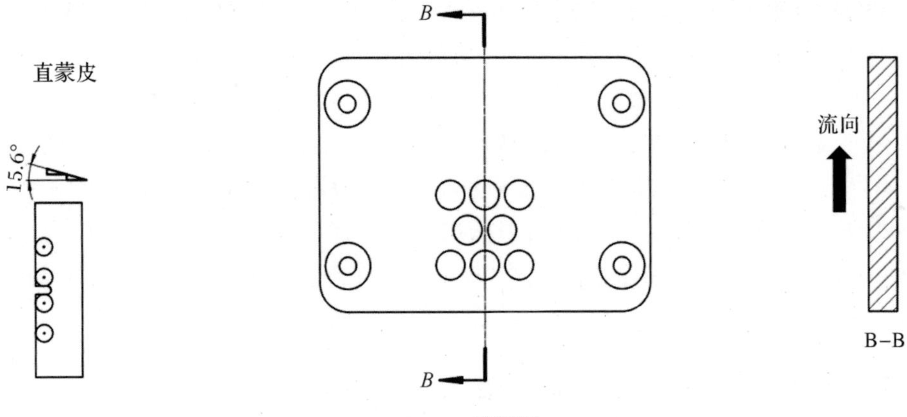

图 3-19　带泄漏孔平板构型

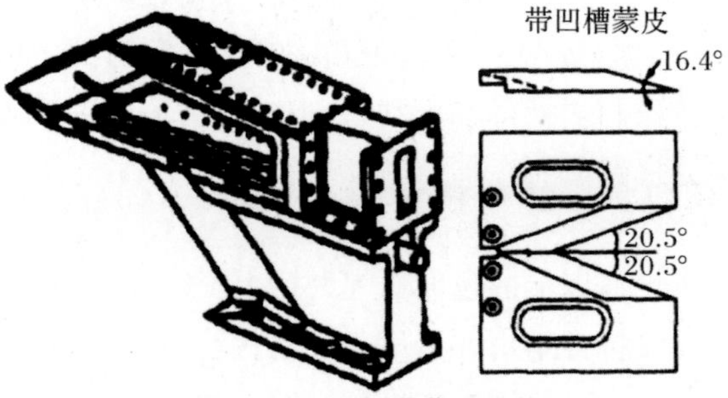

图 3-20　进气道蒙皮结构

3.3.6　气动布局技术

由于组合动力空天飞行器飞行包线宽，所以气动布局设计无固定设计点，此外，布局设计需要满足整个飞行包线内的升力匹配和推阻特性，既要考虑上升段的飞行，也要考虑返回阶段遭遇的高速再入、亚声速飞行，气动布局在保持合理的静稳定性的同时，也要保证气动布局具有足够的气动控制能力。主要的技术难点包括宽包线下的升力匹配、宽包线下的飞行器稳定性、气动外形与防热问题匹配、宽包线低阻气动外形设计技术、天地相关性(天地换算)等。

3.4 火箭基组合循环动力系统相关专利

3.4.1 超燃及 RBCC 发动机连续变来流直连试验系统

(1)申请号:CN202121336858.7。

(2)专利权人:南京航空航天大学。

(3)发明人:姚照辉。

该发明中的试验系统如图 3-21 所示。

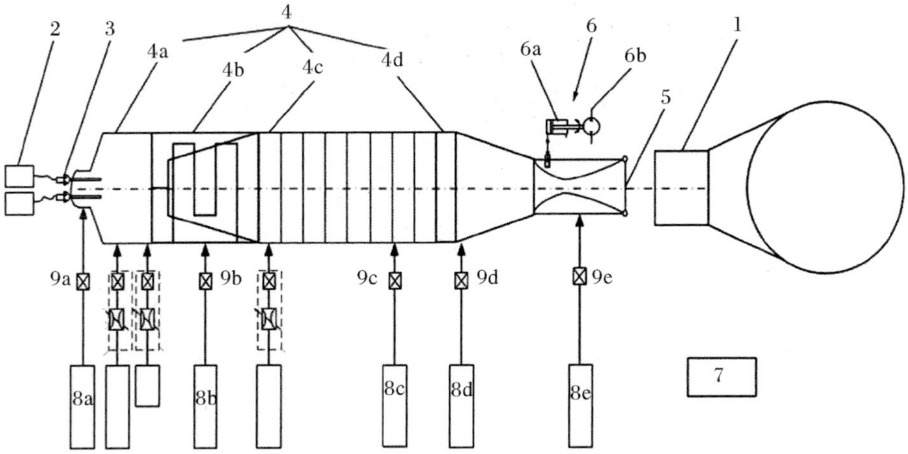

图 3-21　试验系统结构示意图

1—背压模拟装置；2—功率装置；3—点火器；4—加热器；4a—头部；4b—身部；4c—掺混整流段；4d—过渡段；5—设备喷管；6—驱动装置；6a—上作动机构；6b—上驱动机构；7—控制器；8a—第一冷却剂；8b—第二冷却剂；8c—第三冷却剂；8d—第四冷却剂；8e—第五冷却剂；9a—第一冷却剂控制阀；9b—第二冷却剂控制阀；9c—第三冷却剂控制阀；9d—第四冷却剂控制阀；9e—第五冷却剂控制阀

传统的试验方式带来很多问题:一方面每次开展不同工况的试验,均需要对加热器、设备喷管进行反复的拆卸、安装,以适应不同的试验工况,造成试验效率低下,且因每次安装位置、角度、力矩甚至安装人员等的差异造成试验结果重复性不好,或需要额外增加反复的调试工作,以便恢复到最优状态,工作十分烦琐。此外,由于每次试验为单工况点试验,仅可获得极少数飞行工况点的工作状态,无法模拟发动机在空中连续飞行、连续变马赫数下的工作状态,为发动机方案的确定带来困难,也为发动机真实连续飞行中可能存在的问题引入了不确定因素及安全隐患。

该实用新型发明的目的在于提供一种超燃及 RBCC 发动机连续变来流直连试验系统,适用于对超燃冲压发动机及 RBCC 组合发动机进行多工况点连续变来流直连试验,以解决现有试验系统仅可进行单工况点试验验证的问题。

为实现上述目的,该实用新型专利采用的技术方案是:提供一种超燃及 RBCC 发动机连续变来流直连试验系统,适用于对超燃冲压发动机及 RBCC 组合发动机进行多工况点连续变来流直连试验，超燃及 RBCC 发动机连续变来流直连试验系统包括依次串接的功率装置、点火器、加热器、设备喷管及背压模拟装置，待试验发动机连接于设备喷管与背压模拟装置之间，加热器连接有燃料供应可调装置、氧化剂供应可调装置以及第一冷却剂供应控制装置；设备喷管为喉部通道可调喷管，喉部通道可调喷管连接有第二冷却剂供应控制装置，喉部通道可调喷管的通道入口与加热器相连通，其通道出口用于连接待试验发动机，喉部通道可调喷管上连接有驱动装置，驱动装置用于驱动喉部通道可调喷管改变喉部通道的大小；其中，燃料供应可调装置、氧化剂供应可调装置、第一冷却剂供应控制装置、第二冷却剂供应控制装置以及驱动装置均受控于一个控制器。上述设计实现了对发动机试验中马赫数、流量、总温的连续可调。

3.4.2　一种中心引射火箭、RBCC 发动机及其燃料喷注方法

(1)申请号：CN202110417168.2。

(2)专利权人：中国人民解放军国防科技大学。

(3)发明人：王泰宇、王振国、孙明波、顾瑞、姚轶智。

该发明中的中心引射火箭结构如图 3－22 所示。

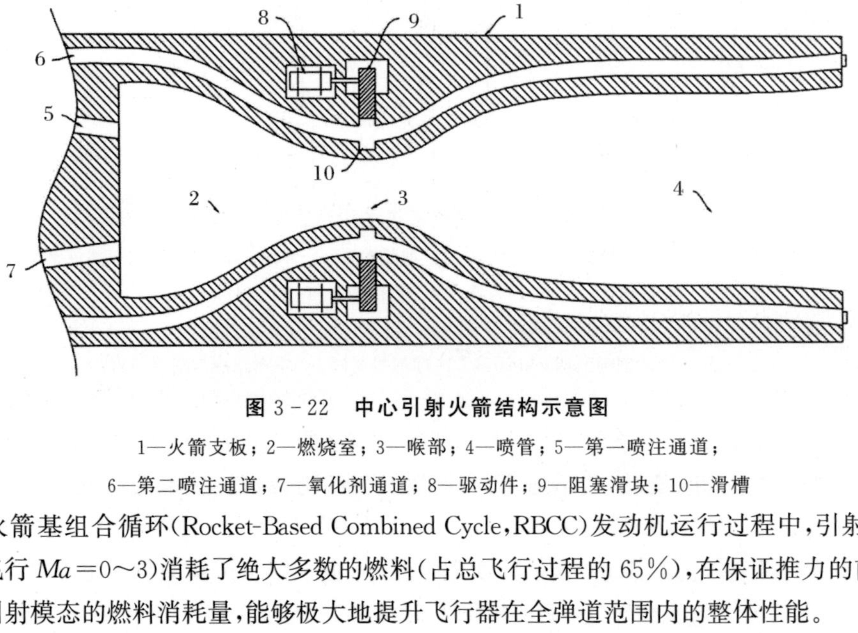

图 3－22　中心引射火箭结构示意图

1—火箭支板；2—燃烧室；3—喉部；4—喷管；5—第一喷注通道；

6—第二喷注通道；7—氧化剂通道；8—驱动件；9—阻塞滑块；10—滑槽

在火箭基组合循环(Rocket-Based Combined Cycle，RBCC)发动机运行过程中，引射模态(一般认为飞行 $Ma=0\sim3$)消耗了绝大多数的燃料(占总飞行过程的 65％)，在保证推力的前提下有效减少引射模态的燃料消耗量，能够极大地提升飞行器在全弹道范围内的整体性能。

传统上以 SMC(边混合边燃烧)为燃烧组织方式的 RBCC 发动机在引射模态工作中，中心火箭喷射富燃燃气(一次流)，一次流与被引射的外部空气(二次流)在燃烧室内进行掺混，同时一次流中的过量燃气在高温下同二次流中的氧气反应组织二次燃烧，燃烧放热增大燃烧室内压力，从而进一步增强 RBCC 发动机的整体性能。传统 SMC 燃烧模式采用的喷管基本上为火箭发动机使用的主动冷却喷管。一般情况下，冷燃料会作为主动冷却剂被注入火箭管壁内的冷却槽道之中，燃料流经一个回流的冷却槽道，吸热后再次喷注至火箭燃烧室内组织燃烧。这种主动冷却槽道包括冷却剂去向与回向槽道，结构复杂，制造难度较大，并

且对喷管管壁的厚度有一定要求，会给喷管管壁减薄带来困难。此外，冷却剂流经距离长，压力损失较大。

针对上述现有技术中的不足，该发明提供了一种中心引射火箭、RBCC 发动机及其燃料喷注方法，可有效提高燃料和二次流利用率，提升发动机比冲和推力性能。

3.4.3　一种 RBCC 引射模态内推力实验测量评估方法

(1)申请号:CN202110172576.6。

(2)专利权人:中国人民解放军国防科技大学。

(3)发明人:顾瑞、孙明波、李佩波、蔡尊、姚轶智。

本发明中的评估方法如图 3－23 所示。

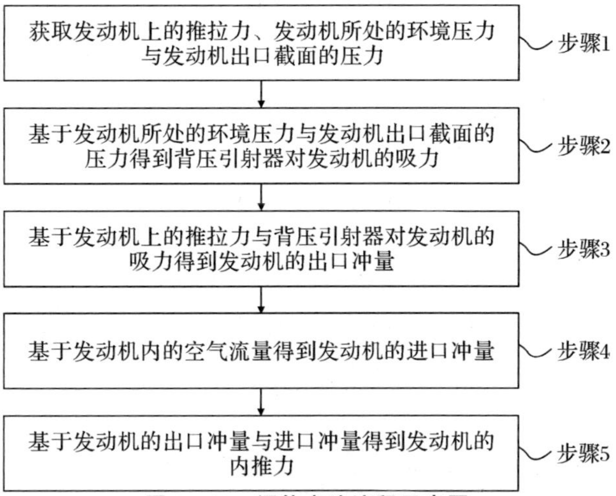

图 3－23　评估方法流程示意图

RBCC 发动机引射模态是 RBCC 发动机的重要工作模态。其中空气的引射流量受多种因素(分别是几何喉部、气动壅塞、热力壅塞)的制约。RBCC 组合动力发动机的引射模态是其区别于其他吸气式冲压发动机的重要工作模态。在引射模态下空气来流的速度较低，一般为 $Ma=0\sim2.5$。由于在该模态下空气的冲压作用较弱，需要利用火箭射流与空气在内流道中进行混合增压，为发动机提供推力，因此在该阶段耗油量较大，是 RBCC 发动机主要的耗油阶段。

若空气流量受进气道几何喉部限制，则在基础研究中很难直接获得发动机的引射性能极值。RBCC 发动机引射模态内推力可以直接用来评估不同引射模态方案的性能。采用常规的直连式实验方法，无法获得发动机的内推力，只能获得发动机通流和补燃过程中的推力增益；采用自由射流实验，由于外部阻力及进气道喉部限制等因素，同样不能直接获得发动机内推力。另外，RBCC 发动机很大一部分引射模态工况的空气总压在 100 kPa 附近，采用直连式以及自由射流的方式都不太合适。

针对上述现有技术中的不足，该发明提供了一种 RBCC 引射模态内推力实验测量评估方法，有助于 RBCC 发动机的设计优化，加速性能提升。发动机的进口管道与推力方向垂直设置，并将 RBCC 发动机的出口截面插入背压引射器中，在发动机与背压引射器之间设置密封结构，并使发动机与背压引射器之间不存在力的传递。

3.4.4 一种火箭与前缘突扩凹腔组合的 RBCC 内流道

(1)申请号：CN202110172574.7。

(2)专利权人：中国人民解放军国防科技大学。

(3)发明人：孙明波、顾瑞、李佩波、蔡尊、姚轶智。

本发明中的内流道轴对称构型实施结构如图 3-24 所示。

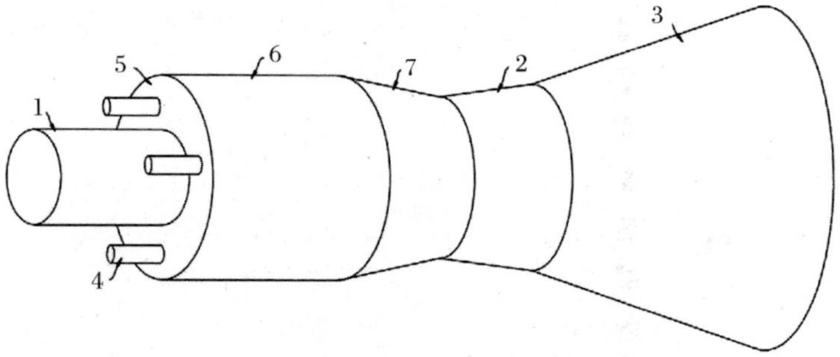

图 3-24 内流道轴对称构型实施结构示意图

1—进气段；2—扩张段；3—喷管；4—火箭；5—前缘挡板；6—过渡挡板；7—尾缘挡板

RBCC 发动机引射模态是 RBCC 发动机的重要工作模态，引射模态在燃烧组织方式上有一种模式是 SMC 模式，在该模式下，燃烧与混合需同时进行。由于火箭燃气与空气同时要完成混合与燃烧，在燃烧的作用下会增加流道内的压力，从而影响发动机引射性能，甚至会造成发动机进气道不起动。此外，在 RBCC 发动机中，不同的发动机工作模态共用一个内流道，因此给融合设计带来了很大的难度，在保证发动机一个模态性能的同时，也需要考虑其他模态的性能表现。

该发明提供一种火箭与前缘突扩凹腔组合的 RBCC 内流道，其通过将火箭设置在凹腔的前缘上，融合了 RBCC 发动机引射工作模态以及亚燃工作模态，使得两个模态在内流道结构上获得了统一，尽管内流道结构不变，但是发动机的整个内流过程在不同的模态下是有显著差别的，该内流道的布局大大缩短了发动机的长度，提高了发动机推重比，使得发动机结构更加紧凑。

3.4.5 一种 RBCC 发动机内流道及 RBCC 发动机

(1)申请号：CN202011566445.8。

(2)专利权人：中国人民解放军国防科技大学。

(3)发明人：姚轶智、孙明波、蔡尊、李佩波、杨揖心、顾瑞。

本发明中的 RBCC 发动机内流道的结构如图 3-25 所示。

RBCC 发动机是一种宽速域的组合动力发动机，包含引射、亚燃、超燃和纯火箭模态。其亚燃、超燃模态与引射模态在混合段直径需求上存在冲突，亚燃、超燃模态为了更好地压缩二次来流以提高补燃效果，需要混合段直径尽可能小；而引射模态需要混合段直径尽可能大，来确保二次来流的抽吸效果，有足够的二次空气流量才能保证补燃性能。甚至于当需要增加火箭流量来加大推力时,如果火箭流量过大,那么可能会导致二次流空气流量减小,RBCC 发动机的性能急剧下降乃至进气道不起动。

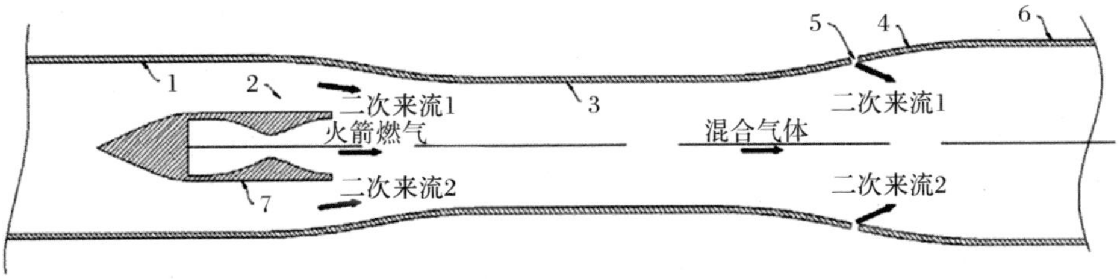

图 3-25　RBCC 发动机内流道的结构示意图

1—来流段;2—一级进气口;3—混合段;4—扩张段;
5—二级进气口;6—补燃室;7—中心火箭流道

针对上述现有技术中 RBCC 发动机在亚燃、超燃模态与引射模态存在需求冲突的问题,该发明提供了一种 RBCC 发动机内流道及 RBCC 发动机,保持混合段直径尽可能小,以保证 RBCC 发动机在亚燃、超燃模态下的性能,同时增设了二级进气口以提高二次来流空气的抽吸流量,并提高 RBCC 发动机在引射模态下的设备性能。该发明中的发动机内流道包括依次相连的来流段、混合段、扩张段、补燃室和尾喷管。来流段上设有一级进气口,扩张段上设有二级进气口,一级进气口、二级进气口并联连接在发动机的进气道上,以使得一级进气口与二级进气口可独立开闭而相互之间无干扰,实现不同工况下 RBCC 发动机的适用性。

3.4.6　一种斜坡火箭布局方式的 RBCC 发动机燃烧室及其设计方法

(1)申请号:CN201811573630.2。

(2)申请人:西安航天动力研究所。

(3)发明人:刘昊、张玫、刘晓伟、蔡锋娟、张忠利、豆飞龙、张留欢。

该发明中的发动机燃烧室如图 3-26 所示。

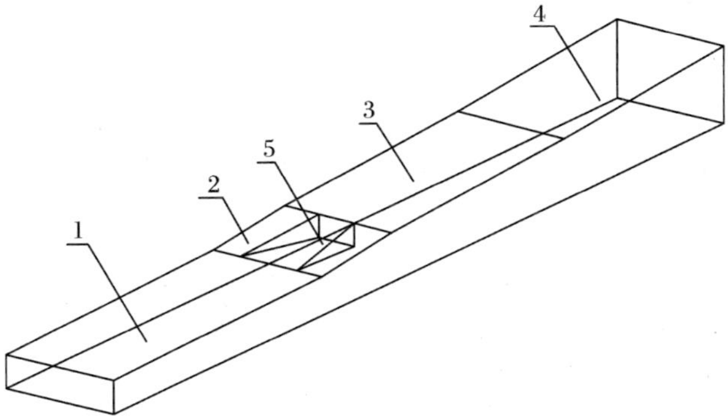

图 3-26　发动机燃烧室示意图

1—隔离段;2—火箭斜坡安装段;3—一级扩张段;4—二级扩张段;5—火箭安装斜坡

火箭布局方式对 RBCC 发动机燃烧室结构、工作范围及性能有着重要的影响。目前,国内外所采用的 RBCC 发动机燃烧室火箭布局方式分为两种:

(1)台阶火箭布局,火箭布置于燃烧室一侧,火箭射流与冲压主流单侧接触,两股气流气动上相对解耦，使得燃烧室设计与进气道设计相对独立，降低了燃烧室设计难度，但台阶火箭布局方式未有效利用火箭高温高焓活性射流点火及火焰稳定能力，且燃烧室结构利用率低。

(2)支板火箭布局，火箭布置于燃烧室中心，火箭射流与冲压主流双侧接触，两股气流气动耦合紧密，能够利用火箭高温高焓活性射流实现燃烧室点火及火焰稳定，采用支板火箭布局方式，燃烧室结构利用率高，燃烧室长度一般较小。但是，燃烧室采用支板火箭布局，燃烧室与进气道设计耦合性高，使得发动机设计缺乏灵活性。

该发明要解决的问题是：克服现有 RBCC 发动机燃烧室火箭布局方式无法兼顾利用火箭高温高焓活性射流实现燃烧室点火及火焰稳定及对进气道类型无约束的矛盾，提供一种用于 RBCC 发动机燃烧室的斜坡火箭布局方式，可以利用火箭高温高焓活性射流实现燃烧室点火、火箭射流及火箭台阶双火焰稳定方案，并且适应于所有类型进气道。

该发明的技术解决方案是：一种斜坡式火箭布局方式的 RBCC 燃烧室，从空气入口到燃烧产生的燃气出口依次为隔离段、火箭斜坡安装段、扩张段；火箭推力室安装在火箭斜坡安装段，使得火箭射流与冲压主流三侧接触且火箭射流位于扩张段火焰前锋之前，利用火箭射流可实现燃烧室点火及火焰稳定。

3.4.7 一种火箭前置中心布局的 RBCC 发动机内流道

(1)申请号：CN201811535859.7。

(2)申请人：西安航天动力研究所。

(3)发明人：刘晓伟、刘昊、李光熙、豆飞龙、蔡锋娟。

该发明的内流道的工作原理如图 3-27 所示。

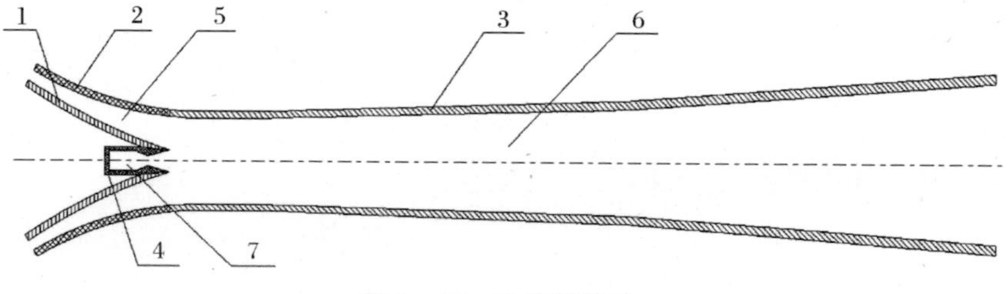

图 3-27 工作原理图

1—进气流道内壁面；2—进气流道外壁面；3—燃烧室流道壁面；
4—火箭发动机流道壁面；5—进气流道；6—燃烧室流道；7—火箭发动机流道

该发明属于火箭基组合循环发动机(RBCC 发动机)技术领域，主要涉及一种发动机流道方案，特别是一种高集成宽域 RBCC 发动机内流道方案，具体是一种火箭前置中心布局的 RBCC 发动机内流道方案，可作为 RBCC 发动机、组合发动机等类似发动机的流道设计方案。

该发明要解决的问题是：克服现有技术的不足，提出一种火箭发动机前置中心布局的 RBCC 发动机内流道方案，可在对冲压流道型面干涉尽可能小的前提下，发挥出火箭发动机点火助燃、引射增推等优势。

该发明的技术解决方案是：设计一种火箭前置中心布局的 RBCC 发动机内流道，包括进气流道、燃烧室流道和火箭发动机流道；火箭发动机流道位于燃烧室流道入口中心位置，进气流道位于火箭发动机流道四周且与火箭发动机流道一起汇入燃烧室流道，进气流道和燃烧室流道构成冲压流道，冲压流道与火箭发动机流道共同构成 RBCC 发动机内流道。

3.4.8　一种宽范围工作的 RBCC 变几何全流道

(1)申请号：CN201810719063.0。

(2)申请人：西北工业大学。

(3)发明人：秦飞、梁磊、尹志仁、何国强、王亚军、张铎、魏祥庚。

该发明中的变几何全流道如图 3-28 所示。

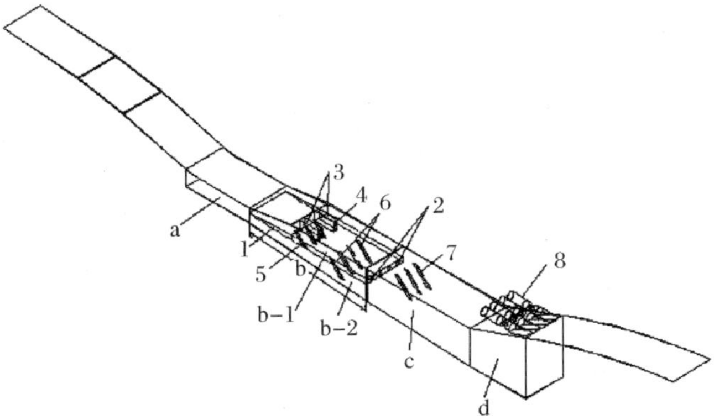

图 3-28　变几何全流道示意图

a—隔离段；b—第一燃烧室；b-1—上通道；b-2—下通道；c—第二燃烧室；d—喷管段；
1—第一支板；2—第一引射火箭；3—第二支板；4—第二引射火箭；
5——级支板组；6—二级支板组；7—三级支板组；8—助推火箭

RBCC 发动机通常只采用主支板单级火箭引射，发动机在引射模态工作时，单级火箭羽流与空气接触面积小，对空气做功能力较弱，导致发动机引射抽吸空气能力不足，固定结构的燃烧室构型不能适应宽马赫数的来流条件变化，也不能保持燃烧室流道面积与燃烧释热量相匹配，从而不能高效燃烧组织，因此，在不同模态下，RBCC 发动机不能稳定、高效地工作。

该发明所要解决的技术问题在于，针对上述现有技术的不足，提供一种宽范围工作的 RBCC 变几何全流道，达到更宽的工作马赫数范围，实现高效燃烧。具体的发明内容包括：变几何全流道由前到后依次为相连通的隔离段、第一燃烧室、第二燃烧室和喷管段，第一燃烧室内沿其长度方向水平设置有一个第一支板，将第一燃烧室分成上、下两个独立的通道，分别为上通道和下通道，第一支板内的后端沿其纵向间隔设置有多个第一引射火箭，第一支板内为中空的腔体，与燃料相连通，多个第一引射火箭均与燃料相连通。

该发明具有如下优点：

通过在流道中布置多级引射火箭，在引射模态采用多级引射火箭引射抽吸，增加了火箭羽流与空气的接触面积，从而增大了引射空气流量，解决了只采用主支板单级火箭引射，发动机在引射模态工作时，单级火箭羽流与空气接触面积小，对空气做功能力较弱，导致发动机引射抽吸空气能力不足的问题。

高效燃烧：发动机在引射模态下工作时，通过两级引射火箭引射和一级助推火箭，实现三级支板喷注燃料的高效燃烧；在亚燃模态下工作时，通过二级引射火箭小流量工作，实现二级支板组和三级支板组喷注燃料的高效燃烧；在超燃模态下工作时，通过一级支板组和二级支板组喷注燃料实现高效燃烧。

该流道具有更宽的工作马赫数(0～8)范围，在不同飞行弹道，通过调节第一燃烧室上下通道和喉道高度匹配不同的来流状态，满足燃烧室的正常高效工作。

3.4.9 RBCC大调节比液体火箭发动机推进剂供应系统

(1)申请号：CN201610224975.1。

(2)申请人：西北工业大学。

(3)发明人：何国强、白晶晶、刘洋。

该发明中的推进剂供应系统的结构如图3-29所示。

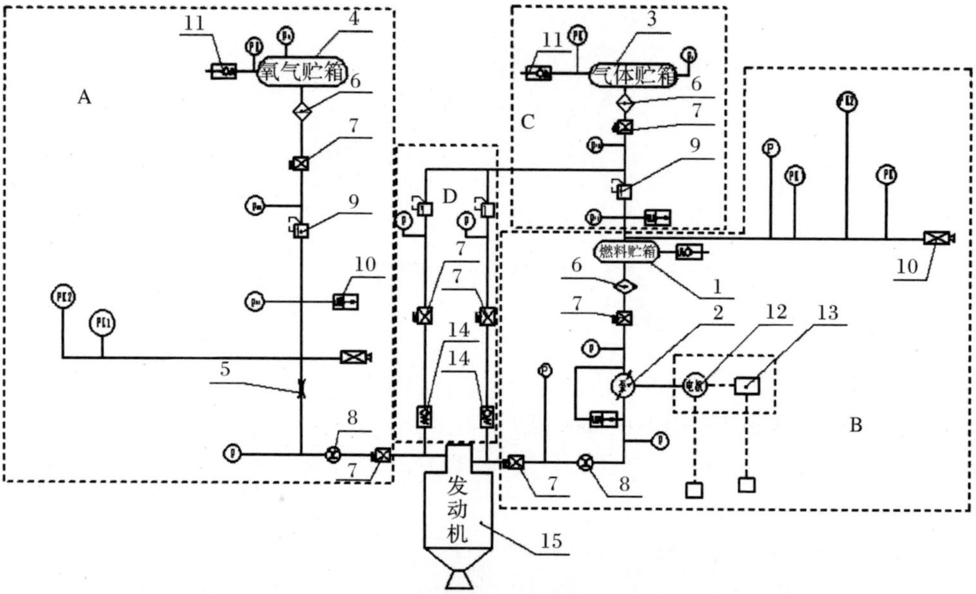

图3-29 RBCC大调节比液体火箭发动机推进剂供应系统的结构示意图

A—氧化剂供应系统；B—燃料供应系统；C—燃料增压系统；D—气体吹除系统；
1—燃料贮箱；2—柱塞泵；3—气体贮箱；4—氧气贮箱；5—氧气孔板；
6—过滤器；7—电磁阀；8—流量计；9—减压器；10—放气阀；
11—充排气阀；12—电机；13—电机驱动器；14—单向阀；15—发动机

该发明的目的是提供一种RBCC大调节比液体火箭发动机推进剂供应系统，以解决现有推进剂供应系统无法集成到RBCC中，且无法对推进剂流量及混合比同时进行大范围调节的问题。

该发明所采用的技术方案是，设计RBCC大调节比液体火箭发动机推进剂供应系统，其包括分别连通至发动机的氧化剂供应系统、燃料供应系统和气体吹除系统，燃料供应系统还连接有燃料增压系统。

燃料供应系统包括用于向发动机提供燃料的燃料贮箱，燃料贮箱的输出管路上设置有用于调节推进剂流量及其混合比的燃料流量调节系统，燃料流量调节系统包括柱塞泵，柱塞泵连接有用于控制其动作的电机驱动装置。

该发明的有益效果是,该系统能够集成到 RBCC 中,且具有大调节比的液体火箭发动机推进剂供应系统能够减小发动机消极质量,降低系统成本,能够满足 RBCC 在不同模态下对推进剂流量的不同需求,并保证火箭发动机燃烧室稳定工作。

3.4.10　一种用于提高 RBCC 双模态燃烧室掺混燃烧的燃料支板

(1)申请号:CN201310731214.1。

(2)申请人:西北工业大学。

(3)发明人:魏祥庚、秦飞、吕翔、刘佩进、何国强、王亚军、潘科玮。

该发明中的基准构型燃料支板结构如图 3-30 所示,楔形支板燃烧组织区域如图 3-31 所示,其在 RBCC 发动机中安装三维示意图如图 3-32 所示。

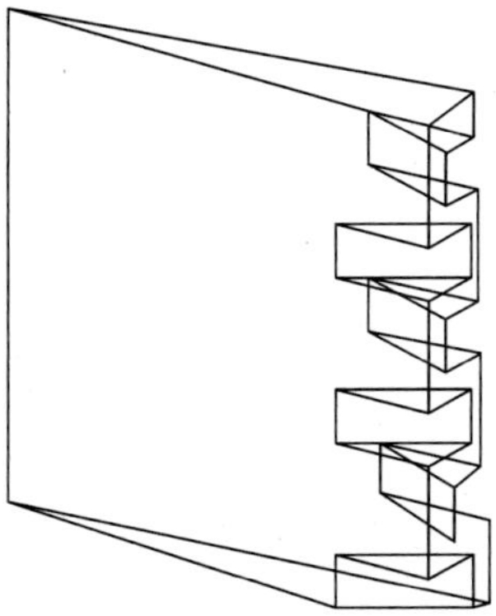

图 3-30　基准构型燃料支板结构示意图

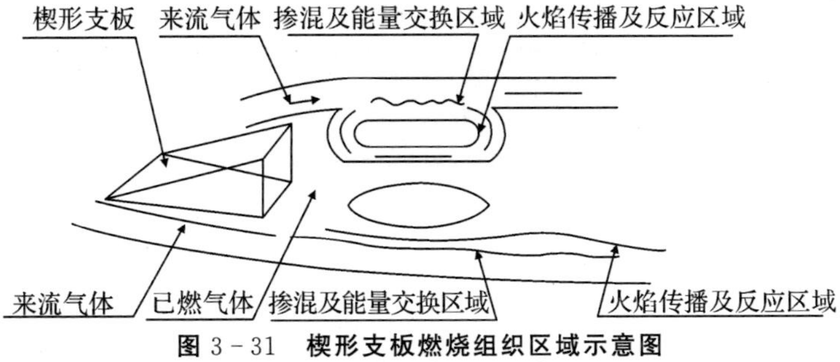

图 3-31　楔形支板燃烧组织区域示意图

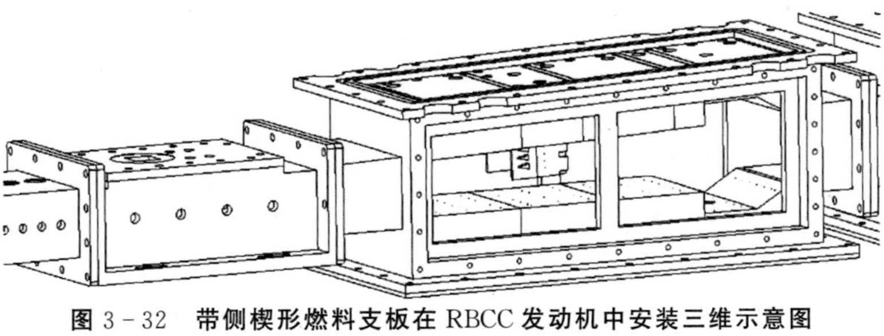

图 3-32　带侧楔形燃料支板在 RBCC 发动机中安装三维示意图

根据现有研究发现,由于 RBCC 发动机燃烧组织的特点,基准构型支板仅能保证核心流区域的燃烧反应,且仅能适应相对较低马赫数下的高效燃烧组织,一旦来流马赫数超过

3.5后，燃料支板后侧形成的剪切层燃烧产生的燃烧边界便隔离了发动机中心流与两侧空气的物质输运，使发动机两侧的空气与发动机中心流之间的掺混能力下降，将导致中心区域的燃料得不到充分燃烧，造成燃烧性能的大幅下降。针对上述情况，该发明提出一种用于提高 RBCC 双模态燃烧室掺混燃烧的燃料支板。

该发明为解决以上技术问题所采用的技术方案是：提出一种用于提高 RBCC 双模态燃烧室掺混燃烧的燃料支板，其包括燃料支板主体、燃料支板喷注块，燃料支板主体为具有单侧楔形突台的流向涡燃料支板结构，两燃料支板依中心轴对称设置，通过焊接的方式连接到燃料喷注块上，燃料喷注块两侧没有定位孔，通过螺栓固定在发动机上，且可在不同的试验工况中切换喷注位置。

该发明是一种适用于 RBCC 宽来流条件燃烧组织的燃料支板结构，其特点是：

(1)结合了楔形支板的燃烧组织特色，强化了支板侧边的流体的导向涡，从而使燃料掺混更有效。

(2)合理地破坏了支板后段规则的剪切层，使燃料支板后侧的剪切层具有更强的湍流度；燃烧边界层的区域变宽，从而使燃料能有效穿透燃烧边界的束缚，与来流空气进行更好的掺混，燃烧火焰也能进一步向支板两侧传播，形成更大的燃烧区域。

(3)燃料喷注块结构紧凑简单，易于加工实现，且便于在不同的试验中更换支板以及切换喷注位置，有利于更多试验研究的开展。

3.5 火箭基组合循环动力系统的未来发展趋势

火箭基组合推进结合了火箭发动机和冲压发动机的优点，能够利用一次火箭实现零速启动以及推力和比冲增益。在亚燃和超燃模态，一次火箭小流量工作能够帮助实现高效火焰稳定，增加冲压发动机在大动态飞行时的工作稳定性。同时，一次火箭增大流量能够显著提高冲压发动机推力，增强冲压发动机的高机动能力和突防性能。由于自身携带火箭，所以火箭基组合推进具有直接入轨的能力，相对 TBCC 和 ATR 等其他组合推进而言，具有更广阔的飞行空域和机动变轨能力。正因具有上述特点，火箭基组合推进具有较好的应用前景。

(1)两级入轨的天地往返运输系统。天基信息平台日益成为空军争夺的焦点，也同时提出了发展快速响应、低成本和可重复使用天地往返运输系统的要求。火箭基组合推进具有零速起动和入轨能力，大量分析表明，火箭基组合推进作为两级入轨的第一级或第二级，均具有一定的优势，是实现两级入轨天地往返动力系统的最佳选择之一。

(2)临近空间或空天飞行器。临近空间的应用和空天一体化的作战方式也对飞行器提出了新的要求：能够在大气层实现高超声速飞行，同时具有在稀薄大气层工作的能力。火箭基组合推进正具有这样的特点，能够在 20～30 km 高度范围以冲压发动机模态工作，在 30 km 以上高度以纯火箭模态工作，具有高速飞行和机动变轨的能力。

(3)可重复使用单级入轨。火箭基组合的推进是基于实现单级入轨的愿望提出的，虽然现阶段研究表明，短期内实现单级入轨难度过大，但从长期发展的角度看，待高性能材料和燃烧性能进一步提高后，仍有可能实现具有高比冲、结构简单、高可靠性和可重复使用的单级入轨动力系统。

第4章　国内外超燃冲压发动机发展状况

4.1　国内外超燃冲压发动机发展概述

超燃冲压发动机是指燃料在超声速气流中进行燃烧的冲压发动机。当采用碳氢燃料时，超燃冲压发动机的飞行马赫数在8以下，当使用液氢燃料时，其飞行马赫数可达到6～25。超声速或高超声速气流在进气道扩压到较低超声速（$Ma=4$），然后燃料从壁面和/或气流中的突出物喷入，在超声速燃烧室中与空气混合并燃烧，最后，燃烧后的气体经扩张型的喷管排出。

高超声速飞行器（飞行马赫数超过5的有翼和无翼飞行器）是未来军民用航空器的战略发展方向，被称为继螺旋桨、涡轮喷气推进飞行器之后航空史上的第三次革命。超燃冲压发动机是实现高超声速飞行器的首要关键技术，是21世纪以来世界各国竞相发展的热点领域之一。

4.1.1　国内外超燃冲压发动机的基本特征

1. 超燃冲压发动机发展背景及特点

国外超燃冲压发动机技术的发展已有50多年的历史。20世纪90年代，该技术最早的专利就记录在案了。60年代中期，一些超燃冲压发动机已经进行过飞行试验，最高速度达到马赫数7.3。与此同时，通用电气公司、联合技术公司、马夸特公司、约翰·霍普金斯大学APL实验室以及NASA兰利研究中心等研制出典型的氢燃料超燃冲压发动机。

20世纪80年代中期，美国政府启动了以超燃冲压发动机为动力的国家空天飞机计划。但是，随着冷战结束，财政紧缩，美国政府不得不在1994年取消这个计划，当时他们已经投资了近20亿美元。2004年，NASA的Hyper-X计划完成，成功地进行了两次氢燃料超燃冲压发动机的飞行试验。这两次飞行都是在单一速度和高度下，持续了数秒。同年末，X-43A超燃冲压发动机试验飞行器创造了马赫数9.6的记录。美国空军正在试图利用下一代超燃冲压发动机技术，在一定速度和高度的范围内加速飞行器，并采用液体碳氢化合物作为发动机的燃料，另外还用其冷却发动机。超燃冲压发动机可以在攀升过程中从大气获取氧气，放弃携带氧化剂，从而节省重量。预计到2025年，以此为动力的高超声速轰炸机和空天飞机将有可能投入使用。

相比于涡轮喷气发动机和火箭发动机，超燃冲压发动机主要有以下优点：

(1)超燃冲压发动机主要是利用迎面气流的冲压作用对气流进行减速增压。这一过程不需要压气机等高速旋转部件，因此，压气机结构简单、质量轻、成本低。这是冲压发动机最大的优势所在。

(2)发动机无转动部件，故进气道和发动机的形状可以任意设计，也不需要对转动部件进行冷却。

(3)由于不存在涡轮叶片的耐热性问题，所以超燃冲压发动机燃烧室可以允许更高的燃烧温度，以便更多的能量加入，获得更大的推力。

(4)能源前途广阔，既可利用内部加热的化学燃料的化学能，又可利用外部加热的激光能、太阳能等。

当然，超燃冲压发动机也有自身的缺点，主要表现为：

(1)超燃冲压发动机不能在静止条件下自行起动，需要与其他发动机配合使用，利用其他发动机将飞行器加速到一定速度后，超燃冲压发动机才能起动工作。因此，超燃冲压发动机不宜作为普通飞行器的动力装置。

(2)当速度较低时，超燃冲压发动机的性能差、效率低。超燃冲压发动机主要依靠迎面气流的冲压作用为燃烧室中的气流增压，因此，燃烧室中的压力与飞行器的飞行速度直接相关，当飞行速度较小时，燃烧室的压强较小，此时，超燃冲压发动机的效率低。

(3)超燃冲压发动机的工作范围较窄。冲压发动机对飞行状态的改变很敏感，当发动机离开设计工作点后，其性能会迅速恶化，因此，超燃冲压发动机需要利用其他部件进行性能调节。

(4)超燃冲压发动机的单位迎面推力较小，巡航性能优于加速性能，因此多用于远程的巡航飞行器。

2.超燃冲压发动机组成结构

冲压发动机是一种利用高速迎面气流进入发动机后减速增压作用进行工作的空气喷气式发动机。其结构组成比较简单，通常由进气道、燃烧室、尾喷管三部分组成，如图 4－1 所示。其各部分的主要功能如下：

(1)进气道：主要作用是使迎面气流以尽可能小的损失减速增压，提供燃烧室进口所需的速度场。

(2)燃烧室：减速增压后的气流进入燃烧室与燃料混合，在燃烧室中进行近似等压燃烧，使气流的焓值升高。燃烧室应保证气流能够稳定燃烧，获得尽可能高的燃烧效率并尽可能减小热损失和流动损失。

(3)尾喷管：主要作用是将高温高压的燃气加速排出，使燃气的焓转变成动能，燃气速度大于迎面气流速度，以产生反作用推力。

除此之外，一般冲压发动机还配有燃料供给系统和调节器。其主要作用是通过感受发动机内部和外部的各种参数，调节燃烧室中的燃料流量和某些部件(如进气道、尾喷管)的几何形状，使得它们适应飞行器飞行高度和飞行状态的变化，最大可能地拓展冲压发动机的工作范围。

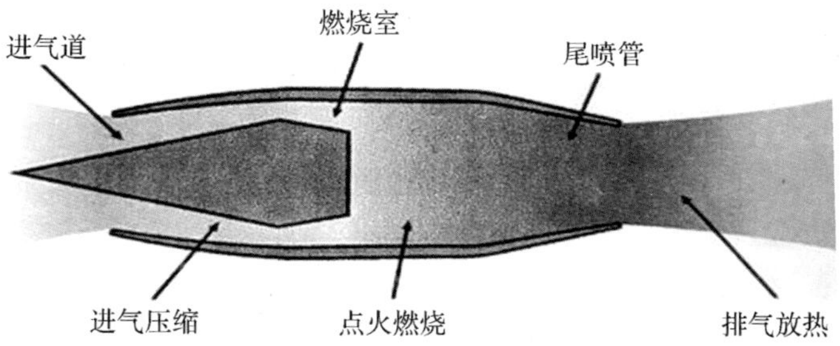

图 4-1　固体火箭超燃冲压发动机结构简图

3. 超燃冲压发动机工作原理

超燃冲压发动机的基本工作原理为：超声速来流经过进气道激波系的减速作用实现气流压力的升高，完成压缩过程；滞止后的气流进入燃烧室，与燃料迅速掺混、点火燃烧，完成加热过程，提高气流的总焓；高温、高压燃气经尾喷管加速膨胀后排出发动机，产生反作用推力。

理想冲压发动机的工作循环示意图如图 4-2 所示，该循环也称为布莱顿(Brayton)循环。其中，过程 1—2 为进气道中的绝热压缩过程，2—3 为燃烧室中的等压加热过程，3—4 为尾喷管中的等熵膨胀过程，4—1 为工质在大气中的冷却过程。在冲压发动机的实际工作中，由于存在激波、黏性等流动损失，上述的等熵、等压过程并不能完全保持，实际循环的热效率会低于理想循环的热效率。

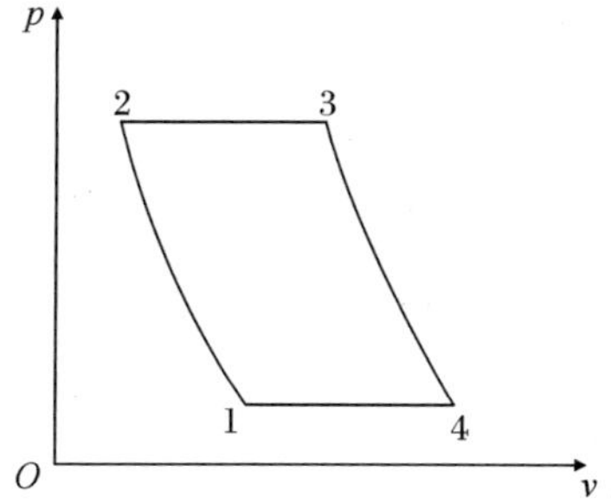

图 4-2　冲压发动机的理想工作循环

4. 超燃冲压发动机分类

随着技术的不断进步，出现了许多采用新技术的超燃冲压发动机，如双模态超燃冲压发动机、双燃烧室超燃冲压发动机、激波引燃冲压发动机、中心燃烧超燃冲压发动机、旋转冲压发动机等。

1)双模态超燃冲压发动机

双模态冲压发动机是指在亚燃模态和超燃模态均能工作的发动机。当飞行器飞行马赫数不是太高时，其在亚燃模态下工作，当飞行器马赫数增加到一定值时，它通过控制扩展燃烧室的加热规律，实现亚燃到超燃模态的转换。通过模态转换，双模态冲压发动机拓展了超燃冲压发动机工作马赫数下限，其工作的最低马赫数在 4 左右。其结构示意图如图 4-3 所示。

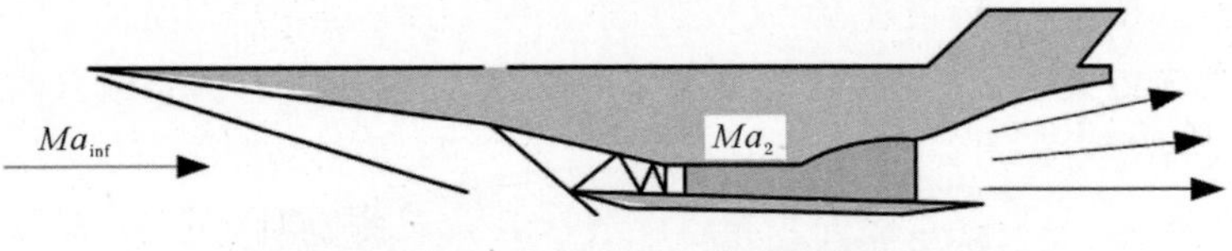

图 4-3　双模态超燃冲压发动机

2)双燃烧室超燃冲压发动机

双燃烧室冲压发动机(见图 4-4)串联了亚燃燃烧室和超燃燃烧室,燃料首先在亚燃燃烧室中燃烧,形成富油的燃料,然后通过其尾喷管加速到超声速,进入超燃燃烧室,与超燃冲压进气道的气流混合,进行二次燃烧,然后从尾喷管中排出。可以看出,在双燃烧室冲压发动机中,亚燃燃烧室起到提供高温富油燃气的作用。一般来说,双燃烧室冲压发动机的性能比单一类型燃烧室性能要差一些,其有效工作范围一般在马赫数 3～8 之间。

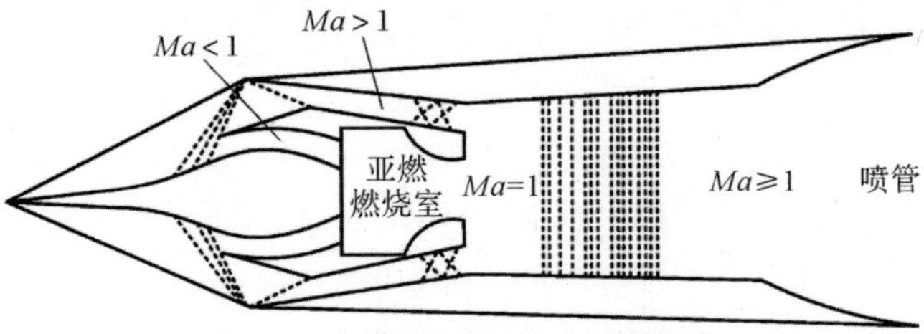

图 4-4　双燃烧室超燃冲压发动机

3)激波引燃冲压发动机

激波引燃冲压发动机结构原理如图 4-5 所示,空气来流在经过 AC 段激波后,速度降低,温度升高,然后与机身前体燃料喷注器喷出的燃料混合。混合气流在 BC 段激波的作用下温度骤升,使燃料与空气的混合更加充分。混合气流继续向后流动,当流至燃烧室入口时,在 CE 段激波的作用下,温度继续升高,超过燃料的自燃温度,从而燃烧形成爆震波。爆震波从喷管喷出,产生推力。由于采用该项技术,燃烧室长度大大缩短,结构重量减轻,冷却系统得到简化,易于与机身一体化设计,总压损失小,飞行马赫数范围宽。

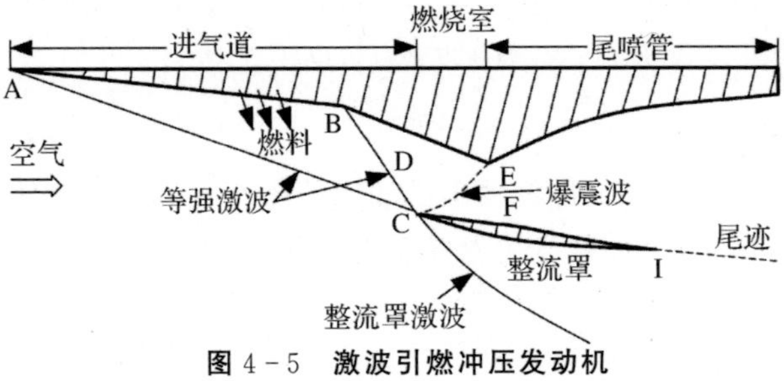

图 4-5　激波引燃冲压发动机

4)中心燃烧超燃冲压发动机

高超声速飞行器发动机燃烧室在工作时,长时间地暴露在极限热载荷的环境中,给冷却带来了极大的挑战,从而限制了超燃冲压发动机的综合性能。近年来,美国航空喷气发动机公司研发了一种新型燃烧模式——中心燃烧,以克服上述缺点,使发动机有更大的热裕度或更快的飞行速度。

中心燃烧超燃冲压发动机的结构原理如图 4－6 所示，其为轴对称结构，由进气道、隔离段、燃烧室和喷管组成。隔离段中设有轴对称引导器。隔离段的引导部分与发动机进气道出口相通，引导燃烧室的出口与主发动机燃烧室进口相通，引导器中心体外表面与隔离段内壁之间由支板相连。超声速气流进入发动机进气道后被分成两部分，主流部分通过支板穿过主隔离段，另一部分气流进入引导隔离段，在隔离段激波串的作用下减速之后在引导扩散段继续减为亚声速气流。引导喷嘴喷注燃料，引导火焰稳定器点火，燃气混合物在引导燃烧室中燃烧之后流出引导器，点燃周围的燃气混合物，在主燃烧室中燃烧。由于进气道气流的一部分被减速为亚声速，因而更容易燃烧，火焰稳定性高。当飞行器处于高速巡航状态时，发动机会通过控制特定区域的喷注器使距离主燃烧室最远处的 20％的区域处于无油状态，这样在火焰从燃烧室中心传播到壁面附近时遇到了贫油区，导致无法燃烧，燃烧火焰远离壁面，减小了壁面的热载荷。内流喷射技术的采用减少了黏滞损失，缩短了燃烧室长度，简化了冷却系统，进气道易起动。同时，由于引导气流只占总来流量的 3％～10％，大部分来流经过进气道后依然保持着超声速，因而性能损失和阻力都很小，工作效率高。

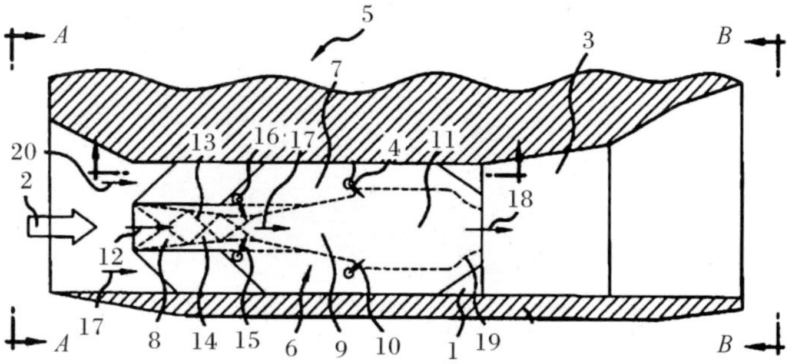

图 4－6　中心燃烧超燃冲压发动机

1—主隔离段；2—来流；3—主燃烧室；4—燃料；5—超燃冲压发动机；6—引导器；7—支板；8—引导隔离段；9—引导扩散段；10—引导火焰稳定器；11—引导燃烧室；12—引导气流；13—激波串；14—超声速核心气流；15—亚声速边界层；16—引导喷嘴；17—亚声速气流；18—引导器的热排气；19—引导喷管；20—主流

5)旋转冲压发动机

前述冲压发动机虽然有各自的优点，但是不可否认的是它的低速性能差，不能自起动。为了解决这个问题，一种综合了燃气涡轮发动机和冲压发动机结构特点的新概念发动机——旋转冲压发动机(见图 4－7)被提出和研究。

发动机起动时断开负载，借助一挡板封住主喷口或在喉口处设置封堵机构，起动电机带动转子(见图 4－8)开始转动，达到一定速度后发动机开始喷油点火工作，挡板或封口打开，两喷管按分配好的设计流量同时工作。轴向喷管产生推力，周向喷管提供转子转动所需的转矩。当转子转速较小时，进气口的气流速度为亚声速，发动机的工作效率很低。但经过短暂的起动加速后，转子进气口的气流达到超声速，气体将实现类似于外压式超声速进气道的激波压缩，经过增压减速后的亚声速气流进一步在扩张内旋进气道里径向流入燃烧室，发动机效率、流量和功率均迅速增大，转速也将快速上升。

旋转冲压发动机循环效率高、体积小、结构简单紧凑、成本低、易于维护、安全可靠性高、功率大，可使用多种燃料，可以自起动。

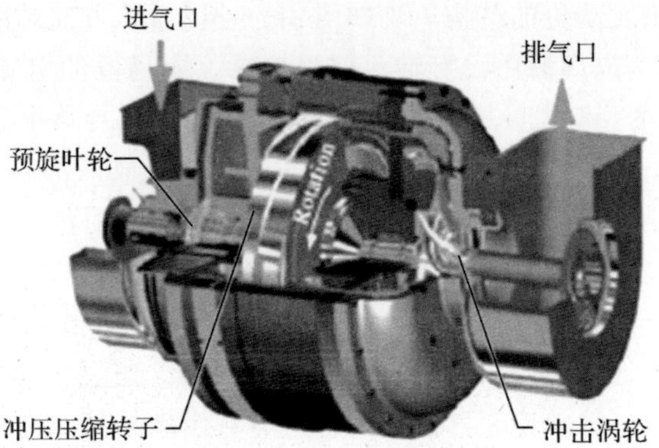

图 4-7 旋转冲压发动机

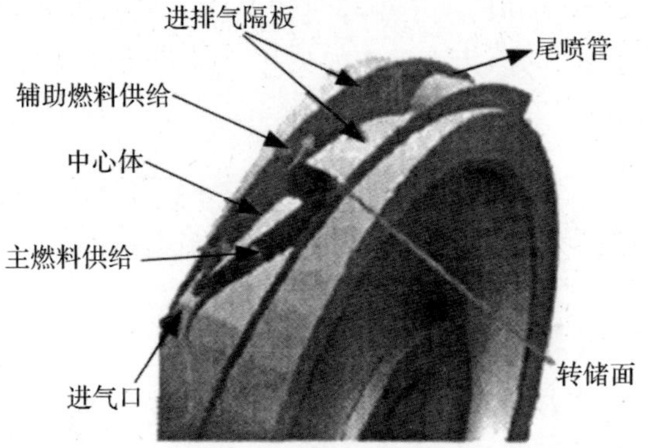

图 4-8 旋转冲压转子

从冲压发动机的发展现状分析，目前，超燃冲压发动机的点火、火焰稳定、高效低阻燃烧、防热结构等关键技术已全面实现突破，进入了飞行演示验证阶段。碳氢燃料双模态冲压发动机技术也已基本成熟，完成了飞行质量发动机的地面自由射流试验。双燃烧室冲压发动机进行了飞行试验，验证了发动机的可行性和部分性能。激波引燃冲压发动机近年来引起了不少的关注，不过目前也只是停留在可行性研究和部分数据的收集过程中。中心燃烧技术在 2010 年才得到验证。旋转冲压发动机的相关技术研究工作近几年取得了突破性的进展，研究分析表明，该发动机的结构形式和技术方案是完全可行的。上述各项新技术都有各自的优势，也有各自的缺陷和关键技术，还没有哪一种方案能够完全取代其他方案，因而目前看来，仍需要对上述各种方案进行深入研究，完善其不足之处，并继续寻找新的解决方案。

4.1.2 国内外超燃冲压发动机技术发展概况

20 世纪 50 年代，人们就开始研究超燃冲压发动机，最初的应用目标是单级入轨的飞行器、远程高速飞机和远程高超声速导弹。从 90 年代开始，重点转向发展巡航导弹用超燃冲压发动机。美国、法国、俄罗斯、加拿大、德国、印度、意大利等国都在发展马赫数 4～8、射程 1 000 km 以上的巡航导弹用超燃冲压发动机。采用碳氢燃料、马赫数 3～8 的双模态超燃冲压发动机已结束地面试验验证，进行了飞行试验。到 2025 年，以超燃冲压发动机为动力的高超声速空天飞机将有可能投入使用。

1. 美国超燃冲压发动机技术发展概况

美国是开展超燃冲压发动机技术研究较早的国家，NASA、空军和海军都有自己的发展计划。B-52 携带的 X-51 高速飞行器如图 4-9 所示。

图 4-9 B-52 携带的 X-51 高速飞行器

NASA 从 1965 年开始研究超燃冲压发动机技术，目标是为有人驾驶飞行器和单级入轨飞行器提供动力。1996 年，美国 NASA 在历时 8 年、耗资 30 亿美元的 NASP(国家空天飞机)计划被终止之后，又开始实施投资 1.7 亿美元的高超声速飞行器试验计划(Hyper-X)，研究用于高超声速飞行器($Ma=10$)和其他可重复使用的天地往返系统的超燃冲压发动机与一体化设计技术。该计划对 3 架无人驾驶研究机 X-43(见图 4-10)进行飞行试验，发动机采用氢燃料的双模态冲压发动机，机身和发动机采用一体化设计。X-43A 的第 1 次飞行试验发生在 2001 年 6 月，不过试飞以失败告终。2004 年 3 月 27 日，X-43A 在第 2 次飞行试验中成功地达到 $Ma=7$ 的速度，成为世界上飞行速度最快的以空气喷气发动机为动力装置的飞行器。

为保持 NASA 高超声速技术的持续发展，NASA 计划从 2006 年开始一个适度的 Hyper-X 后继计划。新计划是在 X-43A 之后非常低水平的高超声速技术发展计划，主要进行基础性的技术研究，发展新的可变几何、能在更大马赫数范围工作的超燃冲压发动机，并重点发展重量更轻、耐高温性能更好的发动机新材料。第一个 5 年的工作重点是 $Ma=5\sim6$ 的飞行器，第二个 5 年的工作重点是 $Ma=8\sim9$ 的飞行器，第 3 个 5 年发展 $Ma=13\sim15$ 的飞行器。计划的目标是经过 5 年的发展，技术准备达到能发展真实飞行器的水平。

美国空军在 20 世纪 50 年代末开始超燃冲压发动机的研究，目标是研发出单级入轨的飞行器。1995 年，美国空军开始实施高超声速技术计划(HyTech)，目标是验证能够在 $Ma=4\sim8$ 范围飞行、射程 1 400 km 的高超声速导弹用液体碳氢燃料双模超燃冲压发动机的适用性、性能和结构耐久性。2003 年，该计划完成了世界首台碳氢燃料超燃冲压发动机的地面试验。地面验证发动机(GDE-1)进行了 $Ma=4.5$ 和 $Ma=6.5$ 的试验。之后发展采用完全一体化燃油系统的 GDE-2 验证机。2004 年开始 GDE-2 的首次全尺寸试验。2007 年夏天,一种利用 GDE-2 改型的发动机开始 $Ma=6\sim7$ 的自由飞行试验,超燃发动机的工作时间为 5~10 min。该计划于 2010 年结束,2010—2015 年,高超声速空对地巡航导弹初步具备作战能力。

图 4-10　X-43 试验型飞机

美国海军的超燃冲压发动机研究始于 20 世纪 60 年代初,目标是舰载导弹用发动机。最初设计的超燃冲压发动机采用分模块式进气道、轴对称燃烧室,尾喷管设计考虑了实际气体和黏性的影响。70 年代,海军认为该方案所用燃料太活泼、有毒,不适用于舰载导弹,改为使用碳氢燃料的双燃烧室冲压发动机方案。1997 年 5 月,海军提出了高超声速攻击导弹计划,采用 $Ma=8$ 的超燃冲压发动机,射程 1 000 km。海军的超燃冲压发动机由约翰霍普金斯大学的应用物理实验室研制,为双燃烧室冲压发动机。2000 年,该实验室设计和制造了一个全尺寸直连式燃烧室试验件并进行全尺寸燃烧室的试验。2001 年,美国 DARPA 和海军开始了为期 4 年的“高超声速飞行验证计划”(HyFly),目标是发展最高巡航马赫数为 6、射程 1 110 km、采用普通碳氢燃料的巡航导弹用超燃冲压发动机,进行不同飞行状态(马赫数为 6.5、3.5 和 4)的地面试验。2003 年,作为该计划的主要子承包商,航空喷气公司在 NASA 兰利研究中心和空军阿诺德工程发展中心(AEDC)进行了多种速度(马赫数为 3.5、4.1 和 6.5)和重要状态的自由射流超燃冲压发动机的试验。试验模拟了不同的飞行条件,包括不同的飞行高度和不同的燃油喷射器结构,取得了巨大成功。在这之后,该公司对实际飞行重量的发动机制造方法继续进行研究和评估;在自由射流发动机试验结束后,进行了飞行重量的发动机的地面试验;2004 年对最终设计进行验证并开始飞行试验。该计划于 2005 年结束。

2. 俄罗斯超燃冲压发动机技术发展概况

俄罗斯从 20 世纪 60 年代开始研究超燃冲压发动机,目标是马赫数达 5~7 的民用运输机、单级入轨航天飞机和高超声速巡航导弹。

俄罗斯中央航空发动机研究院是超燃冲压发动机的权威研究单位,20 世纪 80 年代,该研究院与中央空气流体动力研究所等单位合作进行了“冷”高超声速技术发展计划，主要研究试验用矩形和轴对称双模态超燃冲压发动机。1991—1998 年，他们共进行了 5 次超燃冲压发动机的验证性飞行试验，飞行马赫数最高为 6.5，发动机使用的是氢燃料。其中第二、三次与法国合作，第四、五次与美国合作。据称，第二次是最成功的，获得的数据最全。该研究院进行了速度为 6～7 倍声速的高超声速飞行器用超燃冲压发动机的技术研究，应用目标是军民用高超声速飞行器。

该研究院研制的高超声速有翼飞行器，采用 3 台超燃冲压发动机。该项目还处在基础研究阶段，其缩比模型已进行了风洞试验。

中央航空流体动力研究所是俄罗斯重要的超燃冲压发动机技术研究机构。该研究所与俄彩虹设计局及德国一些部门合作进行导弹用马赫数 5～7 的超燃冲压发动机的研究，这种发动机的进气道呈三级斜面形状，已经进行了连接式和自由射流式试验，并进行了飞行试验。同时，该机构为俄罗斯联邦航天局(RSA)的一项飞行试验计划(“鹰”计划)研制马赫数 6～14、氢燃料、双模态的超燃冲压发动机。该计划发展了一种与 NASA 的 Hyper - X 相似的机体/发动机一体化的高超声速试验飞行器，发动机由三个模块组成，进气道的喷管位于机体下方。

“联盟”航空发动机科研生产联合体是俄航空发动机的重要研制单位，除为中央航空发动机研究院试制轴对称超燃冲压发动机外，还独立开发试验发动机。该单位设计了马赫数 5～6 的双模态冲压发动机，并在导弹改装的试飞器上进行飞行试验。

3. 日本超燃冲压发动机技术发展概况

2020 年 4 月，日本防卫省透露已将高超声速巡航导弹列为必要的武器装备，且日本防卫装备厅(ATLA)与日本三菱重工共同研发该导弹的双模态超燃冲压发动机。

日本宇宙航空研究开发机构(JAXA)于 2020 年 4 月 24 日成功试射了一枚验证超燃冲压发动机的小型火箭，标志着日本在高超声速武器研制领域迈出了重要一步。

日本共同社 2020 年 4 月 24 日报道，这枚被称为“S - 520 - RD1 号”的小型火箭在发射后约 3 min 30 s 到达 168 km 的高度，随后释放了长 9.15 m 的测试设备。该设备随后在高空以 5.5 倍声速下降，进行 6 s 左右的燃烧实验。

日本防卫省研发国产高超声速武器的消息最早出现在 2018 年底，防卫省在 2019 年财算中编列了研究超燃冲压发动机的经费，寻求与 JAXA 合作。事实上，日本未来将同步开发高超声速巡航导弹(HCM)以及高超声速滑翔弹(HVGP)。

高超声速导弹研制难度非常大，除中、美、俄处于研究的第一梯队外，日本凭借最近有关超燃冲压发动机的研究突破毫无疑问成为第二梯队的佼佼者。而日本之所以能够快速推进高超声速武器发展，其关键性的基础科研设备必不可少。三菱重工提供的高超声速风洞系统号称精度最高的系统，JAXA 拥有的 HST 激波风洞可以产生 $Ma=10$ 和 $Ma=12$ 的高速气流。依托这些先进基础风洞设备，日本在该方面起步很早，20 世纪 80 年代就推动了“Hope - X”计划，旨在打造往返太空和地球的航天飞机。1996 年日本使用运载火箭发射高超声速飞行器试验机，在飞行测试中马赫数达到了 10。该计划最终因为技术困难和经费削减而取消，但技术积累保留了下来。

2020 年，日本防卫副大臣山本朋广在视察自卫队航空装备研究所时，他身后的背景中出现了日本最新高超声速导弹的模型。美国“海军情报”网站称，该模型详细展示了日本高超声速导弹的内部构造，它很可能采用双模超燃冲压发动机提供动力，能以超过5倍声速或更高速度在高空飞行。

日本在研制高超声速武器方面亦得到了外部技术的支持。印度《欧亚时报》称，2022年1月，美国和日本宣布计划签署新协议以“加强双方在新兴技术的研发合作，致力于寻求联合投资，以加速创新并确保两国在关键和新兴领域的不断发展，包括人工智能、机器学习、定向能和量子计算”。外界普遍认为其重点之一就包括尖端太空系统和高超声速导弹技术。此外，澳大利亚、英国和美国成立的“奥库斯”联盟也已经与日本达成了合作开发高超声速武器的协议。

4. 其他国家超燃冲压发动机技术发展概况

其他国家受限于自身空天实力差距，其研究方法多为与其他国家的合作式研究。比如美澳合作的“HIFIRE”计划，该计划目标较明确，即以较低成本（采用空探火箭发射）开展重点子系统的基础研究，设计上承受比工程型号更大的技术风险进行单项原理验证，支撑X-51项目，同时为美国后续远程全球打击武器项目提供技术基础和设计手段。方案设计简明，避免了失败后由于多系统耦合造成的原因查找困难，并在获取关键技术突破后再进行系统集成。倚靠美国的强大技术积累，澳大利亚基本掌握了飞行马赫数4～10超燃冲压发动机的工程技术。澳大利亚/美国高超声速激波风洞试验（HyShot）于2004年4月正式启动，这是美国和澳大利亚联合进行的一个研究项目，旨在研究极高速条件下氢燃料超燃冲压发动机的性能与可操控性，通过对比地面试验和飞行试验结果，来研究低成本飞行方案。新的SCRAMSPACE计划是由昆士兰大学领导的一项国际合作研究，研究目的是提高效率和可靠性，来降低小型卫星的发射成本，SCRAMSPACE采用以氢为燃料的轴对称超燃冲压发动机，长度约为1.8 m，设计速度达到了$Ma=8$，飞行轨迹与HyShot相同。

2020年4月，美国防部公布了一项与挪威合作的名为“增程型战术高速进攻性冲压发动机”（THOR-ER）的高超声速研究项目。本项合作将为美国“联盟原型计划”的一部分，该计划由负责研究和工程的美国防部副部长办公室管理，此前从未披露。“联盟原型计划”于2019年启动，目的是利用新的和现有的框架进行研发方面的国际合作。THOR-ER项目旨在合作开发固体燃料冲压发动机技术，并将其集成到可负担得起的、高速、增程的全尺寸样机，最终在作战相关条件下进行飞行演示。

印度近些年来也在积极开展超燃冲压发动机的研究。2005年2月，印度国防研究与发展组织（DRDO）称，某项高超声速导弹试验计划已经启动，在3～5年内可以准备好验证机。2007年2月，印度布拉莫斯公司表示将在5年或是更短时间内研制高超声速型布拉莫斯导弹。2007年7月，DRDO代表在跨大气层高超声速航空航天器国际大会上宣布，在2008年12月前对其研制的高超声速空天运输需氧飞行器进行飞行试验。印度国防部于2014年启动了名为AVATAR的小型可重复使用空天飞机计划，该空天飞机采用涡轮冲压/超燃冲压/火箭组合循环发动机。目前，印度有多个实验室正在研究超燃冲压发动机技术，并取得了较大进展，超声速燃烧效率已达到设计值70%。

法国超燃冲压发动机的研究始于20世纪60年代。60年代末建造了高超声速风洞

S4MA，70 年代初在 ESOPE 计划中进行了 $Ma=7$ 的燃烧试验以及 $Ma=6$ 的直联式试验。法国 90 年代初开始实施 PREPHA 计划，对超燃发动机进行大量实验研究。1999 年启动的普罗米西(Promethee)计划最终成功进行了 $Ma=7.5$ 的超燃冲压发动机试验，发动机运行了 10 s。2003 年 1 月，ONERA 和 MBDA 公司开始实施一项名为 LEA 的飞行试验计划。目前，LEA 的首批地面试验已在改造后的 METH－YLE 试验设施上完成。近些年来，法国与俄罗斯、德国进行了大量合作，法国与俄罗斯合作开展了马赫数为 3～12 的超燃冲压发动机项目、火箭搭载的飞行试验等，1997 年以来，法国与德国合作开展了 JAPHAR 计划。

德国在空气动力学研究方面有着悠久的历史：1987 年开始了一项高超声速技术储备计划；1993 年与俄罗斯合作进行了马赫数 6 状态下的燃烧室试验，同时在马赫数 5 和马赫数 6 的状态下对缩尺矩形超燃冲压发动机进行了试验；1995—2003 年，对 HFK 系列(HFK－L1、HFK－L2、HFK－E0、HFK－E1)高超声速导弹进行了多次试验，最大飞行速度马赫数为 6～7。

5. 国内超燃冲压发动机技术发展概况

我国自 1980—1990 年中期就已开始了超声速燃烧的研究，但发展缓慢，当时的主要工作是收集、整理和吸收国外研究成果，并初步建立超声速燃烧和超燃冲压发动机的基本概念与简单的性能分析方法等。到 90 年代中后期，国内的超燃研究日趋活跃，主要研究集中在超声速燃烧品质上，如超燃理论、点火与火焰稳定、燃料喷注方式、混合增强，以及超声速燃烧流场数值模拟等内容。

90 年代后期至今，随着国家大量资金的投入，超燃冲压发动机的地面试验设施逐渐完善，超燃研究进一步深入与细化，涌现出大量研究成果，并突破了一些超燃冲压发动机关键技术。

在 2015 年 10 月中国航空协会官网公布的第三届冯如航空科技精英奖获奖名单与事迹介绍中，关于中国的高超声速飞行器的研究情况中，首次公开证实了中国超燃冲压发动机研制成功和高超声速飞行器完成自主飞行试验的消息。中国成为继美国之后第二个实现以超燃冲压发动机为动力的高超声速飞行器自主飞行的国家。

2018 年 12 月，中航科技第十一研究院第二研究所宣布其负责的高能脉冲风洞 10 000 km/h 量级氢氧燃烧推进实验能力取得关键性突破，即在 5 ms 时间内，利用超燃冲压发动机使氢气在 3×10^6 m/s 的速度下与空气混合进行超声速自主燃烧。超燃冲压发动机实验的成功标志着中国自主研制的国际最大口径高能脉冲型风洞已经进入实用化阶段，其 $Ma=10$ 的测试速度将成为尖端飞行器的孵化器。

4.1.3　超燃冲压发动机的应用前景

超燃冲压发动机技术是高超声速吸气式飞行器的核心技术，其广阔的运用前景不言而喻。超燃冲压发动机提供飞行器在高超马赫数下动力飞行的能力，是其他推进技术无法比拟的，这也是为什么以美国为首的长期研究超燃冲压技术的国家，在经历近几十年来无功而返或收效甚微的漫长研究，甚至在“高超声速滑翔弹”取得重大突破的现状下，仍不放弃对超燃冲压技术进行研究。不管是从空天飞行角度，还是从传统的机械动力角度去分析，超燃冲压发动机仍然是横亘在人类技术面前的一座大山。从超燃冲压发动机技术的发展特点来看，该项技术未来十余年的发展轨迹仍然仅是作为军用技术使用。再结合超燃冲压发动机需组合使用的特点，可以预见其应用前景有四种。第一种，在高超声速武器方面，各国都急切地想利用该项技术组合出一种良好的推进动力系统，以便于转化为实质性武器。比如基于陆地、深海、空天的各种高超声速导弹等。第二种，根据超燃冲压发动机的特点，可以使武器更小、更轻、更快，在 TBCC 循环系统下，能够使得高超声速飞机、天地往返空天武器等高超声速武器实现地面水平起降，这是最具潜力且发展劲头最强劲的高超声速武器，目前各国都在加紧布局构想。第三种，超燃冲压发动机是与其他高新技术组合，形成新概念类型的发动机。将其燃烧室改为旋转爆震燃烧室即可得到爆震发动机，或者降低超燃冲压发动机的起动马赫数，得到预冷发动机，以及与磁流体技术、超导技术组合形成一系列组合新概念发动机。第四种即民用领域，以超燃冲压技术为基础，构建起高超声速载人载货飞机或构建空天传输系统等，将这种先进技术广泛运用。

4.2 国内外典型超燃冲压发动机项目

4.2.1 HyTech 计划

因诸多因素，过于庞大的 NASP 被取消后，美国政府为维持高超声速技术的核心能力，于 1995 年启动了 HyTech 计划(高超声速技术计划)。该计划由美国空军研究实验室推进技术部牵头，目的是研究并验证在马赫数 4.0～8.0 工作、采用液体碳氢燃料、一次性使用的超燃冲压发动机。研究重点是探索发动机技术，并于高超声速飞行器 X-43C 上验证。该计划原定 2003 年结束，后延迟到了 2006 年。HyTech 计划的子计划是 SFSFC(可储存燃料超燃冲压发动机流道概念)计划，目的是验证马赫数 4.0～8.0 的碳氢燃料超燃冲压发动机的操作性、性能和结构耐久性，1996 年后更名为 HySET(碳氢燃料超燃冲压发动机技术)，研制碳氢燃料的双模态超燃冲压发动机地面验证机。

HyTech 计划分三个阶段实施。第一、二阶段主要进行部件技术验证，第三阶段为系统集成和技术验证。在部件技术研究阶段的研究重点是进气道、燃烧室和喷管。

对于进气道，分三步开展研究：一是设计带有起动门的二维压缩进气道，并在 NASA 格林研究中心超声速风洞中进行了 380 多次缩比试验；二是设计带后掠侧板的自起动进气道，在联合技术公司研究中心(UTRC)进行了约 300 次缩比进气道试验；三是开展前体/进气道一体化研究试验，研究进气道宽高比对进气道的影响。

对燃烧室部件，从燃料/空气当量比、燃烧温度、燃烧成分、燃料喷射位置、燃料喷射时序、基本的火焰稳定器结构及改进的火焰稳定结构等方面分步开展工作。第一步采用空军的超燃冲压发动机部件技术计划(SCT)研究方案，制造出缩比试验模型，并在 $Ma=4.0\sim8.0$ 范围内进行了 300 s 的试验。试验采用常规的 JP-7 燃料，燃烧组织良好，但比 SCT 计划采用气体乙烯燃料燃烧组织困难。第二步设计并制造了一个新的缩比燃烧室模型，对燃烧室性能进行进一步的研究。第三步制造了一个新的缩比试验模型，模型飞行马赫数分别为 4.5 和 6.5，共进行了 180 次试验。在马赫数为 4.5 的试验中，燃烧效率为目标值的 85%；在马赫数为 6.5 的试验中，燃烧效率达到了期望目标值。所有试验燃烧室都采用热沉结构，在试验中发现燃烧室性能对燃料温度极为敏感，为模拟飞行条件下 JP－7 燃料冷却发动机吸热的真实工作状态，在直连试验中，供给发动机燃烧室的燃料经过地面辅助加热设备进行预先加热。

喷管主要研究推力矢量和俯仰力矩，其直接影响着飞行器的性能。在设计过程中，通过改变发动机倾斜角度和喷管表面角度，来实现对推力矢量角度的控制。此外，还对喷管采用的 C/C、C/SiC 等耐高温材料进行了试验研究。

在部件实验的基础上，2000 年和 2001 年，惠普公司开发了性能试验件，主要任务包括验证发动机推力是否满足要求，确定飞行包线范围内进气道和燃烧室的工作边界，修正发动机数学模型。2003 年普惠公司制造了发动机地面验证机 GDE－1（见图 4－11）和 GDE－2（见图 4－12）。

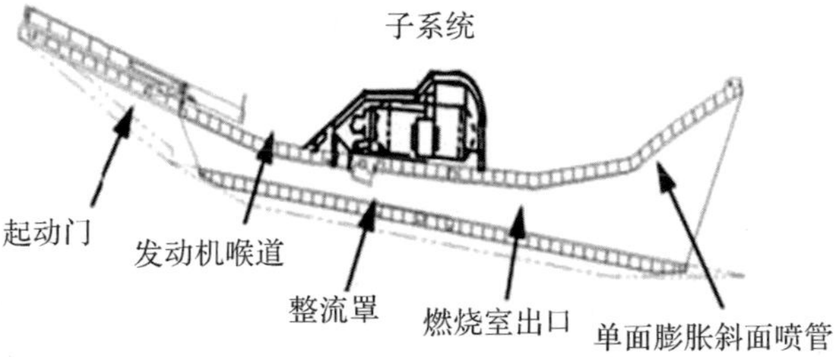

图 4－11　GDE－1 **发动机概念设计图**

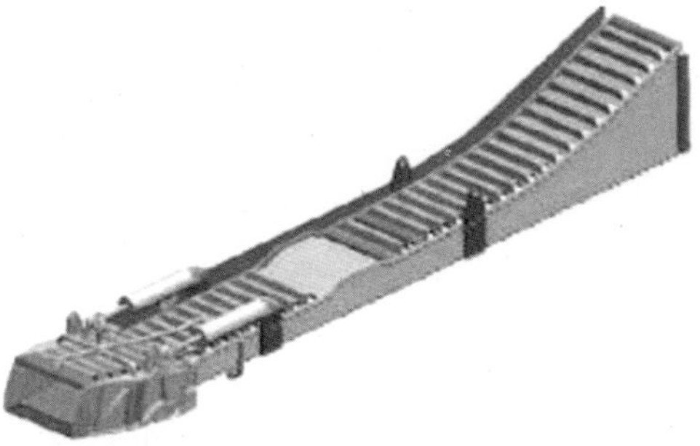

图 4－12　GDE－2 **发动机**

GDE－1 是双模态超燃冲压发动机，其在 X－43C 上进行飞行试验。GDE－1 发动机由带可调板的进气道、副燃烧室和主燃烧室、单面膨胀二维喷管组成。空气进气道前缘和尾喷管采用复合材料，可确保结构的被动冷却；其他零件由金属基材料加工，并喷涂防热涂层。副燃烧室和主燃烧室由高温合金制造，使用碳氢燃料冷却。供给燃烧室壁面的燃油，部分在冷却通道中被分解并汽化，可使超声速气流中的燃料燃烧过程明显加速。GDE－1 在自由射流试车台上进行了 45 次模拟马赫数 4.5 和 12 次模拟马赫数 6.5 的自由射流试验。

GDE－2 则是在 GDE－1 的基础上开发的，采用碳氢燃料闭环冷却，进气道唇口可调，工作马赫数为 5.0～7.0。GDE－2 发动机主要验证闭环条件下发动机主动冷却结构方案和发动机高温气态燃料调节系统。GDE－2 有完全一体化的燃料系统，液态 JP－7 燃料从超燃冲压发动机前部进入发动机壁面进行冷却，吸收热量后进入燃料分配阀分配给燃烧室的各个喷嘴，以气态形式进入燃烧室。GDE－2 采用 FADEC 控制系统，可使冷却管路中燃烧压力保持一定阈值，避免沸腾现象。2005 年，GDE－2 在高温风洞中完成了马赫数 5 的自由射流试验。该试验是闭环碳氢燃料超燃冲压推进系统在超声速条件下首次成功的试验，记录了 300 s 的试验数据。

HyTech 在部件研究方面的成就主要体现在三方面：一是研发控制方案将流路干扰减到最小，增加了超燃冲压喷气发动机设计的推阻裕度；二是验证吸热燃料冷却的可行性；三是开展部件技术研究工作，为进一步推进超燃冲压发动机研究奠定了坚实基础。在发动机性能试验方面：首先，验证了马赫数为 4.5 和 6.5 时发动机的性能；其次，累积了发动机性能试验数据，为发动机整机地面试验验证提供了有力支持。在发动机地面试验环节：验证了 GDE 发动机在马赫数为 4.5 和 6.5 时能可靠工作，正推力明显增大；验证了燃料高效燃烧和防热结构的有效性，及燃料冷却的超燃冲压发动机的有效性；在超声速条件下对闭环碳氢燃料超燃冲压推进系统进行了成功验证；积累了马赫数为 5.0 时的重要试验数据。

HyTech 计划的特点，就是给予高超声速动力技术开发难度予以关注，采取较为稳妥、循序渐进式的研发策略，以及逐步推进、层层突破的手段，开展技术攻坚，分阶段进行技术验证。该计划的成果转移并应用到后续许多高超声速计划中，如 X－51A 计划等。

4.2.2 HyFly 计划

HyFly 计划源于 DARPA 之前进行的一个项目——快速响应导弹验证器（ARRMD），此项目于 2000 年被取消。在 ARRMD 项目被取消后，海军并没有停止其对 DCR（碳氢双燃烧室冲压发动机）的相关研究，当 DARPA 提出 HyFly 项目后，美海军遂即与其合作，之前开发的相关技术可直接为 HyFly 项目服务。

HyFly 项目旨在使高超声速远程导弹的超燃冲压发动机技术更加成熟，并进行技术演示和飞行试验。项目最终要获得采用吸气式推进系统的高超声速飞行器，HyFly 超声速航导弹结构如图 4－13 所示。项目的主要目标和成功标志包括：验证飞行器能够持续进行 $Ma=6$ 的巡航飞行，验证飞行器能够获得 740.8 km 的射程。HyFly 计划于 2004 年进行 STV 分离试验，目的是验证助推器成功分离并转换到试验飞行器的稳定气动控制。STV 装有制导导航控制系统（GNC），采用全气动控制。助推试验飞行器（BTV）的目的是演示助推末段获得的试验条件，第一次 BTV 试验在地面滑橇上进行，第二、三次 BTV 试验是飞行试验。全系统的第一次飞行试验在 2005 年第四季度进行，其余全系统飞行试验一直持续到 2006 年中期。挂载在 F－15E 上的 HyFly 试飞器如图 4－14 所示。

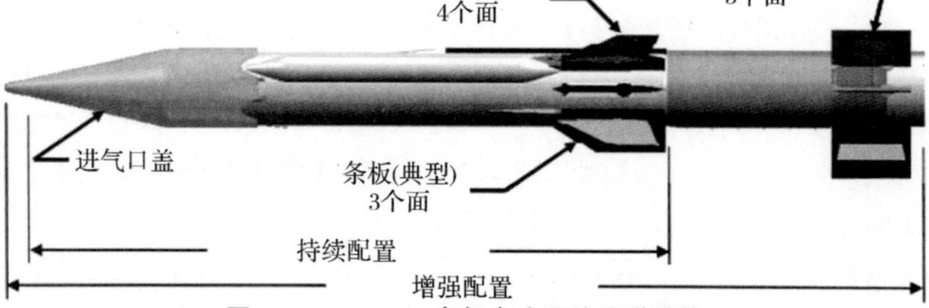

图 4－13　HyFly 高超声速巡航导弹结构

图 4-14　挂载在 F-15E 上的 HyFly 试飞器

2002 年 5 月至 2003 年 2 月，HyFly 计划的全尺寸、全集成的发动机先后在 NASA 和 AEDC（美国空军阿诺德工程发展中心）完成不同飞行条件（Ma=3.5，4.1，6.5）下多次自由射流试验。2005 年 1 月 26 日，HyFly 计划在第一次试飞中完成了非机动力发射。同年 8 月 26 日，在第二次试飞中实现了固体火箭发动机点火，助推马赫数超过 3。2007 年 9 月 25 日，HyFly 验证弹进行了飞行试验，主要目的是验证 DCR 转接、燃油控制和爬升、加速到 Ma=5，这是 DCR 的首次飞行试验。然而在发射试验中，助推剂分离后燃油控制系统出现故障，只达到 Ma=3.5，未能达到预期。2008 年 1 月 16 日，HyFly 计划再次进行发射试验，目标为 Ma=6。试验目的是再次验证双燃烧室冲压发动机的接力性能和加速性能。所谓双燃烧室冲压发动机，其实是亚燃冲压发动机和超燃冲压发动机的组合，两种发动机分别在不同马赫数下提供主要动力。此次验证导弹从 Ma=3.5 加速到 Ma=6，从而评估双燃烧室冲压发动机的先进陶瓷基复合材料结构，获取飞行性能数据并对末段精度进行测量。当由火箭发动机加速到 Ma=3 时，超燃冲压发动机并未按照预定程序工作，验证弹在飞行约 58 s 后坠入太平洋。

HyFly 项目面临的主要技术问题大部分来自超燃冲压发动机技术，包括 DCR 超燃冲压发动机流道性能，飞行器气动、气动加热和稳定性/控制问题，弹体、燃烧室和进气道整流罩的高温材料与结构问题，等等。

HyFly 项目旨在采用双燃烧室冲压发动机推进技术验证高超声速吸气式导弹的关键技术。因为与纯粹的超燃冲压发动机相比，双燃烧室冲压发动机的起动马赫数较低。而且 HyFly 项目是源自 DARPA 之前进行的一个项目，已有一定的技术基础，但是根据项目的进度和报道的试验情况看，项目还是遇到了不少问题。进度比原计划延后很多，而且进行的飞行试验也并不顺利。

4.2.3　Kholod HFL 发动机

“冷”（Kholod）计划是 20 世纪 80 年代初苏联制订的高超声速计划，由巴拉诺夫中央航空发动机研究院和茹科夫斯基中央空气动力研究所等单位共同实施，是俄罗斯最早进行的高超声速技术飞行试验计划。1991 年 11 月 27 日“冷”（Kholod）飞行器首次飞行试验取得成功，实现了超燃冲压发动机的正推力，发动机工作时间达到 27.5 s，飞行距离为 180 km，飞行时间为 130 s，飞行高度达 35 km，最高飞行速度达 Ma=5.6。这是人类历史上的首次超燃冲压发动机高空高超声速飞行试验，成功实现了冲压发动机亚燃到超燃的转化，有力推动了高超声速技术的发展，在现代科学史上有划时代的意义。

“Kholod”飞行器采用亚燃/超燃冲压发动机，安装在即将退役的 SA - 5 地空导弹系统使用的 5B28 导弹头部。1991—1998 年，该计划进行了五次验证性飞行试验（试验情况见表 4 - 1），其中第三次和第四次试验失败，其余试验成功，获得了不同飞行剖面的数据，由于当时俄罗斯经济困难，第二次和第三次试验是与法国合作进行的，第四次与第五次是与美国合作进行的。其中，在 1998 年与 NASA 合作进行的第五次飞行试验中，创造了马赫数 6.5 和工作时间 77 s 的新纪录。

表 4 - 1　Kholod 飞行器五次飞行试验情况

次 数	第一次	第二次	第三次	第四次	第五次
日 期	1991 - 11 - 27	1992 - 11 - 17	1995 - 03 - 01	1997 - 08 - 01	1998 - 02 - 12
最大飞行高度/km	35	22.4	30	33	27.1
最大飞行速度（*Ma*）	5.6	5.35	5.8	6.2	6.5
超燃冲压发动机工作时间/s	27.5	41.5	—	—	77

4.2.4　LACE 计划

俄罗斯从事组合发动机研究的计划主要为“鹰”（ORYOL）计划下属的子计划“ORYOL - 2”计划。其中，“ORYOL - 2 - 1”计划主要致力于吸气式推进系统的研究，“ORYOL - 2 - 2”计划主要研究液化空气循环发动机（见图 4 - 15）。

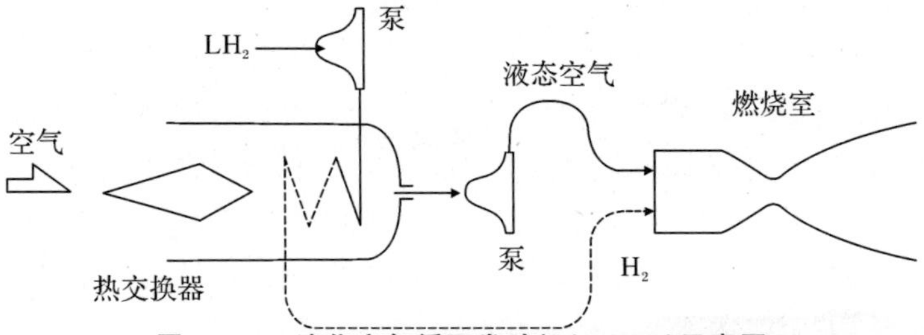

图 4 - 15　液化空气循环发动机（LACE）示意图

“ORYOL - 2 - 2”计划主要针对液化空气循环发动机（LACE）开展研究工作，因此也称为 LACE 计划。从 1993 年开始，俄罗斯就在 LACE 计划框架下对 LACE 发动机开展研究工作。LACE 为一种双模态发动机，包括空气模态和火箭模态。空气模态通过对大气中的空气进行液化而作为氧化剂。俄罗斯凯尔戴什研究中心（Keldysh Center）是该计划的发起者，也是该计划的牵头单位。凯尔戴什研究中心认为，LACE/超燃发动机这种推进系统对空天飞行器来说是具有吸引力的。其中，双回路压气机型 LACE 可作为一台发动机应用于水平起降、单级入轨的空天飞行器，具有相当大的潜力。

4.2.5　X - 51A 项目计划

X - 51A 是由美国空军研究实验室（AFRL）与 DARPA 联合主持研制的超燃冲压发动机验证机——乘波者（Scramjet Engine Demonstrator - Waverider，SED - WR）。其实，有关乘波体（“乘波者”采用的构型称为“乘波体”）的军事应用，DARPA 早在 20 世纪 90 年代末已经在 ARRMD 计划中开始研究。作为这项工作的延续，AFRL 在 2003 年初制订出一项吸热燃料超燃冲压发动机飞行验证机（EFSEFD）计划，后来改称为 SED－WR。2005 年 9 月 27 日，美国空军正式批准将 SED－WR 命名为 X－51A。X－51A 高超声速飞行器如图 4－16 所示，X－51A 超燃冲压发动机如图 4－17 所示。X－51A 的主要目的是验证超燃冲压发动机用于高超声速飞行的可行性，远期应用背景是发展飞行马赫数 $Ma>7$、射程超过 1 300 km、以超燃冲压发动机为动力的高超声速巡航导弹。在 2010 年 5 月的首次试飞中，X－51A 飞行马赫数达到 $Ma=5$，超燃冲压发动机运行约 140 s，标志着实用化的超燃冲压发动机首次完成高超声速飞行。2011 年 6 月与 2012 年 8 月 X－51A 又进行了两次试验，飞行器在发射后很快失控坠毁，X－51A 项目仍然面临着极大的不确定因素。2013 年 5 月，X－51A 无人机飞行中启动超燃冲压发动机，在 18 300 m 高空加速至 5.1 倍声速。

图 4－16　X－51A 高超声速飞行器

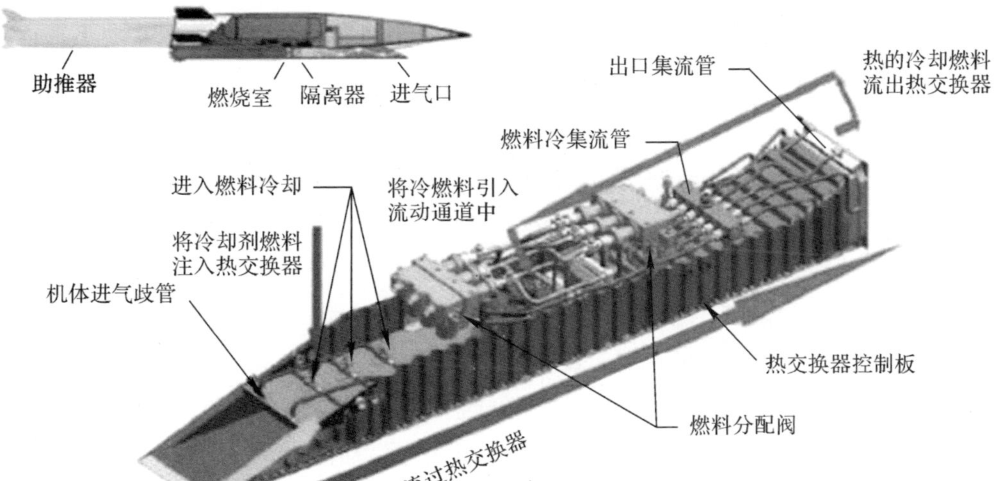

图 4－17　X－51A 超燃冲压发动机演示机

4.3 超燃冲压发动机研发关键技术

超燃冲压涉及的关键技术主要包括：在预先设定的飞行马赫数范围内，拥有性能好、工作稳定及长度短的进气系统；可提供连接进气系统并能够实现最优燃烧性能的燃烧室；能在飞行器整个工作过程中提供有效推力的喷气系统；拥有优化的发动机总体性能；不仅能够提供可观的有效能量，而且能够提供具备有效冷却能力的燃料供给系统；有效满足高超声速飞行的相关材料、热结构和演示验证技术等。

4.3.1 高超声速进气道

高超声速进气道是为燃烧室提供气源的结构，其性能低直接影响发动机的综合性能。超燃冲压发动机的工作条件要求进气道应能在比较宽泛的马赫数范围内具有良好的气动性，空气流量捕获系数高，总压恢复系数高，与燃烧室有良好的耦合性，且出口流场品质良好，有较好的抵抗燃烧形成高压的能力(抗反压能力)等，这些性能与进气道的几何构型紧密相关，对附面层、壁面摩擦、附面层与激波的相互影响等也相当敏感，激波引起的强逆压梯度影响边界层流动结构，甚至产生流动分离，对飞行器的热流和阻力产生很大影响。特别是对于高超声速进气道，激波/边界层干扰几乎贯穿于所有现象之中，如边界层分离、总压损失、不起动/重起动、溢流、抗反压、边界层转捩、内通道激波串和激波震荡等，直接影响进气道和发动机的正常起动和稳定工作。这些都导致了高超声速进气道技术研究的复杂性。

各国对于进气道的设计各有说法，俄罗斯(苏联)研制的冲压发动机推进的导弹不少是采用轴对称进气道，其在1991年成功进行的“冷”计划试验是典型的轴对称进气道。在这个领域内俄罗斯具有优势，在二维平面进气道的研究中，TsAGI曾经进行过实验研究，获得了马赫数 $Ma=4\sim10$、雷诺数 $Re=105\sim106$ 的进气道性能，其实验还研究了进气道楔面和侧面边界层与激波的相互干扰，考虑了真实气体效应、边界层和前缘钝体的影响。

法国是高超声速技术研究较为先进的国家，其研究超燃冲压发动机的方案多是采用变几何进气道设计。所谓变几何进气道，是通过一个由铰链在上游轴上的单块部件形成的整流罩获得的。这一构型具有以下优点：低速飞行性能有利于提高最大射程，发动机结构尺寸小，易组装到弹体中。其构型代表为法国的WRR超燃冲压发动机。

经过三四十年的发展，以美国NASA Langley的Trexler为代表的三维侧压式进气道的发展前景越来越受到各国的重视。在20世纪80年代，CIAM和TsAGI对侧壁面的研究表明，与二维进气道相比，这种类型的进气道在更低马赫数范围内能够起动，在更高马赫数范围内有较低的阻力，而在低马赫数范围内，二维进气道在阻力和压力恢复方面占有优势。J. A Hudgens等研究了前掠侧压式进气道，发现前掠侧压缩壁进气道存在压力梯度引起的溢流，由于气体在溢流窗开口处的加速膨胀，前掠主激波从前向后会逐渐拉直，在前体附面层吸入的条件下，前掠侧压板有利于提高流动的均匀度。

超燃冲压发动机进气道的功能是利用迎面高速气流的速度冲压，有效地将动能转化为势能，提高气流的压强，并为发动机提供所需的流量。其特点如下：超声速燃烧的特性决定了进气道出口气流为超声速；为使进入燃烧室的气流稳定均匀，在进气道和燃烧室之间通常有一隔离段；一般不采用附面层泄流装置，这是因为泄流而产生的阻力影响要比消除附面层影响带来的收益大。

针对以上特点，以及在给定发动机几何约束条件和飞行条件下，设计前体/进气道的几何形状，对超燃冲压发动机进气道有以下要求：提供发动机所需的空气流量；在进气道内完成气流减速增压过程，气流总压损失尽可能小；进气道的阻力要小；进气道出口流场要均匀，流速和流场畸变满足发动机工作要求；进气道是飞行器雷达波强散射源之一，对于军用高超声速飞行器，还要求进气道雷达散射截面尽可能小。

目前，针对高超声速进气道的关键设计，主要有以下几部分：

(1)机体/进气道设计一体化。为解决高超声速进气道收缩比大所造成的机体气动、结构布局上的困难，必须采用机体/进气道设计一体化技术。该技术以前身作为进气道前压缩面，满足气动受收缩比的要求，又结合了机体气动和结构布局的特点。

(2)采用模块化设计。进气道与相应的燃烧室部件是分块的，整个推进系统是由多个动力模块组成的，为使有限的试验设备能力满足高超声速推进系统试验的要求，采用模块设计方案可大大缓和对试验设备能力要求的提高。

(3)附面层设计。在一般情况下，采用溢流技术可以解决机身附面层对进气道性能的影响，但在高超声速进气道中附面层溢流阻力将明显增大，以致于附面层进入进气道导致推力减小。美国兰利研究中心设计的进气道方案中，不采用附面层隔道溢流机身附面层，而让机身附面层进入进气道。为抑制附面层对进气道性能的不利影响，采用二方向压缩、局部减压等方案，并采用前缘后掠的侧压式进气道。

4.3.2　燃烧室流道整体优化设计

超声速燃烧的复杂现象涉及超声速流中的湍流混合、冲击相互作用和热释放。在超燃冲压发动机的燃烧室内的流场是非常复杂的，并且给具有优化的几何形状的超声速燃烧室的设计和开发带来相当大的挑战。这种燃烧室应促进燃料和空气的充分掺混，使得期望的化学反应和因此发生的热释放可在燃料空气混合物的停留时间内发生。为了完成这个任务，需要清楚地理解燃料喷射过程，对管理超声速混合和燃烧的过程以及影响燃烧室内损失的因素进行全面了解。燃烧室流道整体优化设计目标如下：良好和快速的燃料空气混合；最小化总压力损失；高燃烧。

湍流混合：当液体或空气流变大时，流线变得不规则，并且流动物质的气团开始以高度不规则的路径移动，同时保持净下游速度。

冲击波：冲击波是一种大振幅压缩波，由爆炸或者介质中物体的超声速运动产生。在冲击中，压力、温度和流动密度总是非常快速地上升。冲击波通常由物体在气体中的移动而引起。

倾斜冲击波：与正常冲击不同，倾斜冲击波相对于入射上游流动方向倾斜。当超声速流遇到有效地将流体转入其自身并压缩的拐角时，将发生倾斜冲击波。

对进气道一维优化可提高整体燃烧效率，在满足气流流量捕获要求的前体下，需要尽可能高的总压恢复系数和升压比，以保证燃烧室内能够进行稳定、高效的燃烧，二者共同组成了进气道优化设计的基本要求。

对于燃烧室的优化，需给定合适的扩张角度以及长度，过大的扩张角度会导致超声速气流过度加速，减弱了进气道的压缩增压效果，而过小的扩张角会引起流道阻塞，降低发动机性能，要针对发动机一体化设计，综合考虑热防护、总重量等的要求。此外，还要研究进气道、燃烧室、尾喷管之间的性能匹配与设计参数影响，为部件设计提供依据。

4.3.3 液体燃料雾化技术

由于超燃冲压发动机工作的具体物理特性，超声速燃烧中物理和化学相配合的时间尺度相差很大，客观要求发动机在极短的时间里完成包括燃料破碎和蒸发与主流掺混等所有的气动热力过程，从而保证燃料充分燃烧释放热量形成推力。对于液体燃料来说，雾化是完成掺混进行燃烧的第一步。在超声速流动的条件下，流体的可压缩性、激波和详细化学反应机理等的影响都很显著，流场中的波系、湍流对燃料的雾化和混合、燃烧室的点火、火焰的结构及其演变、火焰的传播特性等起着举足轻重的作用。

整个雾化过程可划分为液柱雾化成液块或大液滴的一次雾化和液块进一步破碎成小液滴的二次雾化两个过程。目前超声速气流中雾化机理仍不明确，针对该种雾化的雾化模型取得的成果很少。Kolpin 进行了实验，证明逆向喷射和双孔喷射的穿透深度与垂直喷射时几乎相同。Shermanez 用不同物理特性液体进行实验，对液柱在高速气流下的雾化进行了研究。Kush 根据不同的液气动压比把液柱破碎分成三个不同的阶段，之后和 Schetz 一起，完成了一系列的研究，包括超声速气流下不同形状喷孔对穿透深度和液雾分布的影响，液柱上的波动和破碎的关系，不同黏性和表面张力的液体对雾化程度的影响，等等。Lin 研究了直流式喷注器与气体雾化式喷注器在超声速气流中的雾化情况。中国也有研究者使用瞬态阴影法对雾化的破碎点和雾化过程进行了研究。

中国空气动力研究和发展中心（China Aerodynamics Research and Development Center，CARDC）研究组通过典型的小尺度发动机自由射流实验，于 2002 年第一次获得了液体煤油在 $Ma=5$、总温为 1 500 K 的条件下，燃料引射后约 5 ms 时间内的自点火性能。这一问题涉及多相流、湍流与化学反应的相互作用，目前仍然是燃烧室和引射系统设计中的挑战性问题，需要通过物理建模和数值计算研究其复杂过程。物理建模包括采用粒子脉冲激光全息技术，对超声速气流中射流的雾化过程进行测量分析。实验观测到射流表面的不稳定波结构揭示了射流柱表面不稳定波的增长是超声速气流中射流破碎的主要原因（见图 4－18）。

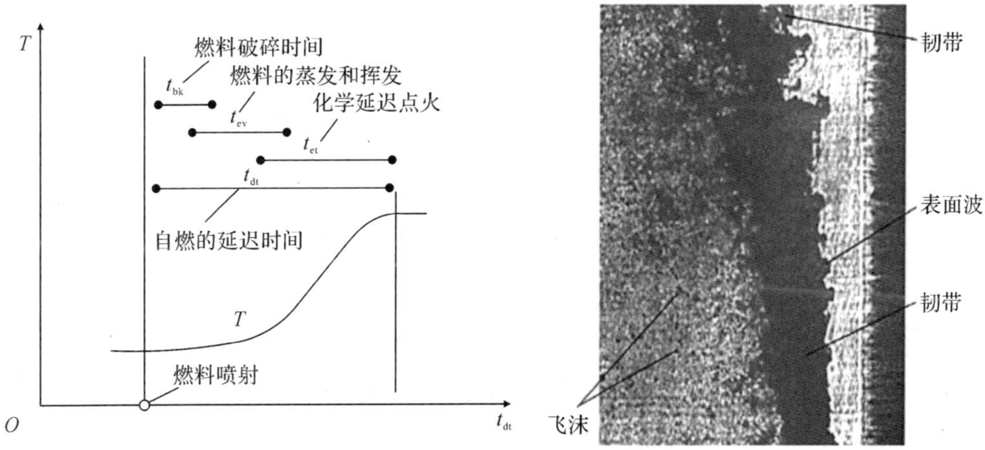

图 4－18　射流表面的不稳定波结构

4.3.4　高效低阻燃烧技术

超燃冲压发动机燃烧室燃烧稳定与否涉及发动机能否正常运行，由于燃烧室中气流驻留时间很短，所以能完成混合的时间很有限。火焰在其发展初期就可能被大量的低温混合物冲淡，为了防止火焰猝熄，需要有火焰稳定的结构设计。一般，火焰稳定可通过提高火焰传播速度和减小来流速度两种方式来实现，前者可以由引入等离子火炬、电弧、激光、高温物质等途径来实现，但这些途径大都需要巨大的外部能量，所以实际应用价值不大。目前广泛采用的是后一种方式，即人为在燃烧室建立起一个回流区，在回流区内，来流速度减小，存在局部高温区，火焰能始终驻留在其中。燃烧室壁面凹腔能提供稳定火焰的机制，对流动损失的影响可以接受，而且冷却问题也不难解决。凹腔的主要特性一般由腔长 L 与深度 D 之比 L/D 划分。若 $L/D<7$，则称为开腔，上游剪切层能跨越凹腔，诱导的气流阻力较小而且腔内流场稳定，剪切层是燃烧室超声速芯流与凹腔的交界面，L 与两边的流量交换率有关，D 与驻留时间有关。显然 L 和 D 都不能太小，否则火焰稳定的机制就无法提供。若 $L/D>7$，则称为闭腔，闭腔上游的剪切层须经过凹腔底部返回下游，加大气流的总压损失。考虑到为主流提供常驻的稳定火源，一般选择开腔稳定型构型，避免不稳定燃烧。目前普遍采用的是有斜坡的凹腔后壁。当剪切层再附着后壁时，倾斜的后壁使压力扰动向凹腔外传播，而不是传回凹腔内部，达到抑制凹腔振荡的效果。

4.3.5　燃烧控制与调节技术

超燃冲压发动机燃烧边界狭窄，为保证高效率运行，发动机工作点一般在临界点附近，很容易进入亚临界区，并引起进气道“喘振”。这就要求控制系统在各种环境条件下保持高稳定性，避免动态过程中的振荡现象，对于燃料和几何控制的稳态和动态性能要求很高。

良好的控制系统能有效提高超燃冲压发动机运行的可靠性和经济性，提高运行效率，拓宽工作范围。

主动控制技术能够有效控制发动机燃烧和流动过程，提高效率，降低损失，并使之适应不断变化的飞行状态，将逐渐成为提高发动机性能、拓展工作范围的重要手段。磁流体控制、涡流控制等流动控制技术已在进气道附面层控制、减阻、降低峰值热流等方面显露优势；磁流体动力(MHD)能量旁路超燃冲压发动机技术近年来引起了国内外学者的广泛关注；变几何控制通过发动机构型、几何尺寸的改变来实现工作状态的调节和模态转化，可使发动机在宽范围内始终维持较好性能，是宽范围超燃冲压发动机的核心关键技术。

4.4 国内外超燃冲压发动机相关专利

4.4.1 一种用于超燃冲压发动机的微波天线模块

(1)申请号:CN201811375118.7。

(2)申请人:中国科学院力学研究所。

(3)发明人:孟宇、顾洪斌、孙文明、周芮旭。

该发明在超燃冲压发动机中的结构示意图如图 4-19 所示。

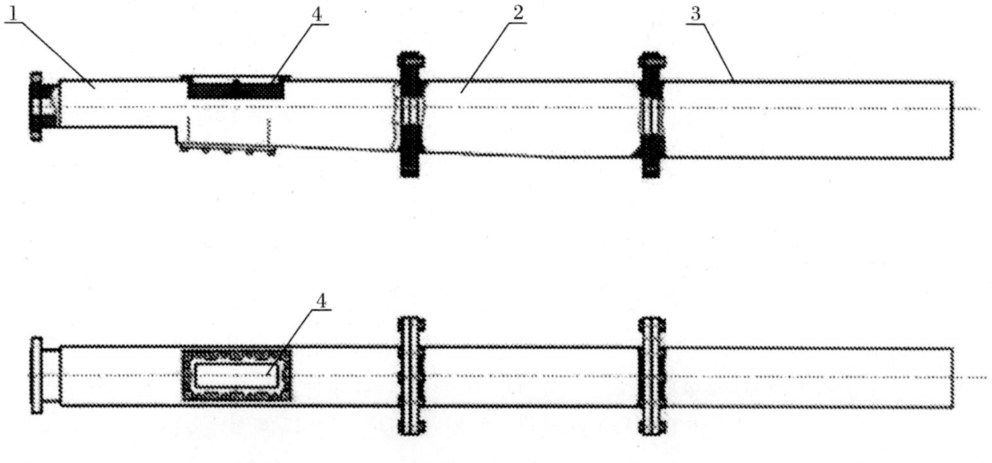

图 4-19 该发明在超燃冲压发动机中的结构示意图

1—发动机燃烧室；2—发动机中段；3—发动机后段；4—微波天线模块

天线作为微波发射装置，在电子设备中有广泛的应用。传统的单极子天线可以实现常规微波发射，但是其在结构上存在缺陷，不能满足高速气流条件下的特殊需求；微带天线可以实现壁面发射，不影响流场，但是其不能耐高温，且不能实现大功率的要求；喇叭天线等会使燃烧室结构改变。因此，在高温、高压、高速气流的环境及不影响燃烧室结构的条件下，现有天线都无法满足。

该发明为了解决上述问题，提供了一种用于超燃冲压发动机，并且能够促进超燃冲压发动机点火和稳焰的微波天线模块，通过在天线振子与接地部之间填充耐高温陶瓷介质，调整参数使天线介质的底面与接地部的底面处于同一平面，增加模块整体的密封设计，从而使发射天线模块可以实现在高温、高压及高速气流的环境条件下稳定进行大功率的微波发射，同时在不影响燃烧室内腔结构及高速流场的情况下，起到促进燃烧室点火及稳定火焰的作用。

该发明设计的一种用于超燃冲压发动机的微波天线模块，设置在发动机燃烧室的内壁面，其包括接地部、天线振子和陶瓷介质。

发动机燃烧室的内壁面安装用于提供天线接地端面的接地部，接地部内设置有开孔，天线振子嵌设于开孔中，天线振子一端暴露在发动机燃烧室的内壁面，另一端延伸至发动机燃烧室外，天线振子与开孔之间填充有陶瓷介质，用于确保微波天线模块能够在设定的温度、压力下发射微波。

该发明所达到的有益效果包括：

(1)通过在超燃冲压发动机的燃烧室内加入微波，可以增强超燃冲压发动机点火和火焰稳定性。通过在发射天线模块中的天线振子与接地部之间填充耐高温的陶瓷介质，一方面能够使发射天线模块具备耐高温、高压及高速气流的性能，另一方面能够起到填充作用，保证燃烧室内壁平整，保证微波天线模块在极端环境下不被破坏。

(2)通过参数设计，使天线介质的底面与接地部的底面处于同一平面，不会影响超燃冲压发动机燃烧室的内腔结构。

(3)将接地部通过固定件安装在发动机燃烧室内壁面上，可达到整体的密封效果。

(4)将发射天线模块装配在超燃冲压发动机的燃烧室，可以实现在高温、高压及高速气流的环境下，稳定高效地进行大功率的微波发射，同时不影响结构及高速流场，进而实现在超然冲击发动机中增强点火和火焰稳定性。

4.4.2　固体火箭超燃冲压发动机及弧形燃气发生器、中心喷注装置

(1)申请号：CN201910136102.9。

(2)申请人：中国人民解放军国防科技大学。

(3)发明人：马立坤、赵翔、夏智勋、刘冰、李潮隆、王德全、王林。

该发明中固体火箭超燃冲压发动机如图 4-20 所示。

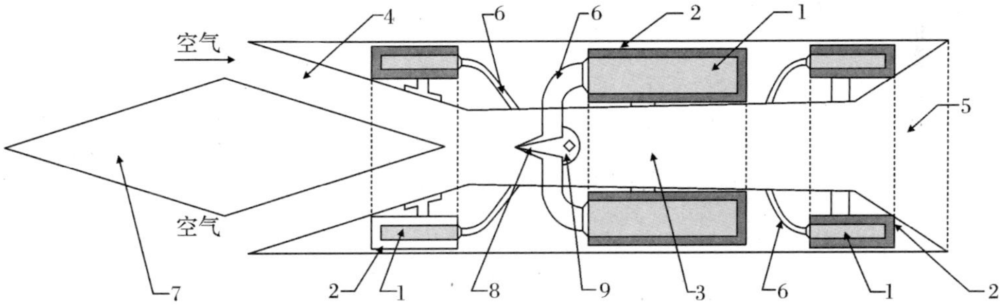

图 4-20　固体火箭超燃冲压发动机示意图

1—固体推进剂；2—燃气发生器；3—补燃室；4—进气道；
5—尾喷管；6—导流管；7—前体；8—导流锥；9—掺混增强结构

该发明提供了一种固体火箭超燃冲压发动机及弧形燃气发生器、中心喷注装置，用于克服现有技术中发动机空间运用不合理、装填比低、热防护困难等缺陷，实现对发动机空间的合理运用，提高装填比，以缩小固体火箭超燃冲压发动机的尺寸，实现其长程飞行功能，并且提升发动机掺混燃烧效率，降低发动机壁面热防护难度。

为实现上述目的，该发明提出一种固体火箭超燃冲压发动机，其包括前体、进气道、补燃室、尾喷管、至少一个燃气发生器、至少一个导流管。燃气发生器呈弧形，具有一个能容纳固体推进剂的容纳腔，利用飞行器外壳体与内流道的空间间隙将燃气发生器沿平行补燃室轴向方向整体或分段固定装配于补燃室或进气道或尾喷管上，或者置于前体内部。

与现有技术相比，该发明的有益效果包括：

(1)在固体火箭超燃冲压发动机中，来流空气以超声速进入补燃室，该来流空气与富燃燃气在补燃室滞留时间短，来流空气与富燃燃气掺混燃烧时间短，因此相比于固体火箭亚燃冲压发动机，固体火箭超燃冲压发动机补燃室的长度需相应增加。而该发明的固体火箭超燃冲压发动机固体推进剂装载在燃气发生器的容纳腔内，无需像现有的固体火箭亚燃冲压发动机那样将全部固体推进剂设置在燃气发生器轴向的前端，这样设计减少了发动机总长度，避免了发动机长径比过大的问题。

(2)该发明提供的燃气发生器可根据需装载的固体推进剂的量来设置单个或多个，同时还可根据发动机结构布局来设置燃气发生器的个数和环绕位置，最大化地利用飞行器内部空间，提高体积利用率，便于携带更多推进剂，满足长程飞行的要求。

(3)该发明设计了一种固体火箭超燃冲压发动机的中心喷注装置，燃气发生器产生的一次富燃燃气通过导流管进入中心喷注装置，由喷注装置近补燃室端的喷口喷出，将主要燃烧区域限定在远离发动机壁面的中心区域，形成“风包火”的发动机内部流场，有效降低发动机的热防护压力。为实现进一步的掺混增强，喷注装置近补燃室端设置掺混增强结构，可有效增强发动机一次富燃燃气与来流空气掺混。

4.4.3 一种超燃冲压发动机隔离段截面渐变优化设计方法

(1)申请号：CN201810912019.1。

(2)申请人：西安理工大学。

(3)发明人：郑博睿、刘雄、葛畅、柯熙政。

该发明中超燃冲压发动机隔离段截面渐变过程与隔离段简化三维示意图如图 4－21所示。

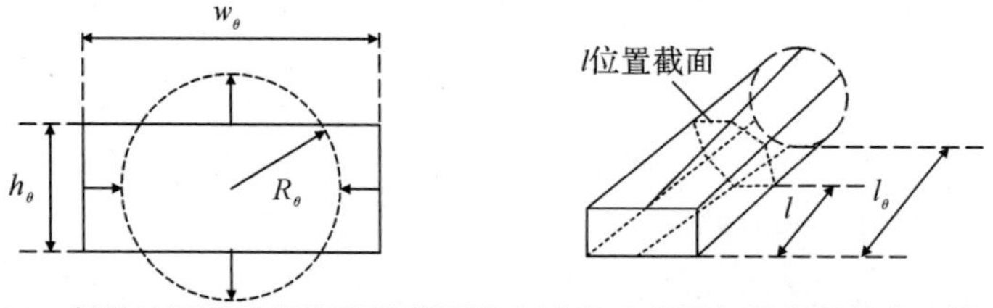

图 4－21 超燃冲压发动机隔离段截面渐变过程示意图与隔离段简化三维示意图

该发明的目的是提供一种超燃冲压发动机隔离段截面渐变优化设计方法，解决现有截面渐变方法中仅仅从数学和几何角度进行简单截面融合的问题。该发明所采用的技术方案是一种超燃冲压发动机隔离段截面渐变优化设计方法，其具体步骤如下：

(1)根据进气道出口矩形尺寸确定 w_0、h_0，根据隔离段出口尺寸确定 R_0，根据隔离段长度确定 l_0。其中，w_0 为隔离段入口截面宽度，h_0 为隔离段入口截面高度，R_0 为隔离段出口圆形截面半径，l_0 为隔离段长度。

(2)以隔离段入口截面的流向位置为原点，在流向位置 1 的截面，其宽度为 w，高度为 h，该截面顶板角区的倒圆半径为 R_1，底板角区的倒圆半径为 R_2。因为截面为左右对称，所以可对顶板角区倒圆半径 R_1 和底板角区的倒圆半径 R_2 的变化规律分开控制。

(3)根据进气道出口截面低能流动区域的分布，对宽度 w、高度 h、顶板角区倒圆半径 R_1、底板角区倒圆半径 R_2 这 4 个控制变量沿程变化规律函数一一进行选择。

(4)w、h、R_1、R_2：这 4 个变截面控制变量参数的定量变化过程被唯一地确定下来，由此可得出整个隔离段的三维型面数据，然后根据入口来流条件对其进行 CFD 仿真计算，根据数值模拟的结果对某一控制变量的变化规律进行迭代优化。

该发明的有益效果包括：

(1)针对进气道出口的非均匀来流，可进行参数化截面渐变，各控制变量定量、可控，并且可以根据不同的入口来流条件，对截面渐变过程进行针对性地优化设计。

(2)将横向收缩、纵向扩张、顶板角区倒圆、底板角区倒圆列为截面渐变过程中的 4 个控制变量，改变了以往单单从转圆这一因素进行考虑的局限。

(3)根据低能流动区域在截面内分布的特点，通过对顶板转圆过程与底板转圆过程的针对性控制，从气动角度将截面渐变对抗反压能力的影响降低到最小程度，解决了现有截面渐变方法中仅仅从数学和几何角度进行简单截面融合等问题。

4.4.4　一种变几何燃烧室的超燃冲压发动机方案

(1)申请号：CN201810189430.0。

(2)申请人：西北工业大学。

(3)发明人：李建平、沈荻、陈亮、宋文艳、焦贵谦、金荣嘉、周凤宇。

该发明中变几何燃烧室超燃冲压发动机一体化推进流道的优化设计如图 4-22 所示，变几何燃烧室的超燃冲压发动机放热单位随飞行马赫数的变化趋势如图 4-23 所示。

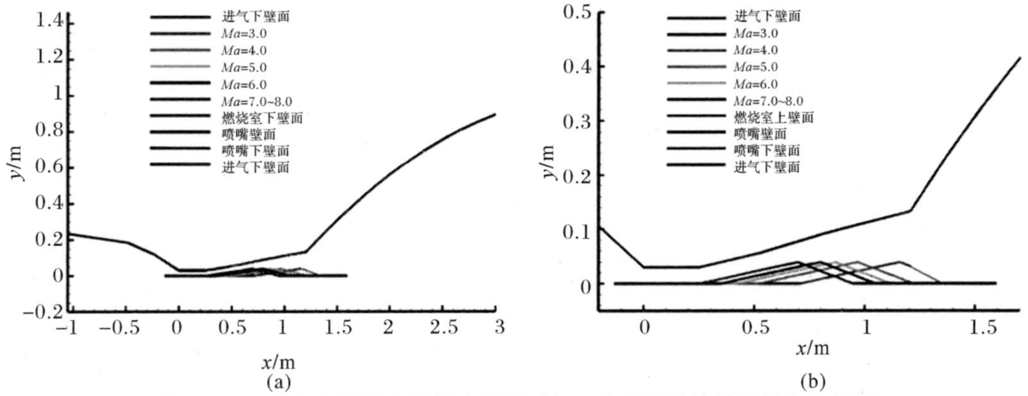

图 4-22　变几何燃烧室超燃冲压发动机一体化推进流道的优化设计图

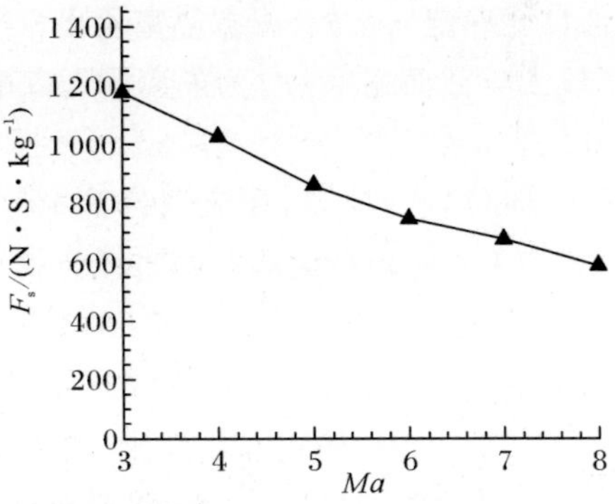

图 4-23　变几何燃烧室的超燃冲压发动机放热单位随飞行马赫数的变化趋势

为了避免现有技术存在的不足，该发明提出一种变几何燃烧室的超燃冲压发动机方案，该推进流道构型采用变几何结构可将超燃冲压发动机工作下限拓展到飞行马赫数 3.0。

该发明所采用的技术方案：超燃冲压发动机燃烧室下壁面中心体可前后平移，在飞行马赫数 3～8 范围内，随着飞行马赫数降低，中心体向后移动。

此种方案的有益效果：在飞行马赫数 Ma＝3.0～8.0 条件下对超燃冲压发动机采用变几何燃烧室构型发动机能够获得有效推力，正常工作；该推进流道构型采用变几何结构可有效防止低马赫数状态下，由于燃烧导致燃烧室反压升高而干扰进气道，导致进气道不起动，成功将超燃冲压发动机工作下限拓展到飞行马赫数 3.0。

该发明提出的一种变几何燃烧室的超燃冲压发动机方案，采用变几何燃烧室构型的超燃冲压发动机能够实现模拟等动压轨道飞行马赫数 3～8 状态下的来流条件。

4.4.5　超燃冲压发动机水冷装置及其工作方法

(1)申请号：CN201610375984.0。

(2)申请人：南京航空航天大学。

(3)发明人：苏艳、夏有财、顾晨轩、王辉。

该发明中的超燃冲压发动机水冷装置结构如图 4-24 所示。

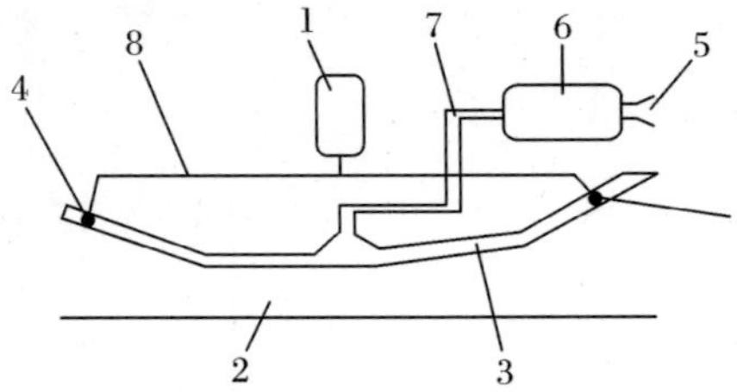

图 4-24　超燃冲压发动机水冷装置结构示意图

1—储水箱；2—超燃冲压发动机；3—冷却通道；4—雾化喷嘴；
5—水汽尾喷管；6—高压水蒸气箱；7—第一管道；8—第二管道

该发明为了解决现有技术的问题，提供了一种超燃冲压发动机水冷装置及其工作方法，能有效利用超燃冲压发动机多余热量产生辅助推力，结构简单且安全性高。

该发明提供的超燃冲压发动机水冷装置，包括储水箱、超燃冲压发动机、冷却通道、雾化喷嘴、水汽尾喷管、高压水蒸气箱、第一管道和第二管道。其中，超燃冲压发动机侧外壁面上设置有两端封闭的冷却通道，冷却通道的两端分别设置有雾化喷嘴，两个雾化喷嘴通过第二管道与储水箱相连;冷却通道中部通过第一管道连接到高压水蒸气箱,高压水蒸气箱上开有水汽尾喷管。

该发明还提供了一种超燃冲压发动机水冷装置的工作方法,包括以下步骤:

(1)储水箱中的液态水经过第二管道和雾化喷嘴喷出到冷却通道中。

(2)超燃冲压发动机燃烧室壁面超高热流能使水汽充分吸热膨胀。

(3)吸热膨胀的水蒸气经过第一管道进入高压水蒸气箱,以相当高的速度从水汽尾喷管中喷出,产生推力。

该发明的有益效果在于:

(1)能有效利用超燃冲压发动机多余热量,产生辅助推力。

(2)该结构比传统的燃料冷却结构简单,且安全性高。

4.4.6　基于高重频激光的燃烧室及超燃冲压发动机

(1)申请号:CN201810216800.5。

(2)申请人:中国人民解放军国防科技大学。

(3)发明人:杨雷超、王振国、梁剑寒、丁猛、范晓樯、孙明波、安彬、潘余、李庆。

该发明中基于高重频激光的燃烧室的超燃冲压发动机剖视示意如图 4-25 所示,基于高重频激光的燃烧室点火过程如图 4-26 所示。

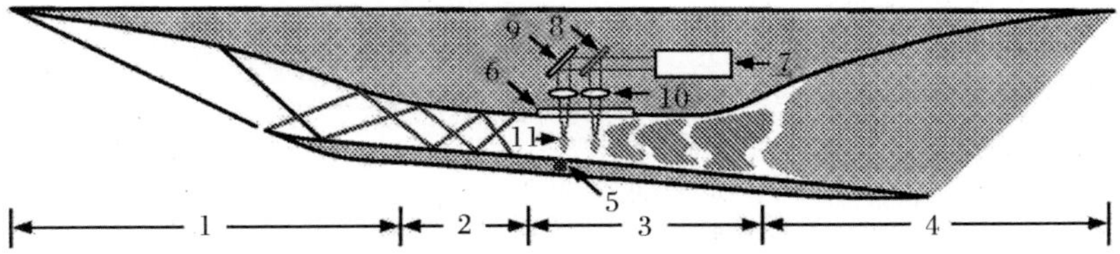

图 4-25　包含基于高重频激光的燃烧室的超燃冲压发动机剖视示意图

1—进气道;2—隔离段;3—基于高重频激光的燃烧室;4—尾喷管;5—燃料喷孔;

6—窗口;7—激光器;8—分束镜;9—反射镜;11—初始火核

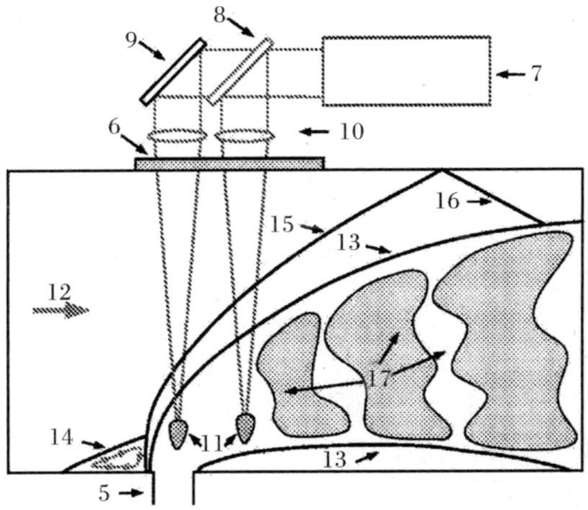

图 4-26　基于高重频激光的燃烧室点火过程示意图

5—燃料喷孔;6—窗口;7—激光器;8—分束镜;9—反射镜;10—凸透镜;11—初始火核;

12—超声速来流;13—燃料射流;14—分离区;15—弓形激波;16—反射激波;17—燃烧区域

该发明的目的在于提供一种基于高重频激光的燃烧室及超燃冲压发动机。该发明解决了现有电极点火方式导致的初始火核位置难以调节、实现火焰稳定的范围比较有限、能量利用效率低、不利于火焰向主流中的发展、不适用于大尺寸发动机的技术问题。

该发明提供的基于高重频激光的燃烧室包括腔体,腔体内壁上开设燃料喷孔,还包括用于产生高重频激光的激光器和用于将高重频激光聚焦于腔体内的凸透镜,腔体侧壁上开设用于透过高重频激光的窗口,窗口正对燃料喷孔设置或正对燃料喷孔的下游设置,激光器与凸透镜光路连接,凸透镜设置于窗口外。

该发明的技术效果:

(1)该发明提供基于高重频激光的燃烧室,通过高重频激光脉冲在超声速气流中持续击穿气体的方法实现火焰稳定,有效规避了机械火焰稳定器所带来的流动损失和热防护问题。

(2)该发明提供的基于高重频激光的燃烧室,以高重频激光脉冲作为能量源,避免了使用电极放电导致的电磁干扰问题。激光诱导产生等离子体可以脱离腔体壁面对等离子体的限制,避免了等离子体与壁面接触所造成的能量损失。激光在腔体中的聚焦点可任意选择,能轻松地选择燃料当量比合适的位置形成火核。通过改变激光聚焦的位置可以促进火焰向主流中发展,适用于大尺度发动机。

4.5 超燃冲压发动机的未来发展趋势

1. 发动机整体设计

发动机整体设计包括机身/发动机一体化,进气道、隔离段、燃烧室和尾喷管之间的耦合设计,实现飞行器和发动机的一体化设计,探寻飞行器前体对发动机的进气道性能和发动机在飞行器中布局的影响,明晰发动机出口气流膨胀受飞行器后体的影响。发动机是一个整体,进行综合设计才能使其性能最优,持续推进超燃冲压的总体技术,并通过与飞行器总体的协调,实现对发动机各部件的性能指标的有效约束。

2. 新型热防护材料

新型耐高温材料,如 C/C、C/SiC 陶瓷基复合材料,质量轻,且耐高温,是未来主动热防护技术的发展方向。其使用可以减轻发动机质量,并且与再生冷却等被动热防护技术相比结构简化,减少设计制造时间。

3. 变几何结构设计

超燃冲压发动机的工作范围非常宽泛,要求同一种结构在不同马赫数下都有最佳性能是不现实的。进气道和尾喷管都要能够进行结构调节才能适应飞行条件和发动机功率不断变化的需求,甚至包括隔离段和燃烧室。持续推进研究附面层的发展规律及其吸除技术、附面层与激波的相互作用规律及相关的试验模拟方法等,以有效实现对高超声速进气道几何构型的优化。

4. 发动机控制技术

良好的控制系统能有效提高超燃冲压发动机运行的可靠性和经济性，提高运行效率，拓宽工作范围。发动机一体化控制技术、进气道控制调节技术、尾喷管矢量调节控制技术、燃烧室推力增益控制等是今后的研究重点。

5. 新型燃料

燃料也可以作为未来提高超燃冲压发动机性能的一个研究方向。目前使用的燃料有两种——碳氢燃料和氢燃料，碳氢燃料发动机速度有限，氢燃料放热多导致热防护困难。鉴于这种情况，不妨开发新型燃料。

第 5 章　国内外爆震发动机发展状况

5.1　国内外爆震发动机研发概况

随着人们对爆震现象的深入研究，基于爆震的推进系统的概念方案和原理样机层出不穷。爆震燃烧具有单位时间放热强度大以及燃烧自增压、燃气压力与燃气温度高等特点，理论上可以替代传统的等压燃烧。基于爆震燃烧构建的热力学循环相比传统布雷顿热力学循环，理论上可提升效率约 50%。根据爆震波的产生方式，爆震发动机可以分为驻定爆震发动机（Standing Detonation Engine，SDE）、脉冲爆震发动机（Pulse Detonation Engine，PDE）、连续旋转爆震发动机（Rotating Detonation Engine，RDE）、斜爆震发动机（Oblique、Detonation Engine，ODE）以及内燃波转子发动机等。

5.1.1　脉冲爆震发动机

脉冲爆震发动机（见图 5-1）需要连续点火起爆，利用周期性爆震波产生推力。脉冲爆震发动机的工作阶段包括充气、点火、做功和排气。

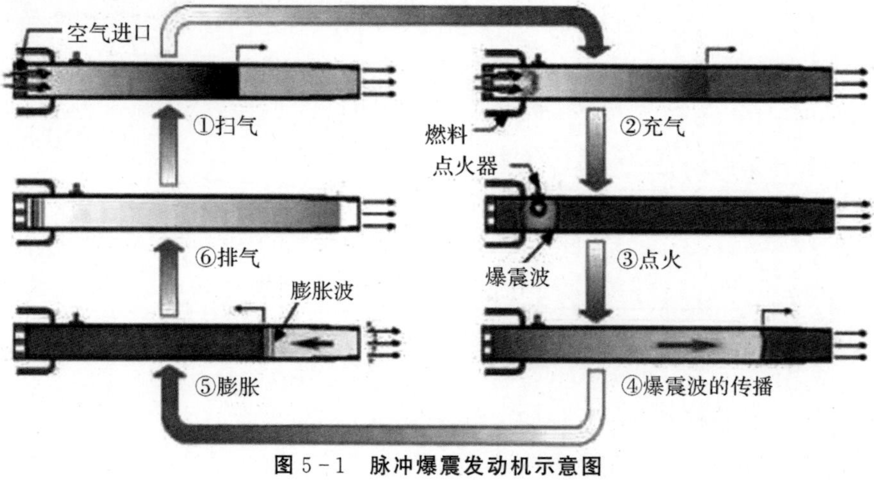

图 5-1　脉冲爆震发动机示意图

脉冲爆震燃烧技术优势如下：

（1）循环的热效率高，等压循环热效率为 0.27，等容循环热效率为 0.47，爆震循环热效率为 0.49。

（2）结构简单，质量轻，推重比大。爆震燃烧具有自增压能力，可使高压部件级数大大减少，甚至直接替代核心机，从而使发动机质量大大减轻，推重比提高。

（3）单位耗油率低。当飞行高度为 10 068 m，飞行马赫数为 0.85 时，采用脉冲爆震主燃烧室的大涵道比涡扇发动机的耗油率降低 8%～10%。

（4）增推效果好。与传统加力燃烧室相比，采用脉冲爆震外涵加力燃烧室的涡扇发动机推力可增加 1 倍。

（5）排气污染少。爆震波是超声速传播的，所以爆震燃烧快、效率高，产物在高温区停留时间短，污染物（尤其是氮氧化物）大大减少。

然而，脉冲爆震燃烧技术仍然面临着多管脉冲爆震燃烧室适用性、与压气机/涡轮的相互影响、系统性能估算方法、周期性的高压脉冲对涡轮效率以及寿命的影响、脉冲爆震燃烧噪声等多项难题。

美国、俄罗斯、日本等国已针对脉冲爆震发动机实际应用需求开展了大量的试验研究和样机试制，取得了阶段性成果。美国空军于 2008 年首次以 PDE 为动力，在改进型 Long－EZ 飞机上进行了成功的飞行演示试验。俄罗斯留里卡试验设计局于 2017 年研制出两级燃烧脉冲爆震发动机并已完成试验，发动机功率比传统的喷气发动机提高了 1.5 倍。日本筑波大学于 2007 年研制的一台脉冲爆震火箭发动机已在导轨上成功试车。

国内高校、科研院所等在增推、起爆、燃料喷射与混合、多管并联等重要关键技术方面进行了大量的基础性研究。西北工业大学发展了两种不同尺寸的以汽油/空气为燃料的 6 管并联吸气式脉冲爆震发动机（APDE）；南京航空航天大学分别设计了内径为 100 mm 的 3 管和内径为 61 mm 的 6 管气动阀式脉冲爆震试验样机，单管频率 30 Hz，多管最高频率可达 90 Hz；中国科学院力学所设计了单管 PDE，采用汽油与氧气预混，成功进行了单管工作频率为 50 Hz 的爆震点火试验；南京理工大学设计了一台内径 30 mm、总长 900 mm 的火箭式气液两相小型脉冲爆震发动机，以汽油为燃料，发动机能在 10～40 Hz 频率下多循环稳定工作；中国航天科工集团第三研究院三十一所以弹用 PDE 为背景，设计了 6 管共用进气装置 PDE 地面试验原型机，实现了在总频率 60 Hz 下的稳定工作，并产生 450 N 的正向推力。

20 世纪 40 年代，德国 Hoffmann 等人进行了脉冲爆震点火试验研究，试图寻求最佳点火频率；20 世纪 50 年代，很多学者对脉冲爆震发动机进行探索研究，其中，美国 Michigan 大学 Nicholls 教授等人将脉冲爆震发动机作为推力发动机，进行可行性试验研究；20 世纪 60 年代初，美国海军 Krzycki 等人利用与 Nicholls 相类似的试验设备，开展了丙烷/空气爆震的试验研究，并且重复了 Nicholls 的试验，积累了大量试验数据；20 世纪 70 年代，苏联的 Korovin 研究用于磁流体发电和化肥制造的工业型脉冲爆震反应器，在无重大维修下工作 2 000 h；20 世纪 80 年代后期，美国海军研究生院的 Helman 等人提出了吸气式脉冲爆震发动机概念，使 PDE 向成为未来飞行器的动力装置迈出了重要一步。这大大激发了业界对脉冲爆震发动机的研究兴趣，除美国政府研究机构和 PW、GE、波音和洛克希德·马丁等公司以外，日本、加拿大、法国、比利时、俄罗斯以及以色列等国的研究单位与学术界也积极开展脉冲爆震发动机技术研究。特别是，作为实现涡轮发动机推力增大新方案，涡轮发动机用外涵道脉冲爆震加力燃烧室、脉冲爆震加力燃烧室、脉冲爆震燃烧室等概念在 21 世纪得到美国政府研究机构、工业部门和大学的一致认可，在理论与实验研究方面开展了大量的探索与研究，目前已经成为未来高性能、轻质量、低成本航空发动机的潜在方案。

进入 21 世纪后，人们对脉冲爆震/涡轮组合发动机的研究以脉冲爆震燃烧室为主。

根据脉冲爆震燃烧室位置的不同，可以将脉冲爆震涡轮发动机大致分为以下四个类型，如图 5－2 所示：①用脉冲爆震燃烧室替代涡喷/涡扇发动机的主燃烧室，形成以脉冲爆震燃烧室为主燃烧室的涡喷/涡扇发动机；②用脉冲爆震燃烧室替代涡喷/涡扇发动机的加力燃烧室，形成以脉冲爆震燃烧室为加力燃烧室的涡喷/涡扇发动机；③用脉冲爆震燃烧室代替涡轮轴/螺旋桨发动机的主燃烧室，形成以脉冲爆震燃烧室为主燃烧室的涡轮轴/螺旋桨发动机，此时，脉冲爆震产物的能力主要用来输出轴功；④用脉冲爆震燃烧室替代涡扇发动机的外涵加力燃烧室，形成带脉冲爆震外涵加力燃烧室的涡轮风扇发动机。

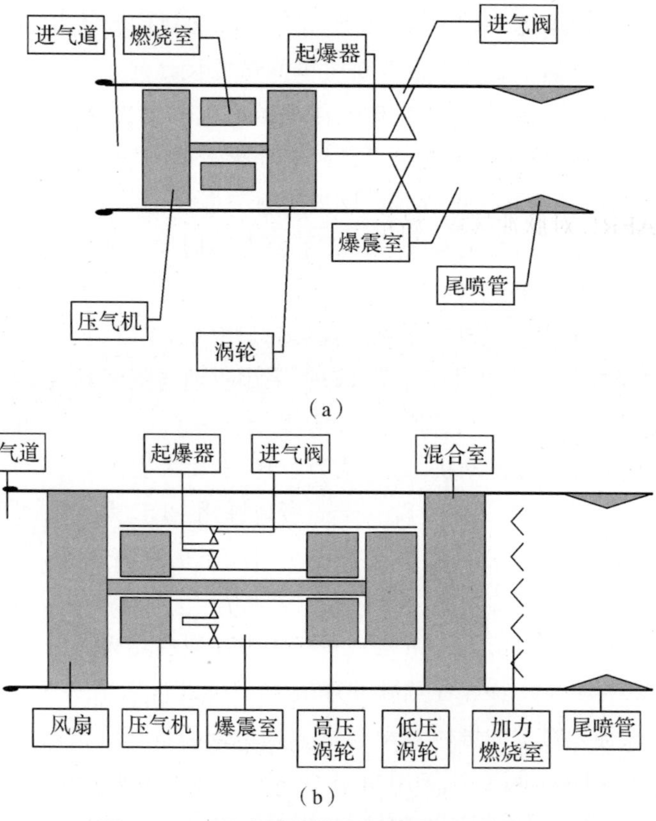

图 5－2　不同类型的脉冲爆震涡轮发动机

(a)以脉冲爆震燃烧室为主燃烧室的涡喷发动机；(b)以脉冲爆震燃烧室为加力燃烧室的涡扇发动机；

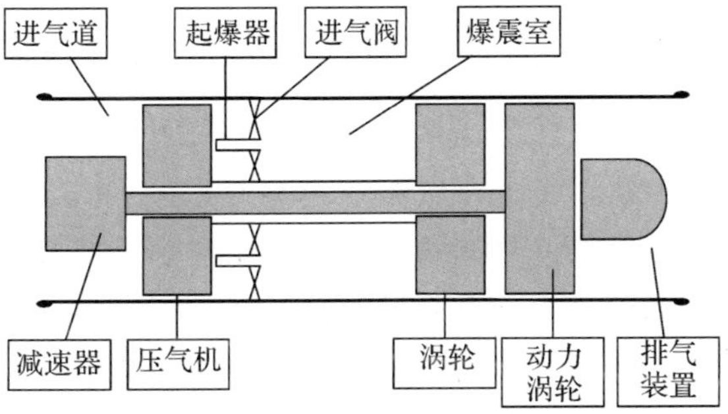

(c)

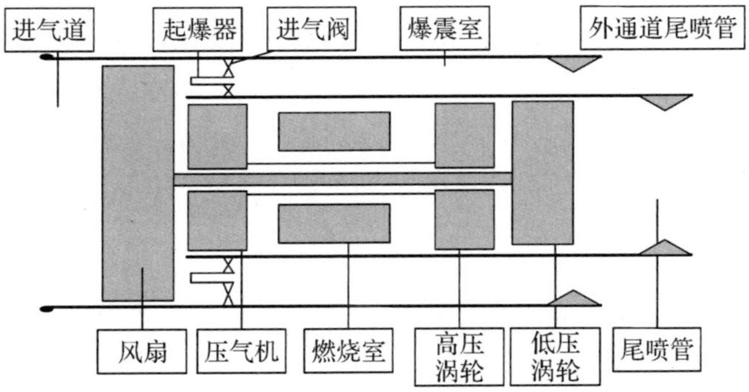

(d)

续图 5-2　不同类型的脉冲爆震涡轮发动机

(c) 以脉冲爆震燃烧室为主燃烧室的涡轮轴/螺旋桨发动机；

(d)带脉冲爆震外涵加力燃烧室的涡轮风扇发动机

GE 公司和 AFRL 对脉冲爆震/涡轮组合发动机的研究较多。

1. GE 公司的研究

2007—2011 年，GE 公司全球研究中心 Venkat 等人建立了脉冲爆震燃烧室模型(见图 5-3)，对脉冲爆震燃烧室进行了试验。该研究目的：①研究多管脉冲爆震燃烧室的适用性；②评估涡轮的效率；③量化多管脉冲爆震燃烧室与涡轮的相互影响；④定量涡轮的力学响应；⑤获取验证计算方法的试验数据。

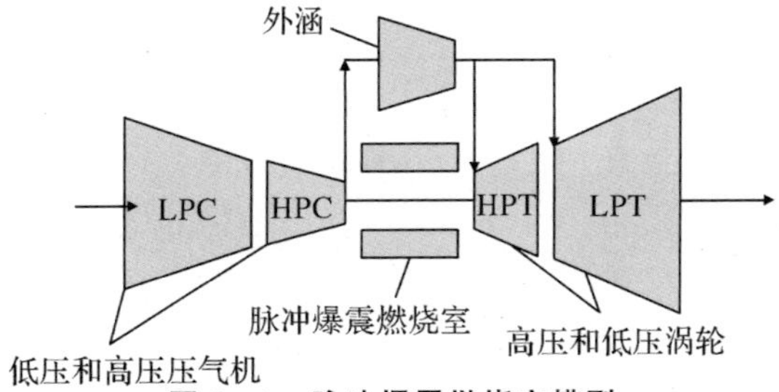

图 5-3　脉冲爆震燃烧室模型

该试验研究是在 GE 公司全球研究中心大型缩比多管脉冲爆震燃烧室/涡轮组合系统上进行的。该系统由环形排列的 8 个脉冲爆震燃烧管和 1 台单级轴流涡轮组成。单级轴流涡轮的额定流量、转速和功率分别为 3.63 kg/s、25 000 r/min、746 kW。Adam 利用高频压力传感器研究了流路内压力波间的相互干扰和流经涡轮时的衰减变化，以及多管脉冲燃烧室在单管点燃、所有管同时点燃、所有管依次点燃等 3 种不同点火条件下的工作情况。试验数据分析显示：脉冲爆震燃烧室出口对涡轮室的工作具有一定的影响；另外，气流通过单级轴流涡轮时，峰值压力脉冲减少 2 dB，宽频噪声减少 10 dB；最终试验表明，如果对低于预期的燃油设计进行改进，脉冲爆震/涡轮组合发动机结构的效率可以提高 25%。

2. 美国空军研究试验室(AFRL)的研究

2002—2003 年，美国空军研究试验室的 Sivarai 等人将脉冲爆震燃烧室与涡轮增压器联合进行试验，并且通过高速压力转换器确定在爆震和放气过程中放置涡轮的影响。试验采用自吸气式脉冲爆震燃烧室和 GarrettT3 涡轮增压器。2 个同时点燃的脉冲爆震管驱动涡轮，连续工作 25 min，没有发现任何明显性能损失和损坏，从而证明了脉冲爆震燃烧室与涡轮组合方案的可行性，且平均热效率提高至 6.8%。研究还发现，涡轮能够衰减爆震波引发的震动，因而有利于降低噪声。

2010—2013 年，空军研究实验室 Rouser 等人进行了涡轮转速、涡轮压比、气流温度、速度和离开脉冲爆震燃烧室驱动的涡轮增压器不稳定排气密度的研究，以及脉冲爆震燃烧室驱动径向涡轮的能力和其适用性的研究，确定了涡轮进出口流场特性、时间分辨涡轮功率、循环平均单位推力以及等焓涡轮效率之间的关系。研究还提出并评估了不稳定涡轮效率的表述，计算出热传递影响，以及包括扩展加权的总压比和统计的多个循环平均值。目的是设计试验设备，对脉冲和稳定状态下涡轮的性能进行对比。

此项研究最终采用压缩空气代替燃烧燃气驱动轴向涡轮，模拟脉冲爆震燃烧室循环。通过随电机旋转的球状阀门模拟脉冲爆震燃烧室冷气流，转动阀放置在增压室上游，并将气流分为 6 股。2 个带有控制装置的高压电动机驱动阀门在所需频率下转动。

此项研究前期表明，采用脉冲爆震燃烧室比采用等压燃烧室的单位推力增大 41.3%，耗油率减小 27.8%。这意味着，通过脉冲爆震燃烧室驱动涡轮增压器增大单位推力是发展趋势。然而，此项研究的后期表明，循环平均涡轮效率比制造商报告的常规稳定涡轮的最大效率低 30%。但是，爆震燃烧获得的性能提高在一定程度上比涡轮性能衰减要多。稳定与非稳定涡轮工作的对比表明，当产生相同推力时，脉冲爆震燃烧室驱动的非稳定状态工作涡轮效率较低。因此，未来脉冲爆震燃烧室驱动涡轮的潜力在于产生比稳定燃烧驱动涡轮更大的推力。

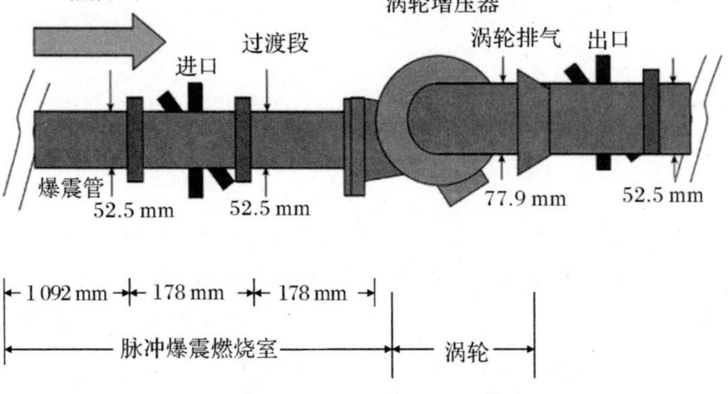

图 5-4 脉冲爆震燃烧室与涡轮增压器装置示意图

5.1.2　旋转爆震发动机

目前，人们对于驻定爆震与脉冲爆震都已经展开了大量研究。然而，驻定爆震要求飞行器飞行速度不低于 C-J 爆震速度，且需防止可燃混气在形成驻定爆震之前提前燃烧，所以驻定爆震工程化尚面临不少技术挑战。此外，人们对多次反复起爆的机理认知尚不充分，导致脉冲爆震发动机可靠触发等问题仍未良好解决，相关研究有待进一步开展。连续旋转爆轰发动机属于一种新概念发动机，该发动机通常采用环形燃烧室，如图 5-5 所示，推进剂分别通过喷孔和环缝进入燃烧室，点火引爆推进剂，在燃烧室上游形成一个或者多个周向传播的爆轰波，同时在下游形成相应的斜激波，高温、高压爆轰产物迅速膨胀，从尾部高速排出，进而产生推力。连续旋转爆轰发动机(Continuous Rotating Detonation Engine，CRDE)具有结构紧凑、热力循环效率高、推重比大等优点，不仅适用于火箭基和冲压基，还可以与涡轮、涡扇等发动机组合使用，在军用飞机、导弹、临近空间飞行等领域具有良好的应用前景。

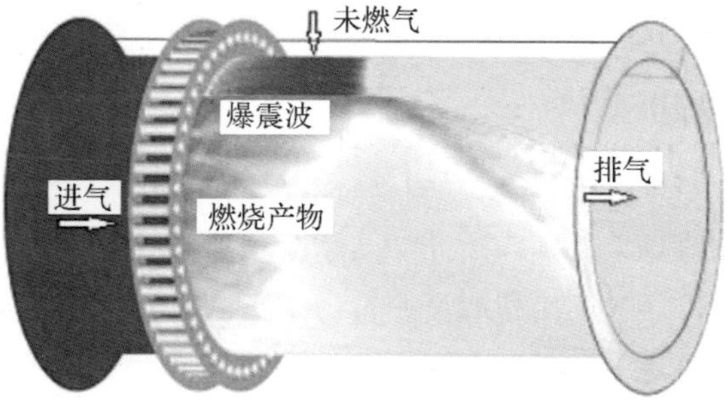

图 5-5　旋转爆震发动机示意图

20 世纪五六十年代，苏联拉夫连季耶夫流体力学学院(LIH)的 Voitsekhovskii 首先在圆盘形燃烧室内实现了 C_2H_2/O_2 连续旋转爆轰，并采用速度补偿法对旋转爆轰波的结构进行了研究。美国密歇根大学受爱德华空军基地委托，对火箭基连续旋转爆轰发动机的可行性进行了验证，Nicholls 和 Adamson 等人采用不同气态燃料，以氧气作为氧化剂，所获得的爆轰波仅旋转一圈后即熄灭，未能形成稳定自持传播的爆轰波。由于当时实验条件有限，认为 CRDE 研制难度过大，旋转爆轰面临着诸多技术难题。在随后的几十年里，CRDE 的研究进入低潮，仅俄罗斯 LIH 的 Bykovskii 等人开展了该方面的研究并持续至今，主要研究了燃烧室构型、燃料和氧化剂的种类以及喷注条件对流场结构和爆轰波传播特性的影响，取得了丰富的研究成果。

21 世纪，由于对高速推进系统的迫切需求和实验条件的日益成熟，CRDE 受到了全世界范围的重视，除了俄罗斯，法国、波兰、美国、中国、日本等国也陆续开展了相关实验和数值仿真研究。

法国将连续旋转爆轰波火箭发动机的研究纳入法国国家科学研究中心(CNRT)“未来推进技术”的研究范畴。法国普瓦捷大学在 21 世纪初便开始了 CRDE 的实验研究，随后欧洲导弹集团公司(MBDA)与俄罗斯 LIH 研究所合作进行火箭基连续旋转爆轰发动机的实验研究，除此之外，法国的 Roxel 和法国国家科学研究院(CNRS)也开展了相应的数值仿真研究。MBDA 法国公司在 2011 年巴黎航展上公布了 CVS401 英仙座导弹系统远景概念项目，此项技术创新使用连续旋转爆轰冲压发动机作为动力系统，预计于 2030 年列装的多用途攻击武器系统，替代现有的重型反舰导弹和巡航导弹。

波兰华沙科技大学与新加坡、日本、韩国等国开展密切合作。Wolanski 提出了涡轮连续旋转爆轰组合发动机的概念，并对组合发动机的性能进行了初步测试。

20 世纪初，美国重新开启了 CRDE 的研究，主要包括空军研究实验室、海军研究实验室、辛辛那提大学、Texas 大学 Arlington 分校、Innovative Scientific Solutions 公司以及波音公司等多家单位。多数单位针对气态燃料连续旋转爆轰的传播特性、流场结构、推进性能以及组合发动机应用等方面展开了研究，关于液态燃料方面的研究较少。海军研究实验室研究人员表示：与传统的燃气轮机相比，CRDE 能够在增加 10％动力的基础上减少约 25％的燃料消耗。

日本的名古屋大学、青山大学、九州理工学院等单位也进行了大量关于爆轰波精细流场结构、传播机理、发动机的推力性能以及与涡轮组合等方面的研究。

国内的北京大学、国防科技大学、清华大学、南京理工大学和哈尔滨工程大学等单位也对 CRDE 开展了大量的实验和数值仿真研究，并取得了丰富的研究成果。

5.1.3 斜爆震发动机

斜爆震发动机无需额外点火起爆，燃料在进气道头部喷注并与超声速气流掺混，利用超高速气流在机体上形成的斜激波预压缩和加热诱导产生驻定爆震波，可燃混合物在燃烧室内以驻定斜爆震的方式充分燃烧后膨胀产生推力。

斜爆震也是目前实现驻定爆震的唯一方式。所谓驻定爆震，是实现吸气式高超声速动力燃烧组织的一种理想方式。驻定爆震发动机的概念已经在 1958 年由 Dunlap 等人提出，甚至早于连续旋转爆震发动机，但由于理想的正驻定爆震要求来流速度恰好等于 C－J 爆震速度，一般难以满足，到目前为止，实现驻定爆震仍然只能依靠斜爆震，即可燃反应物以高于 C－J 爆震速度的来流冲击楔形或锥形壁面，形成反应面和斜激波耦合的爆震波。斜爆震的理论最早于 20 世纪 60 年代建立，Pratt 对相关理论进行了较为详细的阐述。

其特点主要体现在以下几个方面：①爆震燃烧允许进入燃烧室的气流流速高($Ma>4$)，进气过程无需大的压缩比，总压损失小；②燃烧室静温低，为燃料化学能释放留下更大温差空间，发动机可工作的油气比范围宽，推力调节范围大；③斜爆震燃烧放热过程近似等容，循环热效率高，可获得更高的比冲性能；④斜爆震燃烧放热过程时间/空间尺度小，燃烧室长度可大幅度缩短，高热载荷内流道面积小，防护难度大大降低。

理论上，基于斜爆震构建的吸气式斜爆震发动机（ODE）能够适应较宽范围（大于 C－J 爆震速度）的高超声速飞行，且具有爆震发动机的热循环效率，在高马赫数飞行工况下具有显著优势。图 5－6 为给出斜爆震发动机的典型结构示意图，斜爆震发动机主要由进气道、燃料喷注单元、燃烧室和喷管四部分组成。超声速来流经过飞行器前体/进气道压缩后与喷入的燃料混合形成可燃混气，进入燃烧室后在楔形壁面上再次压缩并起爆形成驻定的斜震爆波，随后高温燃气在喷管内膨胀产生较大的推力。与传统超燃冲压发动机不同，斜爆震发动机燃料在进入燃烧室前即被喷入，如何避免可燃混气在形成斜爆震前提前燃烧一直是实现这一技术的重要挑战，相关的实验和数值研究还有待进一步展开。

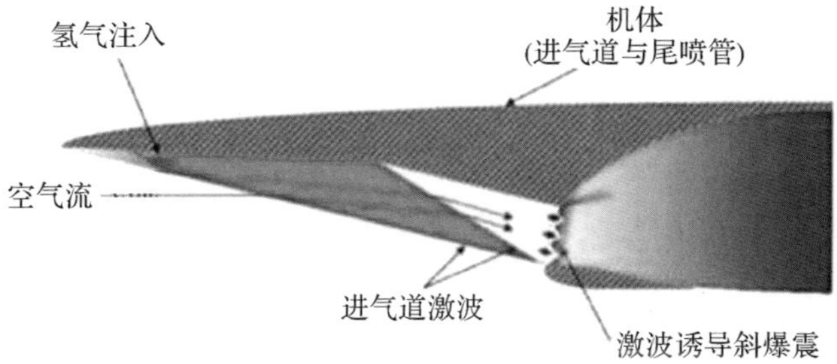

图 5-6　斜爆震发动机示意图

斜爆震发动机还有一种与常规超燃冲压发动机结构形式更相似的燃料内喷构型，即燃料在进气道出口的掺混段内与经进气道压缩的空气混合，在达到一定掺混程度后，再进入斜爆震燃烧室燃烧释热。通常称前者为外喷构型，后者为内喷构型，两种构型斜爆震发动机分别如图 5-7(a)(b)所示。对于内喷构型，当飞行马赫数很高时，过高的气流速度导致燃料在进气道之后的喷注面临着掺混段过长的问题。外喷构型将燃料喷注提前至前体或进气道内，利用高马赫数飞行器前体/进气道细长的特点，大幅增大掺混距离，保证燃烧室前燃料与空气的均匀混合。因此，从原理上看，外喷构型相比于内喷构型更加适合更高马赫数的飞行条件，并且内喷构型可以看作是常规超燃冲压发动机向更高马赫数发展时，与外喷构型斜爆震发动机之间的一种过渡构型。但对于外喷构型斜爆震发动机，进气压缩与燃料掺混紧密耦合，同时需要避免高总温来流条件下燃料在进入燃烧室前提前自燃，这些给设计及工程化研制带来诸多新的技术挑战。

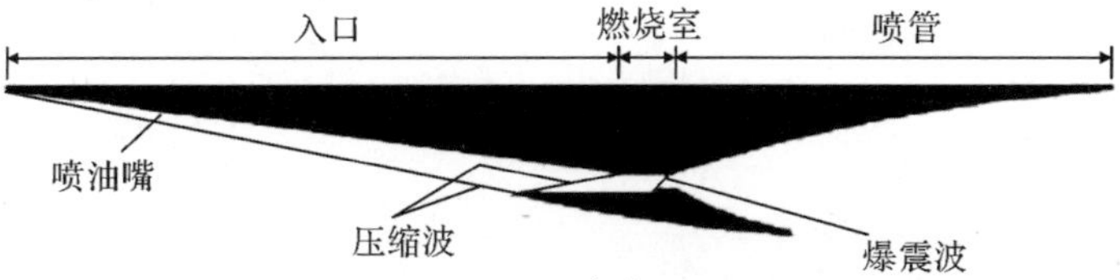

(a)

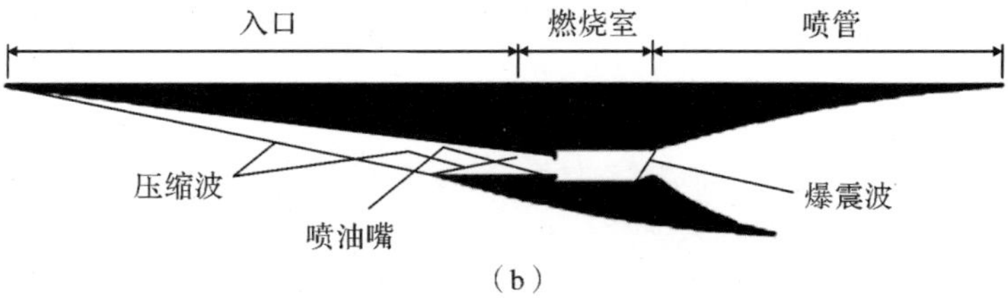

(b)

图 5-7　斜爆震发动机的两种构型

(a)外喷式构型；(b)内喷式构型

国外对斜爆震发动机的研究要追溯到 20 世纪 50 年代，美国密歇根大学的 Dunlap 等人首次把稳定的爆震燃烧方式应用于吸气式发动机。60 年代之后，建立了初步的斜爆震波的驻定边界模型。80 年代后开展了大量的斜爆震波流场结构的数值研究，并进行了相关的试验，以证实斜爆震复杂的流场结构，同时总体性能和设计方法也得到相应的发展。

国内对斜爆震发动机的研究始于 20 世纪 90 年代。中国航天科工集团第三研究院三十一研究所在 2011 年提出了带有磁流体能量旁路的驻定爆震发动机，开展了马赫数为 8～12 飞机-发动机一体化全流场数值仿真。中国人民解放军国防科技大学开展了马赫数为 3 的斜坡诱导斜爆震波的试验研究，提出了一种超声速爆震发动机及其推进系统的设计专利。中国航空发动机研究院建立了斜爆震发动机设计软件，设计了飞行马赫数为8、飞行高度为30 km的斜爆震发动机模型。中国科学院力学研究所开展了斜爆震波结构相关的数值仿真研究，针对斜爆震波阵面上出现的突变和平滑两种结构，首次提出了判定准则。

北京理工大学滕宏辉课题组开展了大量针对斜爆震发动机内真实物理过程的模型化研究，近期重点研究了非定常来流导致的斜爆震波面强迫失稳现象。图5-8所示为来流扰动作用下斜爆震波面三波点结构TP1～TP4随时间演变过程(无量纲温度流场)，图中x、y、t均无量纲。该课题组系统分析了斜爆震波结构随飞行工况的变化规律，并对比了不同结构斜爆震波的热效率，近期进一步开展了斜爆震发动机燃烧室出口流道偏转对斜爆震波驻定结构及稳定性的影响研究，分析了其内在物理机制，相关研究为斜爆震发动机燃烧室及喷管设计提供了重要理论基础。

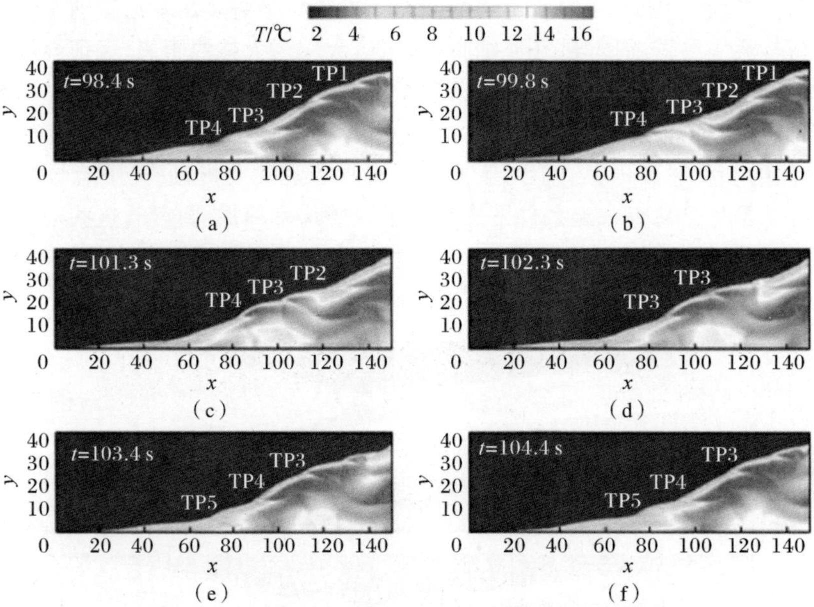

图5-8 来流扰动作用下斜爆震波面温度分布云图

2021年，中国科学院力学所高温气体动力实验室的姜宗林团队在《中国航空学报(英文版)》上发表文章，宣布已经在$Ma=9$的风洞里成功进行了氢燃料的斜爆震发动机测试，标志着中国研制出真正的斜爆震发动机样机，同时掌握了必要的高超声速风洞测试斜爆震发动机的技术和能力。

5.1.4 内燃波转子发动机

内燃波转子(见图5-9)是采用连续工作热射流作为点火源，一系列沿周向均匀分布的波转子通道绕中心轴旋转，波转子通道旋转经过进气端口、点火端口和排气端口时依次经历混气填充、点火及爆震燃烧、排气等过程，高温、高压燃气经排气端口排出，推动涡轮产生轴功率。

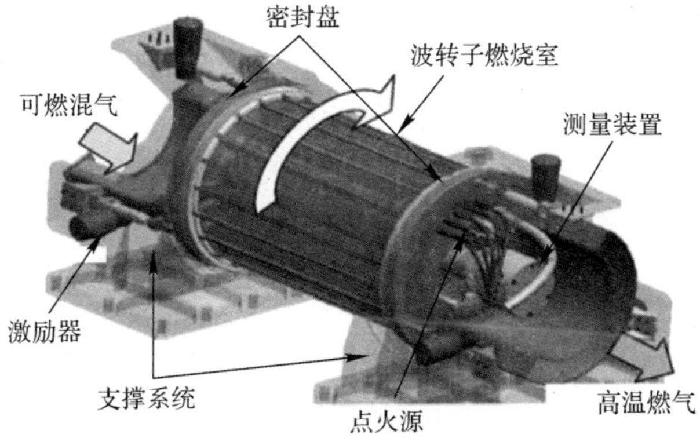

图 5-9　内燃波转子示意图

美国、英国等国家在内燃波转子发动机方面开展了相关的论证、数值模拟和试验验证研究。GE公司于1956—1959年设计制造了一台内燃波转子验证机；20世纪90年代，NASA选择CV501-KB5S发动机为基准机，开展以内燃波转子为未来燃气涡轮发动机核心机的相关技术研究(见图5-10)。罗罗公司、普渡大学等于2000年组成联合团队开展内燃波转子燃烧过程及燃烧性能研究，2009年进行了初步燃烧试验。试验以乙烯为燃料，空气为氧化剂，波转子转速为2 100 r/min，成功实现了内燃波转子的增压燃烧(见图5-11)。

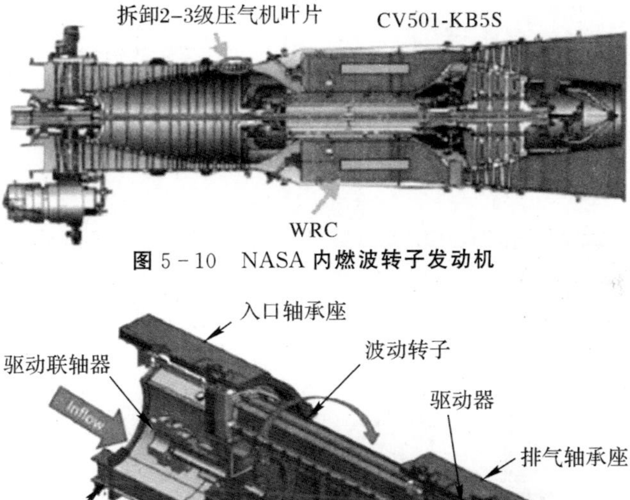

图 5-10　NASA 内燃波转子发动机

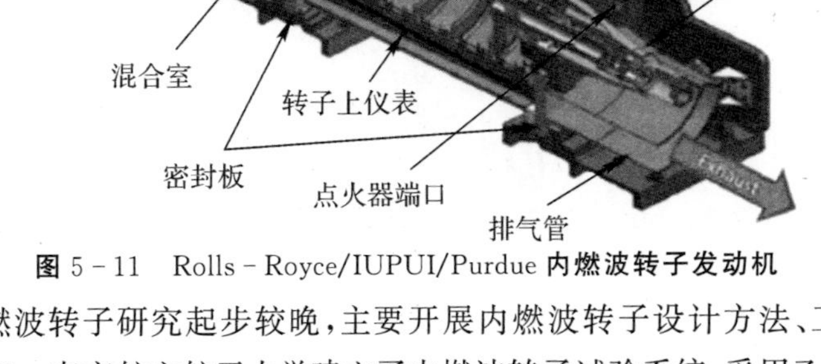

图 5-11　Rolls-Royce/IUPUI/Purdue 内燃波转子发动机

国内关于内燃波转子研究起步较晚，主要开展内燃波转子设计方法、工作机制、燃烧过程等的探索性研究。南京航空航天大学建立了内燃波转子试验系统，采用乙烯为燃料、空气为氧化剂，成功实现了增压燃烧。试验过程中，利用动态压力传感器采集波转子通道内燃烧波、膨胀波等复杂波系的发展过程，同时利用高速摄影技术拍摄了波转子通道内的火焰传播过程。

5.2 国内外典型爆震发动机项目

5.2.1 俄罗斯科学院 Semenov 化学物理研究中心 PDE 项目

俄罗斯科学院 Semenov 化学物理研究中心进行了大量有关爆震发动机的理论以及实验研究。

该研究中心开发了一种设计新颖的脉冲爆震燃烧室演示器，该演示器基于在单独进料的液态烃燃料(丙烷-丁烷混合物)和空气的混合物中进行的循环爆燃一爆轰过渡，如图 5-12 所示。在推力测量台上，对装有空气导管的演示器进行了防火测试，工作频率高达 20 Hz。在测试过程中，监测了气动管道中的波浪过程，并测量了燃油消耗率和推力。当演示器的操作频率为 2～15 Hz 时，基于燃料的比冲为 1 000 s。结果表明，用燃料混合物对充气管进行部分填充，可以将比冲增加到 1 100 s。

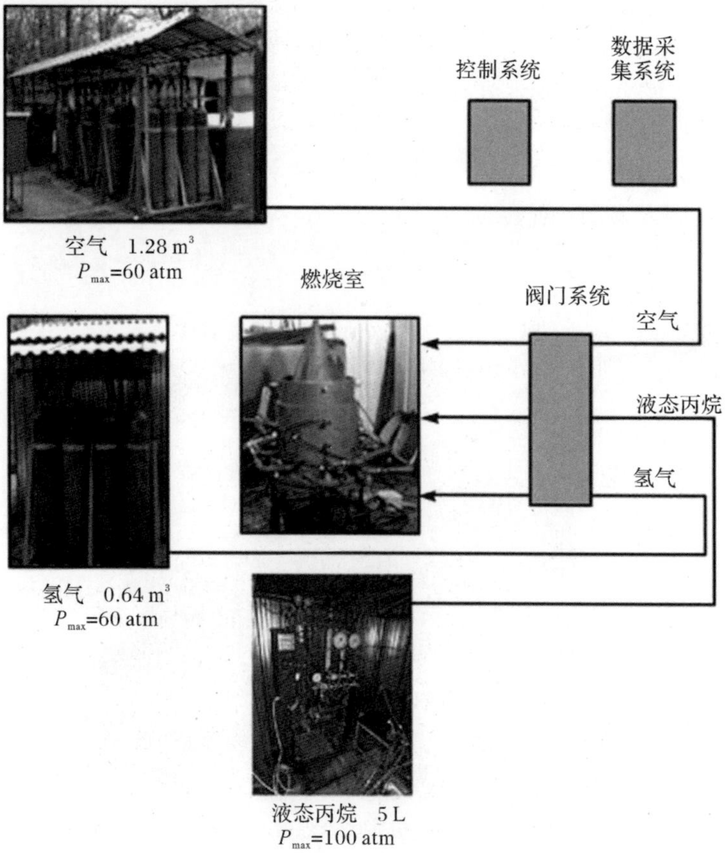

注：1 atm＝101 325 Pa

图 5-12 三元混合燃料连续爆震发动机实验结构

5.2.2　美国空军混合爆震发动机重点发展项目

美国空军研究实验室在采用碳氢燃料的吸空气式脉冲爆震发动机和脉冲爆震火箭发动机方面做了大量工作。2004 年，研究人员使用一种自己设计制造的超临界燃料喷射系统实现了 JP－8 燃料在空气中的爆震，该喷射系统不但结构简单，而且喷出的燃料不会积碳。2004 年秋天，他们又成功完成了世界上第一架以脉冲爆震发动机为动力的有人驾驶飞机的地面声学和振动试验，试验的初步结果显示，该飞机的声学水平与 B－1B 轰炸机相当。

美国空军于 2008 年 1 月 31 日首次以 PDE 为动力，在改进型的 Long－EZ 飞机(N90EZ)上成功进行了飞行演示试验(见图 5－13)。其发动机由 4 个能产生频率为 80 Hz 的脉冲爆震的管子组成，产生了 890 N 推力。该飞机在近 30 m 高度自主飞行了 10 s。

图 5－13　以 PDE 为动力的 N90EZ 在跑道滑行

5.2.3　NASA PDE 项目

NASA 从 20 世纪末开始就制订了有关脉冲爆震发动机的研发计划。1998 年，NASA 计划用三年时间投资 1 亿美元研制适用于助推级的脉冲爆震火箭发动机技术，之后完成了概念验证试验，并且高频反复爆震也获得成功，同时实现了真空起动，并于 2005 年研制出了实验用发动机(见图 5－14)，2009 年研制出了全尺寸可飞行的发动机。

图 5－14　在 NASA 格伦研究中心航空声学推进实验室内点火的脉冲爆震发动机

NASA 格伦研究中心的脉冲爆震发动机技术项目的目标是，评估在商用和军用亚声速与超声速混合燃气涡轮发动机以及进入太空应用的组合循环推进系统中采用的脉冲爆震燃烧技术。几家公司和政府实验室已经开发了多个高频(>60 Hz)脉冲爆震燃烧室。同时,格伦研究中心和德雷登飞行研究中心还在联合实施“纯”脉冲爆震发动机飞行研究计划,其主要目标是提高近期应用的综合脉冲爆震发动机系统的技术完备等级。

5.2.4 GE 公司 PDE 验证机

GE 公司于 2002 年 6 月运行了一台 PDE,并产生了推力,2003 年确定 PDE 验证机的结构,2003—2004 年进行了设计工作和早期的部件实验,2005—2006 年运行了全尺寸的验证机。

GE 公司目前的重点是开发超声速运输机的动力装置,目标是开发基于涡轮发动机的混合脉冲爆震发动机(见图 5-15),现主要针对不补充氧就能起动爆震的航空燃料进行试验和计算研究。

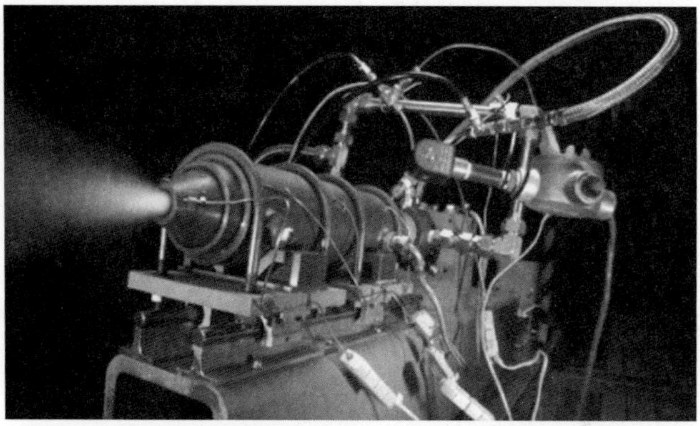

图 5-15 乙烯燃料脉冲爆震发动机在 GE 电气研究中心的试验台上点火

5.2.5 清华大学自主设计新型旋转爆震冲压发动机

清华大学自主设计了新型旋转爆震冲压发动机(其试验台见图 5-16),已于 2022 年 1 月完成了首飞试验。通过飞行试验获得了真实飞行条件下,工作环境参数变化对旋转爆震燃烧运行特性的影响,证实了旋转爆震燃烧技术的可行性,为这项技术走向工程化和产品化提供了重要的试验数据。清华大学还开展了双流道多环腔旋转爆震涡轮发动机的系统方案,提出了有效抑制反压回传的隔离段方案,实现了涡轮机械与旋转爆震燃烧室的兼容。

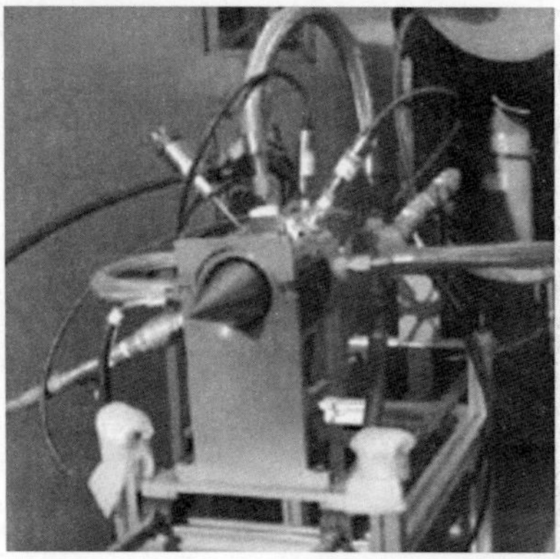

图 5-16 清华大学旋转爆震发动机试验台

5.2.6　俄罗斯全尺寸 RDE 火箭发动机成功试验

2014 年，在俄罗斯先期研究基金会支持下，由俄罗斯科学院西伯利亚分院、拉夫连季耶夫流体力学研究所和莫斯科航空学院共同组建了爆震液体火箭发动机实验室。2016 年 7—9 月，该实验室在世界上首次成功对一台全尺寸的液氧/煤油旋转爆震火箭发动机（见图 5-17）进行了试验，获得了频率约 20 kHz 的可稳定传播的旋转爆震波（传播速度大致为 8 000 r/s），并产生稳定推力。试验发现，相对于相同推力量级的常规火箭发动机，旋转爆震火箭发动机的推力提高了 10%，比冲提高了 10%～15%。结果充分验证了将爆震燃烧应用于火箭发动机的性能优势。

图 5-17　俄罗斯旋转爆震发动机

5.2.7　法国基于冲压旋转爆震发动机的超声速导弹列装

法国一方面与俄罗斯开展国际合作，一方面自己研制，将旋转爆震发动机的研究列入了法国国家科技研究中心的未来推进技术项目中。将高频压力频谱分析方法作为研究手段，证实了氢气/氧气、煤油/氧气、煤油/空气等多种燃料/氧化剂组合，在长度为 1 000 mm、内径为 50 mm 的旋转爆震发动机（其试验台见图 5-18）中可实现旋转爆震波的点火起爆和稳定传播，在以煤油/氧气组合的旋转爆震发动机上获得了 2 750 N 的推力。另外，还进行了发动机推力矢量调节能力、符合材料热防护等试验。

2011 年 6 月 21 日，MBDA 公司公布基于旋转爆震发动机的“英仙座”超声速导弹系统概念，指出新型的冲压旋转爆震发动机（见图 5-19）大大提升了超声速导弹的性能，基于冲压旋转爆震发动机的“英仙座”超声速导弹预计于 2030 年列装。

图 5-18　旋转爆震发动机试验台

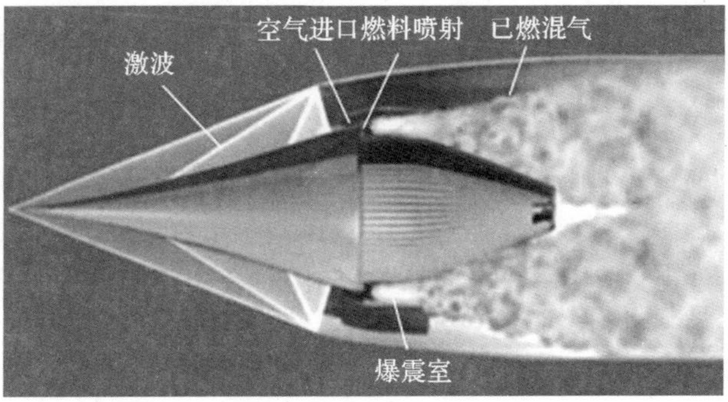

图 5-19　MBDA 公司旋转爆震冲压发动机

5.3 PDE 爆震发动机研发关键技术

5.3.1 高压和高动态载荷材料

脉冲爆震发动机的中的爆震波以高超声速传播，能产生极高的燃气压力（10～100 atm）、燃气温度（大于 2 300 ℃）和燃气速度（爆震波速为 3 000 m/s 左右）。同时，为了产生更高的近似连续的推力，需要足够大的工作频率。据报道，在有些试验中每隔 14～18 μs 便可观察到一次压力峰值，即压力峰值频率在 0.055 6～0.071 4 MHz。这些都对脉冲爆震发动机的材料提出了很高的要求。因此，为了解决爆震发动机的实际应用问题，一个主要的障碍就是高温工作环境。可采取的策略有研制新的高温高强度材料，在爆震室表面喷涂陶瓷热障涂层，采取高效的冷却措施，等等。

5.3.2 连续高频爆震波的起爆、控制和保持

脉冲爆震波的高频触发与起爆是 PDE 工作的关键，如何以小的点火能量在液体燃料和空气混合物的高速流动中产生频率可调的爆震波是首先要解决的难题。脉冲爆震发动机与传统发动机的最显著区别就是燃料的燃烧方式为爆震而非爆燃，因此爆燃向爆震的可靠转换（DDT）是展现 PDE 各种优点的必要条件，目前控制 DDT 的方式主要有机械式和气动式两种。同时，为了缩短 DDT 的距离，还可以采取一些强化爆震的措施，如采用 Shchelkin 螺旋、金属环、孔板、中心体等，其中 Shchelkin 螺旋效果较好。

在实际尺寸推力管中，爆震的起爆和保持非常困难，利用爆燃向爆震转变（DDT）过程是近期 PDE 研究的最佳方案。过去的研究及数据是在浓度均匀、无温度梯度的静止混合物中单次爆震的结果，与多次爆震的情况差异极大。另外，PDE 的工作频率达到 100 Hz 以上才能投入实际应用中，而过去的试验都是在低频下进行的，其结果很难作为高频下的设计依据。因此，要发展实用的 PDE，必须解决爆震的起爆、控制和保持这个技术难题，包括起爆能量、DDT 的方法、DDT 的强化、爆震从受限环境向非受限环境的过渡等。

5.3.3 燃料喷射与快速混合技术

考虑到燃料的安全储备条件，必须对 PDE 燃料进行精心选择，以满足其特殊的性能要求，典型的航空燃料（如 JP－10）及碳氢化合物燃料是目前的主要选择。液体燃料和氧化剂的喷射、掺混和点火也是 PDE 面临的关键难题之一。具有快速反应时间、大质量流率和高度可控性的喷射系统对满足 PDE 的高频运行十分重要。喷射系统必须满足成本、质量、体积和功率等多方面的要求。应研究与气体和液体燃料喷射、掺混有关的物理、化学和热力特性。其关键问题包括燃料与氧化剂的喷射和混合方式及其有效性，燃料与氧化剂的喷射速度及爆震起爆频率的匹配与控制，爆震燃烧对液滴尺寸、燃油浓度分布的要求，等等。

5.3.4 发动机整体集成

PDE 是非稳态工作的，在工作期间会产生强烈震动，若要使 PDE 真正投入实际应用，

必须研究在强振动环境下，保证 PDE 与飞行器及其他设备(如导航系统或光学侦察设备)具有良好的兼容性。要根据预计的传感器分辨力、设备稳定性以及采样延迟等因素仔细确定阻尼系统，研究这些关键问题以确定全尺寸样机。图 5－20 为使用 PDE 作为动力的小型无人机。

图 5－20　使用 PDE 作为动力的小型无人机

5.3.5　多管并联与控制技术

脉冲爆震发动机投入实际应用中，需要多个爆震室并联产生强大的推力。

多个爆震室使用共同的进气道和喷管，而爆震过程对来流条件敏感，因此进气道设计存在巨大的困难，需要研究进气道与多管爆震室高效一体化的方法。实际应用中，还需要完善燃料存储与增压、喷注和起爆、阀门控制和燃烧控制等系统，形成一体化综合设计方案。多管并联 PDE 具有推力平稳、推力调节范围宽广、对进气道及喷管的影响小等诸多优点，因此具有重要的工程价值。图 5－21 为 GE 公司的混合式多管脉冲爆震发动机。

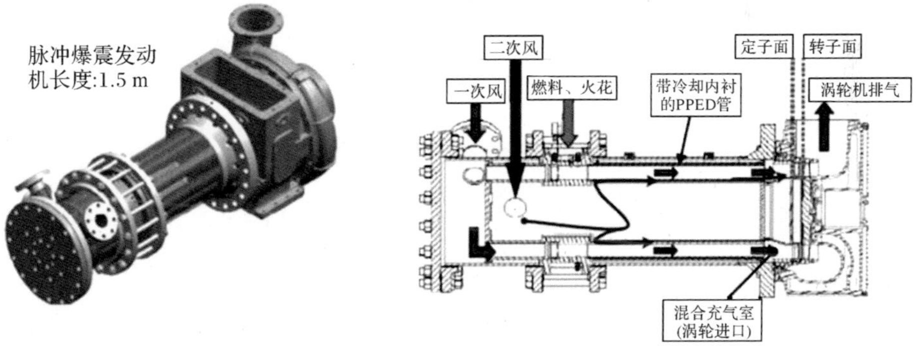

- 一种8管、罐环形多管PDE，使用化学计量C_2H_2空气引爆，以多种引射模式运行
- 使用应变仪操作系统进行5 min以上的涡轮机机械响应测量，使钻机能够实现热稳态条件，以表征涡轮机定子的机械响应

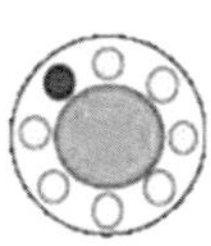

图 5－21　GE 公司的混合式多管脉冲爆震发动机

5.4 RDE爆震发动机研发关键问题

5.4.1 进气道和隔离段设计

旋转爆震冲压发动机隔离段有两个显著特点：一是发动机独特的结构设计使得其隔离段通常为环形结构，且内外壁间宽度较小，激波与边界层相互作用更加剧烈，流场关系更加复杂；二是隔离段出口的反压分布表现出空间不均匀性，爆震波扫过的区域压力大，其他环面区域则保持相对较低的恢复区压力，且每一位置的压力还随时间变化。爆震波稳定传播时，通过运动的螺旋激波对上游来流产生作用，且燃烧室背压越大，运动激波影响区域越大，对上游的影响越剧烈。综合其独特的构型以及更加恶劣的反压环境，旋转爆震发动机隔离段可能会展现出不同于常规隔离段的新的流动特性，有必要对其开展相关研究。

5.4.2 液体燃料雾化和气液两相旋转爆震

冲压式工作模态和火箭式工作模态下旋转爆震本质均是爆震波的持续传播，其工作原理相同、过程类似，但火箭式工作模态下发动机利用携带的氧化剂与燃料混合，冲压式工作模态吸入大气中的空气，影响可燃混合气的形成，进而影响旋转爆震的自持传播过程。因此，需对液体燃料雾化和气液两相旋转爆震展开研究。

5.4.3 连续爆轰下稳定可靠的起爆方法

在火箭式工作模态下，旋转爆震发动机实验大都以氧气作氧化剂，以提高混合气的活性。当旋转爆震发动机工作在冲压式工作模态时，只能以空气作氧化剂。相对于纯氧，当以空气作氧化剂时，爆震发动机初始时直接起爆的难度较大，因此有必要对以空气作氧化剂的冲压式工作模态下的旋转爆震的起爆特性进行研究。冲压式旋转爆震发动机在超声速飞行过程中可能需要重新点火，因此需研究超声速来流中爆震的起爆问题。

5.4.4 超声速来流中旋转爆震波的自持传播

爆震波的传播过程本身是非稳定的，其速度会出现周期性的波动。此外，燃料和氧化剂掺混以及超声速来流不均匀，也可能导致爆震波不稳定传播，如传播过程中波头数目、传播方向发生变化，爆震波熄灭和再起爆。同时，真实燃烧室构型复杂多变，在复杂燃烧室型面条件下，旋转爆震波的传播特性和模态均有待研究。

5.4.5 爆震波与涡轮和压气机的匹配

在旋转爆震涡轮发动机中，爆震燃烧室位于压气机和涡轮之间，爆震波在燃烧室周期性传播，流场在时间和空间上并不均匀，而压气机和涡轮只有在稳态流场中才能获得最佳效率。爆震波产生的高压阻碍了压气机进气，使压气机叶片承受较大的应力，可能导致压气机喘振。爆震波诱导的斜激波可能直接冲击涡轮叶片，后方斜激波经过涡轮叶片，一方面高温燃气在叶盆区滞止产生高压区，叶片需周期性承受较大应力；另一方面会产生向上游传播的反射激波，从而影响爆震室的进气。燃烧室出口部分区域是超声速，部分区域是亚声速，这给涡轮最优设计增加了难度。因此，需要根据旋转爆震流场特点，实现爆震波与压气机和涡轮的匹配。

5.5 ODE 爆震发动机研发关键技术

5.5.1 斜爆震驻定模型的建立

斜爆震能起爆并驻定是采用其作为高超声速发动机的一个极大优势，但通常情况下，并不是每种飞行状态都能使斜爆震成功起爆并驻定，因此斜爆震发动机中最大的难点是斜爆震的驻定问题。

5.5.2 斜爆震发动机进气系统及燃料喷射混合耦合设计技术

斜爆震发动机的燃料从进气道一级压缩板流入，与来流空气混合后进入燃烧室。在超高速条件下燃料与空气的混合极其困难，且混合不均将造成驻定斜爆震无法形成而使发动机失去动力，这与常规的高超声速进气系统的设计方法截然不同。因此，需要探索涉及多组分非平衡流的超高速进气系统及燃料喷射混合耦合设计技术。

5.5.3 斜爆震燃烧室设计技术

斜爆震燃烧室中存在斜激波、斜爆震波、横向激波等波系，使得不同飞行马赫数条件下斜爆震波不能对喷管进口处进行封口，这会造成喷管进口下壁面附近产生低速高温区，从而影响斜爆震发动机的整体性能。因此，需要对斜爆震燃烧的机理进行深入研究，并采用相关的主动流动控制技术。

5.5.4 斜爆震驻定条件及燃烧机理验证试验技术

斜爆震发动机驻定模型的建立及燃烧机理需要试验验证。目前只有零星的试验技术支撑斜爆震驻定条件及燃烧机理的研究，主要原因是：形成驻定斜爆震的气流条件相对苛刻，速度达不到就不可能形成驻定的斜爆震波；斜爆震波传播速度非常快，很难捕捉。

5.5.5 斜爆震发动机的原理验证试验技术

斜爆震发动机整机的原理验证在世界范围内还没有开展过。这主要是因为：发动机各部件设计的技术成熟度较低，尤其是驻定模型的研究还没有突破；高超声速风洞提供的试验气流的品质和持续时间不能保证，使得整机的试验验证技术发展停滞不前。

5.6 内燃波转子发动机研发关键技术

5.6.1 内燃波转子方案设计技术

内燃波转子工作过程中涉及工作时序问题，预压缩波、射流冲击波、燃烧波、膨胀波等波系的运动机理及作用机制十分复杂。准确预测复杂波系的运动规律及时序是内燃波转子气动方案设计的关键，也是技术难点，有必要开展深入研究。

5.6.2 内燃波转子点火技术

内燃波转子通常具有几十个通道，且转速很高，每个循环周期内需对每个波转子通道进行一次点火，因此需要极高的点火频率。另外，波转子通道通常比爆震管短，要在有限长度范围内实现爆震燃烧或大幅度缩短缓燃向爆震转换的距离，需要强大的点火能量。这两方面因素对内燃波转子的点火提出了很大挑战。

5.6.3 内燃波转子泄漏密封技术

内燃波转子工作过程存在转子和定子之间的运动，二者之间不可避免地会出现泄漏间隙。而内燃波转子又属于增压燃烧范畴，整个系统内存在较大压差，更加突出了泄漏问题的影响。内燃波转子内的泄漏有两个维度：一是沿周向泄漏，导致高压通道内的燃气向低压通道泄漏，严重时影响低压通道的正常工作；二是沿径向泄漏，严重影响内燃波转子的总体性能。因此，需要开发相关的泄漏评估方法，探索泄漏密封技术。

5.6.4 内燃波转子燃烧机制及燃烧组织技术

内燃波转子燃烧机理十分复杂，燃烧组织困难，主要是因为其涉及的因素多。首先，需要有与之匹配的燃料填充技术。多个波转子通道共用一个稳态的进气端口，燃料填充及掺混在进气端口内完成，混气填充的最终目标是形成既能高效稳定燃烧又能避免回火和热自燃的燃料分布，这本身就是一个技术难点。其次，波转子通道内火焰传播机制复杂，而且是在高速旋转产生的大离心力场下进行，要掌握其燃烧机制十分困难。最后，泄漏的存在、点火条件的变化、非定常波的运动、湍流自身的不稳定性等因素，都会对内燃波转子的燃烧过程产生许多不可忽略且难以预测的影响。综上所述，内燃波转子燃烧机制和燃烧组织技术是需要重点研究的核心问题，也是亟待解决的技术难题。

5.6.5 内燃波转子试验方法和手段

内燃波转子作为一种新概念燃烧技术，其所需研究的问题和试验手段均具有一定特殊性。特别是其燃烧过程在高速旋转的波转子通道内完成，传统研究方法和试验手段明显不能满足需求。因此，需要系统探索相应的试验方法和手段：一方面，通过新方法、新技术推动内燃波转子技术的研究进展；另一方面，形成试验数据库，促进相应的数值模拟技术发展。

5.6.6 内燃波转子多通道/多循环之间的协调工作技术

与多管脉冲爆震发动机类似，内燃波转子也存在协调工作的问题，主要表现在两方面：一是针对同一个波转子通道，不同循环之间存在明显差异，这不利于推进系统稳态输出推力；二是由于多个波转子通道共用一套进排气系统，加上通道之间泄漏的存在，在同一个循环周期内，不同波转子通道之间存在相互影响，严重时甚至导致部分通道不能正常工作。因此，需重点研究导致内燃波转子不能协调工作的因素及其作用机制，进而探索相应的解决手段。

5.7 国内外爆震发动机相关专利

5.7.1 一种多管脉冲爆震发动机高频率点火器系统

(1)申请号：CN201910434670.7。
(2)申请人：江苏大学。
(3)发明人：陈祥、潘剑锋、朱跃进、李剑星。
该发明中的多管脉冲爆轰发动机点火系统如图 5-22 所示。

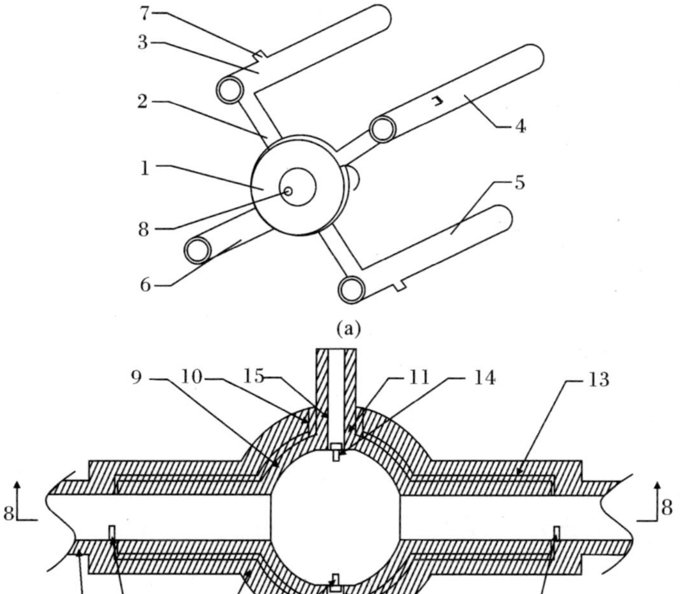

图 5-23　多管脉冲爆轰发动机点火系统

(a)立体图；(b)剖视图

1—点火器；2—点火管；3—第一爆轰管；4—第二爆轰管；5—第三爆轰管；6—第四爆轰管；7—爆轰管进气道；8—旋转轴；9—点火器转子；10—轴承；11—点火器外壳；12—第三控制阀门；13—密封垫片；14—进气喷嘴；15—进气道；16—火花塞；17—排气道；18—排气阀；19—第一控制阀门

针对现有技术中存在的不足，该发明提供了一种多管脉冲爆震发动机高频率点火器系统，其结构简单，工作频率高，能加速缓燃向爆震的转变以及实现多种工况下不同工作模式的转换。

该发明的有益效果在于：

(1)该发明的多管脉冲爆震发动机高频率点火器系统，可根据实际工作需要实现单管顺序爆轰、对称双管爆轰以及四管同时爆轰三种工作模式。

(2)该发明的多管脉冲爆轰发动机高频率点火系统，对于单管顺序爆轰、对称双管爆轰以及四管同时爆轰三种工作模式，均可实现点火器及爆震管内异步扫气、充气、点火、排气过程，提高进气效率，加快点火频率，提高脉冲爆震发动机的工作效率。

(3)应用该点火器点火可加速 DDT 过程，减小 DDT 距离，从而减小发动机体积，减轻发动机重量，增加推重比并且通过减小 DDT 时间加快多管脉冲爆震发动机的工作频率。

(4)该发明的多管脉冲爆轰发动机高频率点火系统，结构简单，适用性广，对于不同工况下所需使用的不同尺寸爆轰管均可通过调整点火器点火频率实现三种不同工作模式，工作原理简单，便于电控系统的设计。

(5)该发明的多管脉冲爆轰发动机高频率点火系统，火花塞与排气道设置在同一段中空旋转轴上，节省排气道的布置，减轻点火器的重量，并且进气道与排气道相对设置，有利于扫气与排气过程进行得更加完全。

5.7.2 一种脉冲爆震发动机燃烧室及其起爆方法

(1)申请号：CN201910376650.9。

(2)申请人：西北工业大学。

(3)发明人：王治武、潘智刚、黄晶晶、伟力斯、王亚非、刘志。

该发明中的脉冲爆震发动机燃烧室起爆原理如图 5-23 所示。

缓燃向爆震转捩(Deflagration to Detonation Transition，DDT)过程的时间决定了爆震室的长度，因此在很大程度上影响了脉冲爆震发动机的频率。为了进一步地缩短 DDT 过程的时间，实现高效、快速、短距的起爆，该发明提出了一种脉冲爆震发动机燃烧室及其起爆方法，在低能量点火的前提下，通过相应的结构设计、空间布局和点火时序等实现热射流、激波聚焦、多点点火、障碍物强化扰流等多种促爆机制和方法的有机结合，缩短 DDT 距离和时间，提高发动机工作频率，进而提升发动机性能。对于吸气式脉冲爆震发动机，由于缩短了 DDT 时间，在一个工作循环内，发动机有更多的时间用于排气，从而减小了反传燃气的总压，使得进气道内的压力脉动减小，提升了吸气式脉冲爆震发动机的推进性能。该发明的原理是：将主爆震室划分为若干分区，在分区中低能量点火后，由于分区尺寸较小，火焰在分区里面加速传播，携带大量活性基团的热射流从分区出口射出进入主爆震室，增强了点火能量；而多个分区同时点火，充分发挥了多点点火的优势，显著增加了主爆震室中的点火覆盖面积；沿周向对称分布的分区结构又实现了激波聚焦，从而增强了激波的强度；同时，分区的存在又兼顾障碍物的作用，增加了湍流度，有利于火焰的加速燃烧。

该发明的技术方案特征在于：在主爆震室内壁面上沿轴向布置有两列分区，每一列分区由若干个独立的小分区组成，每个小分区为仅一端开口的密闭结构，开口方向朝向主爆震室内端面；在每个小分区内部安装有点火器，且同一列分区中所有小分区的点火器串联，能够同时点火。

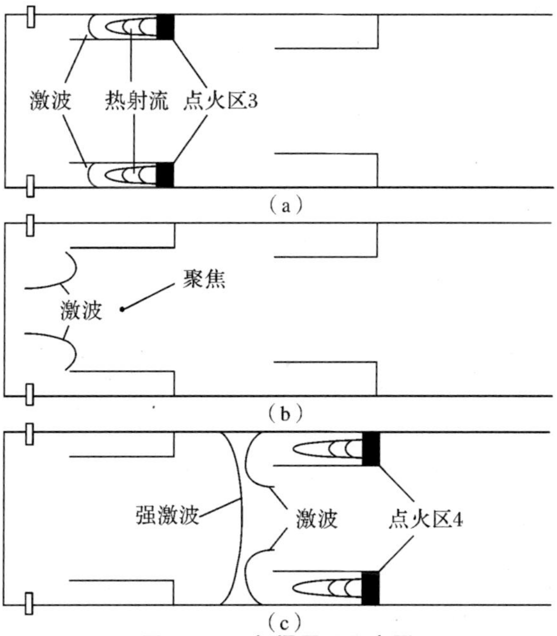

图 5-23　起爆原理示意图

5.7.3　一种脉冲爆震发动机压力反传抑制结构

(1)申请号：CN201710989389.0。

(2)申请人：西北工业大学。

(3)发明人：范玮、黄成金、李清安、鲁唯。

该发明中的脉冲爆震发动机压力反传抑制结构如图 5-24 所示。

为解决吸气式脉冲爆震发动机压力反传引起的一系列问题，该发明提出了一种脉冲爆震发动机压力反传抑制结构。该结构利用多级压力衰减装置与谐振腔相结合的方式，能够有效衰减回传波，同时抑制燃气回流。

与不加反传压力抑制装置的爆震管相比，该发明能通过抑制压力波的反传，大幅提前进气过程的到来，从而提高工作频率，同时大幅减少压力和燃气的反传，提升整体推力。

该发明不需要使用机械作动装置，从而避免了机械阀的疲劳问题、严苛的热防护问题、强度问题、频率响应问题等，使得可靠性和工作频率得到很大提升。

与一般气动阀相比，该发明通过结构间的巧妙结合，形成了多种反传压力衰减方式，综合了目前的反传抑制理论，比如钝体反射、扩张通道减压、谐振腔耗散等，具有反传压力衰减距离短、反传压力衰减效果好等特点，能够可靠地抑制爆震管的反传压力和回流燃气。该发明通过设置外股气流进入谐振腔，能够有效吹除腔内燃气，保证填充质量。该发明通过外股气流经过稀波孔进入压力衰减器的腔体，起到流动控制的作用，在正向填充的过程中能够有效减小主流的流动损失。

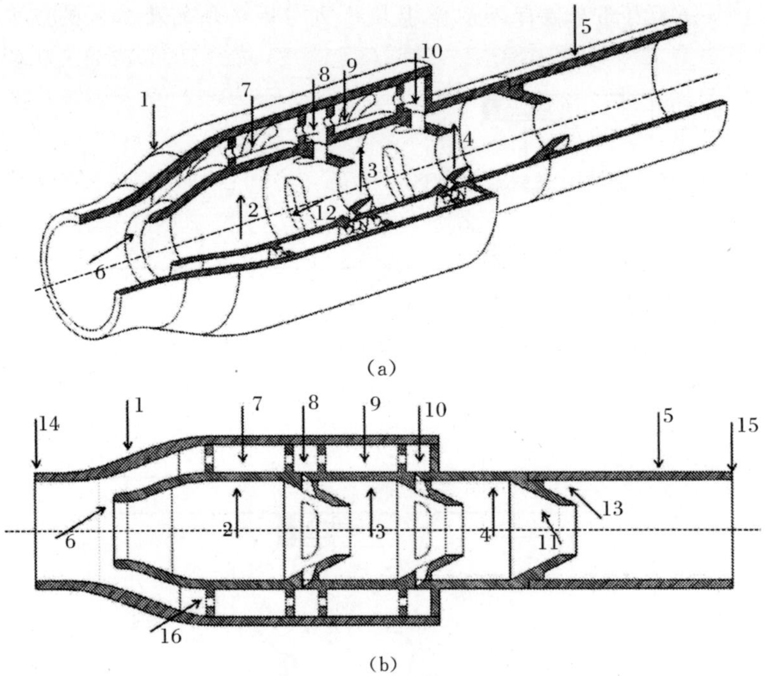

图 5-24　压力反传抑制结构剖视图

(a)轴测剖视图;(b)正向剖视图

1—环套;2—前段衰减器;3—中段衰减器;4—后段衰减器;5—爆震管;6—分气帽;7—谐振器;8,9,10—谐振腔;11—变截面通道;12—稀波孔;13—反射腔;14—前截面;15—后截面;16—进气槽

5.7.4　一种有益于壁面冷却与起爆的脉冲爆震火箭发动机供油方案

(1)申请号:CN201910168035.9。

(2)申请人:西北工业大学。

(3)发明人:范玮、董荣晓、张晋、孙云龙、贾文杰、申帅。

该发明中的供油方案如图 5-25 所示。

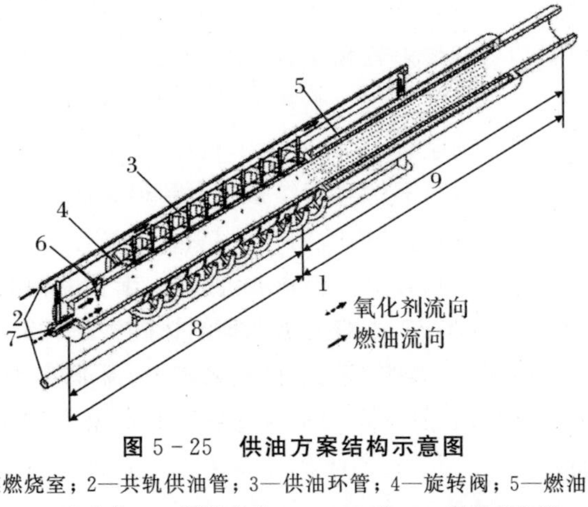

图 5-25　供油方案结构示意图

1—爆震燃烧室;2—共轨供油管;3—供油环管;4—旋转阀;5—燃油预热腔;6—火花塞;7—同轴喷嘴;8—DDT 段;9—爆震传播段

PDRE 自身的工作特性使得其对壁面冷却和燃油雾化掺混提出了很高的要求，为提升 PDRE 壁面冷却效果，提高爆震燃烧室内掺混均匀程度，减少 DDT 段的总压损失，该发明提出了一种有益于壁面冷却与起爆的脉冲爆震火箭发动机供油方案(见图 5-26)。

该发明具有以下有益效果：燃油在 PDRE 燃烧室内既作为燃料，与氧化剂掺混形成可爆混合物，又作为冷却介质很好地对燃烧室壁面进行冷却；同时由于一部分燃油被预热，爆震燃烧室内燃料喷注的均匀度与排气温度均得到提高(喷注口剖面见图 5-27)；并且这一供油方案可作为流体 DDT 方案，取代原有的固体 DDT 装置，加速缓燃向爆震的转变，有效减小起爆过程的总压损失。

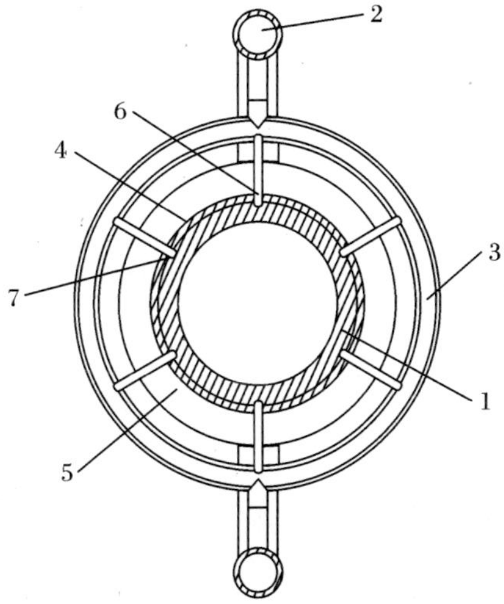

图 5-26　第一道供油环管垂直于爆震室轴线剖面图

1—爆震燃烧室；2—共轨供油管；3—供油环管；4—旋转阀；5—燃油预热腔；6—喷注孔；7—密封圈

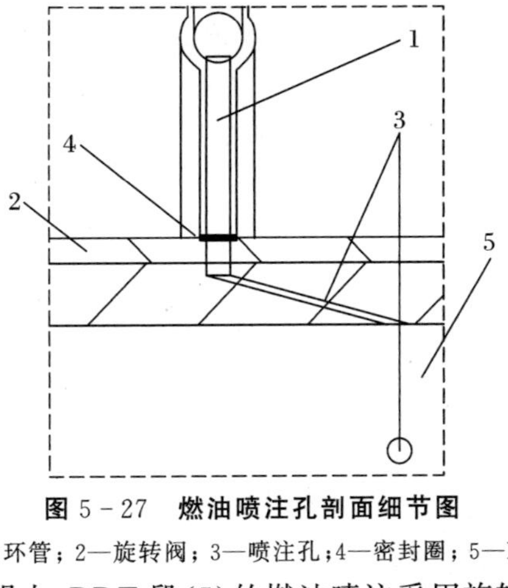

图 5-27　燃油喷注孔剖面细节图

1—供油环管；2—旋转阀；3—喷注孔；4—密封圈；5—DDT 段

如图 5-27 所示，该发明中，DDT 段(5)的燃油喷注采用旋转阀(2)控制，可实现高频的脉动喷射，其脉动频率可通过控制旋转阀(2)转速来控制；在周向上均布有若干个喷注孔(3)，使燃油与氧化剂掺混均匀，且分布式喷注能有效提高 PDRE 的工作频率。爆震传播段内的喷注采用无阀自适应的控制方式，当爆震燃烧室内压力较大时，燃油停止流入，压力降低后恢复流入，这一方式简化了系统复杂度，爆震传播段内同样通过密布发汗冷却小孔的形式，实现了分布喷注，兼以闪蒸方式优化了掺混效果。燃油预热腔内部壁面采用惰性涂层处理材料表面，能有效抑制结焦，避免结焦产物堵塞发汗孔。

5.7.5 一种脉冲爆震引射超燃冲压组合发动机

(1)申请号：CN201711200123.X。

(2)申请人：西北工业大学。

(3)发明人：王治武、伟力斯、潘智刚、郑尚喆、李红伟、郑龙席。

该发明中的超燃冲压组合发动机如图 5-28 所示。

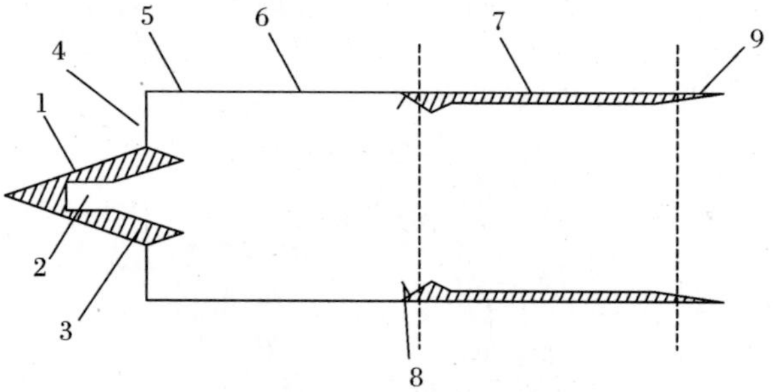

图 5-28 该发明的装置图

1—脉冲爆震燃烧器；2—主爆震室；3—爆震燃烧器喷管；4—引射器入口阀门；
5—引射器；6—混合隔离段；7—二次燃烧室；8—燃料喷嘴；9—引射器喷管

为了克服脉冲爆震发动机高马赫数飞行性能的不足，以及超燃冲压发动机不能自身起动的问题，该发明提出一种脉冲爆震引射超燃冲压组合发动机，该组合发动机可以在 $Ma=0\sim15$ 范围内工作，实现脉冲爆震模态与超燃冲压模态转换。

吸气式脉冲爆震发动机(APDE)可在 $Ma=0\sim5$ 的范围内高效工作，脉冲爆震火箭发动机(PDRE)则可以在大气层外高效工作。将脉冲爆震模态和超燃冲压模态结合起来，利用其性能互补性，形成脉冲爆震引射超燃冲压组合发动机，可解决 RBCC 比冲小、成本高及 TBCC 马赫数转接难题，实现大速域和大空域范围($Ma=0\sim15$，空天往返)的稳定工作，降低高超声速推进系统的结构和模态控制的复杂性，减轻重量，减小体积，真正实现空天组合推进。

该发明提出的脉冲爆震引射超燃冲压组合发动机的有益效果是：可以在亚声速和超声速条件下工作，可以从地面自行起飞，也可以载机发射；可实现大速域和大空域($Ma=0\sim15$，0～50 km)的稳定工作；燃烧室容热强度高，能获得更大的单位推力和更低的油耗；与涡轮基组合循环发动机 TBCC 相比，不需要复杂、昂贵的压缩系统(压气机)，也不需要亚燃冲压模态，从而能够大幅度降低整个推进系统的复杂性以及重量与体积等。

与火箭基组合循环发动机 RBCC 相比，脉冲爆震引射模态替代了火箭引射和亚燃冲压模态，且性能较高。

5.7.6 一种嵌入扰流装置的旋转爆震发动机

(1)申请号：CN201811486702.X。

(2)申请人：西北工业大学。

(3)发明人:范玮、越明皓、王致程、李清安、李伟、范明华。

该发明中的旋转爆震发动机的燃烧室如图 5-29 和图 5-30 所示,供气环腔如图 5-31 所示。

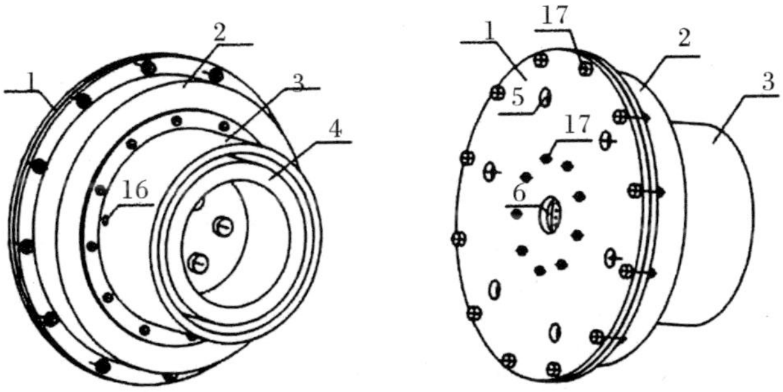

图 5-29　燃烧室示意图

1—发动机盖板;2—进气环腔;3—燃烧室外环;4—燃烧室内环;5—氧化剂进气孔;6—燃料进气孔;16—传感器安装孔;17—螺钉

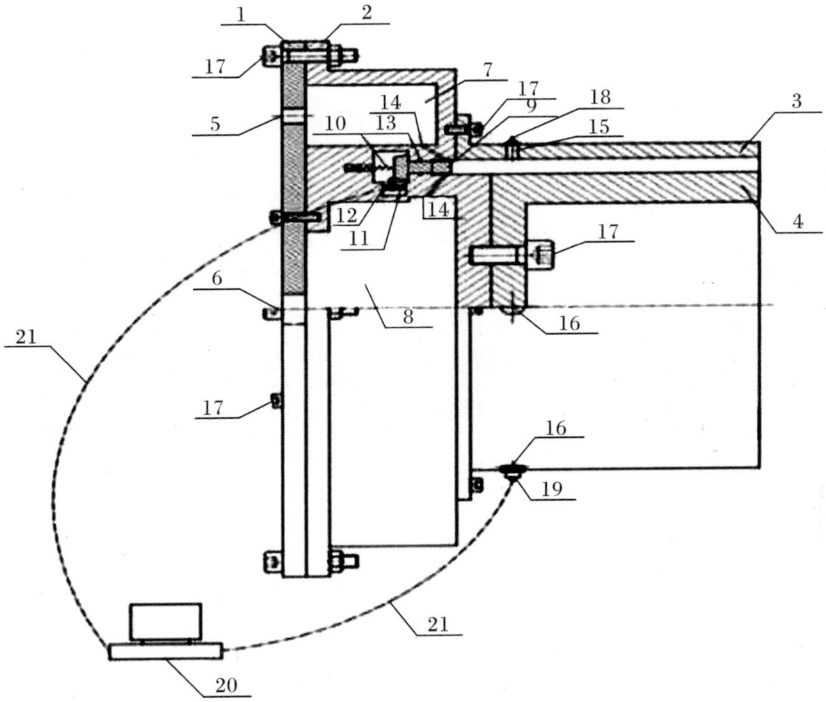

图 5-30　燃烧室半剖视图

1—发动机盖板;2—进气环腔;3—燃烧室外环;4—燃烧室内环;5—氧化剂进气孔;6—燃料进气孔;7—氧化剂供气环腔;8—燃料供气腔;9—扰流块;10—弹簧;11—传动结构;12—自锁开关;13—密封圈;14—供气孔;15—火花塞安装孔;16—传感器安装孔;17—螺钉;18—火花塞;19—动态压力传感器;20—计算机;21—信号线

为了避免现有技术存在的不足,克服传统的 RDE 需要预爆管起爆、不稳定工作时再起动等问题,该发明提出一种嵌入扰流装置的旋转爆震发动机。

首先,该发明在能够实现快速起爆的条件下,省去了 RDE 的预爆管结构,可明显减小燃烧室的体积；其次，当发动机开始出现不稳定工作状态时，即以缓燃波模态工作时，扰流装置能够对流场产生有效的扰动，快速实现DDT过程，有效避免发动机出现长时间不稳定工作的情况。

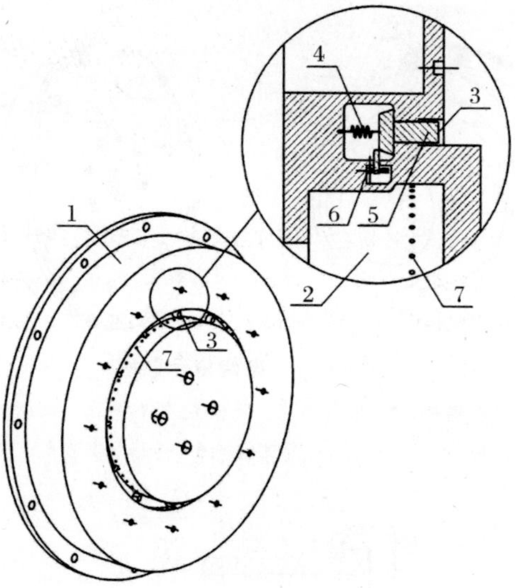

图 5-31　**供气环腔示意图**

1—进气环腔；2—燃料供气腔；3—扰流块；4—弹簧；5—传动结构；6—自锁开关；7—供气孔

该发明采用嵌入式的扰流装置，可以省去旋转爆震发动机的预爆管装置，能有效减小发动机的体积；扰流装置可以实现多次起动，有效地解决工作过程中爆震波解耦、发动机再起动的问题，保证了发动机工作的稳定性；当发动机稳定工作时，扰流装置不会对燃烧室内的流场产生任何影响，不会造成性能损失；燃烧室环腔内均布的供气孔与扰流块采用间隔分布，能有效减小扰流块对燃料和氧化剂的供给与掺混过程的影响；发动机部件基本都采用机械装置，设计合理，能够保证工作的可靠性和稳定性。

5.7.7　推力矢量控制的连续爆震火箭基发动机以及飞行器

(1)申请号：CN201811597713.5。

(2)申请人：中国人民解放军战略支援部队航天工程大学。

(3)发明人：石天一、聂万胜、郭康康、陈朋、苏凌宇、林伟、刘瑜。

该发明中的火箭基发动机的剖视图如图5-32所示，其燃料腔的分隔结构示意如图5-33所示。

该发明的目的在于提供一种推力矢量控制的连续爆震火箭基发动机以及飞行器，以解决现有技术中存在的发动机的推进性能差、结构复杂等技术问题。

该发明提供的推力矢量控制的连续爆震火箭基发动机包括内芯体、外筒体。外筒体具有轴向贯通的中空腔，用于套设在内芯体的外侧；内芯体的外壁与外筒体的内壁之间形成第一间隙，该第一间隙用于构成环形燃烧室；外筒体上至少设置一个预爆震管结构，用于对环形燃烧室点火。

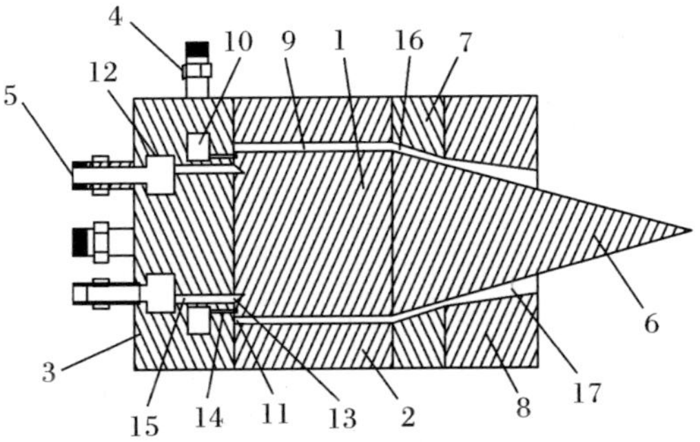

图 5-32　推力矢量控制的连续爆震火箭基发动机的剖视图

1—内芯体；2—外筒体；3—集气腔端盖；4—燃料入口；5—氧化剂入口；6—锥体；7—收敛筒体；8—扩张筒体；9—环形燃烧室；10—燃料腔；11—环缝；12—氧化剂腔；13—环形腔；14—燃料通道；15—氧化剂通道；16—第二间隙；17—第三间隙

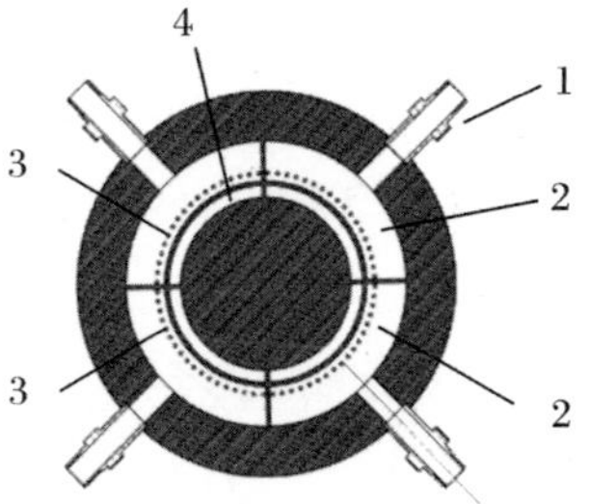

图 5-33　推力矢量控制的连续爆震火箭基发动机的燃料腔的分隔结构示意图

1—燃料入口；2—燃料腔；3—燃料通道；4—氧化剂通道

集气腔端盖的侧壁设置有燃料入口，集气腔端盖的内部具有环形的燃料腔，且环形的燃料腔沿周向分隔为至少两个燃料单元腔；燃料入口通过燃料单元腔与环形燃烧室连通；集气腔端盖的端面设置有氧化剂入口，集气腔端盖的内部具有氧化剂腔，且氧化剂腔沿周向分隔为与燃料单元腔对应的至少两个氧化剂单元腔；氧化剂入口通过氧化剂单元腔与环形燃烧室连通。

5.7.8　旋转式组合阀门及脉冲爆震式发动机

(1)申请号：CN201610185341.X。

(2)申请人：朱超华。

(3)发明人：朱超华。

该发明中旋转式组合阀门及脉冲爆震式发动机如图 5-34 所示，两种不同阀芯实施例的结构如图 5-35 所示。

该发明公开了一种旋转式组合阀门及脉冲爆震式发动机，旋转式组合阀门包括阀体和设在阀体内的阀芯，所述阀芯为圆盘形阀芯，圆盘形阀芯的表面设有一个以上的通气孔组，所述通气孔组是由空气通孔和燃气通孔组成的，转动阀芯，空气通孔能将上空气导管和下空气导管反复导通和关闭，燃气通孔能将上燃气导管和下燃气导管反复导通和关闭。采用上述结构的阀门，大大提高了爆震发动机的工作频率；阀门的上空气导管和下空气导管、上燃气导管和下燃气导管为一组，阀体上共设有两组，可以同时为两个发动机工作；该专利可在爆震发动机中替代电磁阀,从而简化对空气和燃气的控制。

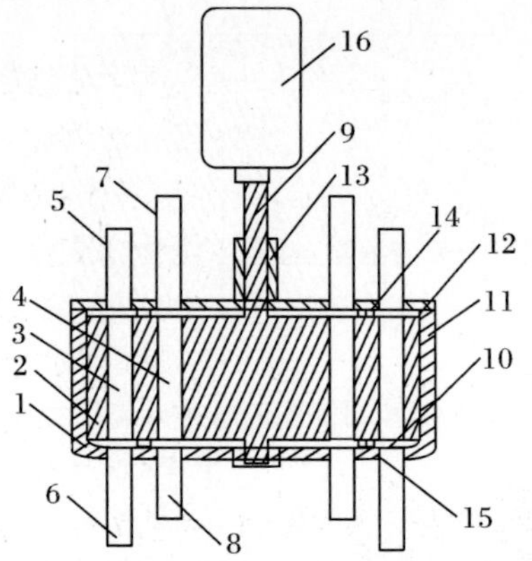

图 5-34　旋转式组合阀门及脉冲爆震式发动机剖面图

1—阀体;2—阀芯;3—空气通孔;4—燃气通孔;5—上空气导管;6—下空气导管;7—上燃气导管;8—下燃气导管;9—传动轴;10—圆形凹槽;11—阀本体;12—阀盖;13—导向套;14—上环状密封;15—下环状密封;16—电机

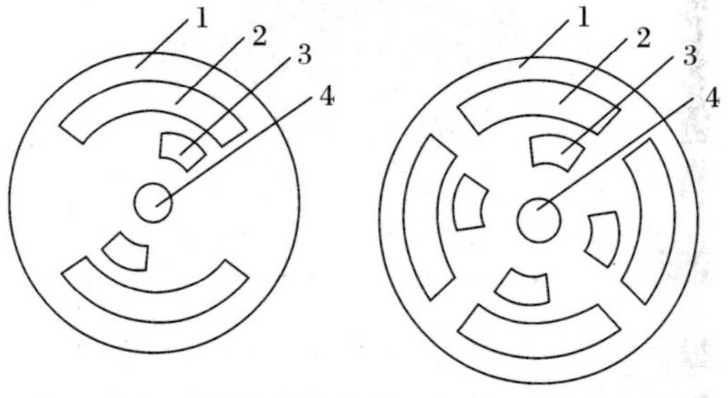

图 5-35　两种不同阀芯实施例的结构示意图

1—阀芯;2—空气通孔;3—燃气通孔;4—传动轴

5.7.9　一种可实现超声速流场观测的圆盘形旋转爆震燃烧室

(1)申请号:CN202210066087.7。

(2)申请人:中国空气动力研究与发展中心空天技术研究所。

(3)发明人:蔡建华、王超、郑榆山、刘彧、陈伟强、肖保国、邢建文、田野、易淼荣、何粲。

该发明中的一种可实现超声速流场观测的圆盘形旋转爆震燃烧室的示意图和剖视图分别如图 5-36 和图 5-37 所示,其燃烧室的具体结构示意图如图 5-38 所示。

该发明专利公开了一种可实现超声速流场观测的圆盘形旋转爆震燃烧室,具体涉及冲压发动机技术领域。其结构包括两块间隔设置的盖板,两个盖板之间形成圆盘形的空腔,空腔由中心至边缘依次设有空气集气腔、超声速加速段、扩张段和燃烧室,空气集气腔的厚度大于超声速加速段的厚度,扩张段呈喇叭状且开口小的一侧与超声速加速段连接,超声速扩张段内周向分布有多个燃料喷孔,超声速加速段和燃烧室上均设有光学观测窗。任一盖板的中心开有与空气集气腔连通的进气孔,每块盖板上均设有多个吊耳,两个相互对应的吊耳通过螺栓连接。该发明技术方案解决了常规的旋转爆震燃烧室不利于超声速流场形成及观测的问题，可用于旋转爆震反压下特定波系结构的观测。

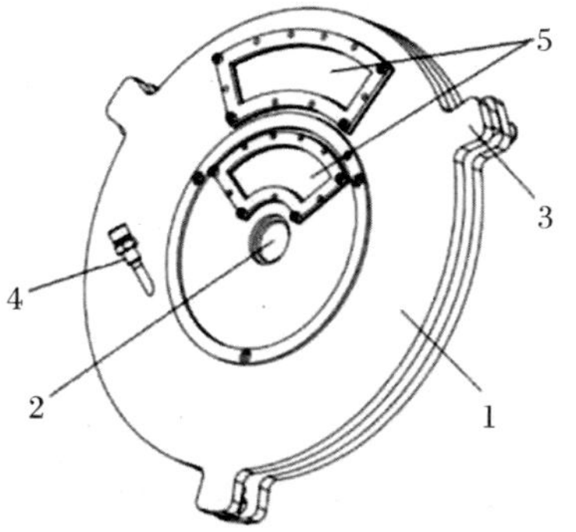

图 5 - 36　一种可实现超声速流场观测的圆盘形旋转爆震燃烧室示意图

1—盖板；2—进气孔；3—吊耳；4—起爆管；5—光学观测窗

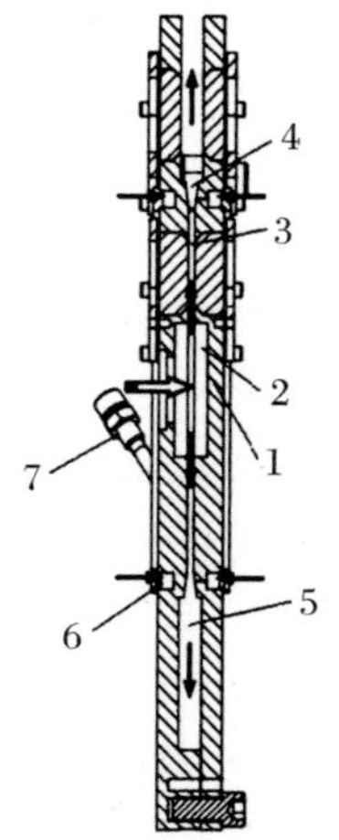

图 5 - 37　一种可实现超声速流场观测的圆盘形旋转爆震燃烧室的剖视图

1—盖板；2—空气集气腔；3—超声速加速段；4—扩张段；5—燃烧室；6—燃料喷孔；7—起爆管

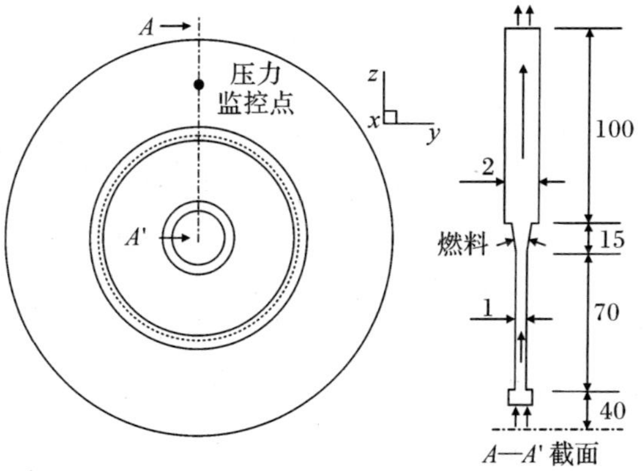

图 5 - 38　旋转爆震燃烧室的具体结构示意图

1—扩张段；2—第一平面反射镜

5.8 爆震发动机未来发展趋势以及研究前景

按照爆震发动机的特点及工程应用需求，脉冲爆震发动机和连续旋转爆震发动机分为火箭式、冲压式和混合式三类。火箭式脉冲爆震发动机/连续旋转爆震发动机可作为导弹及一级入轨运载器、航天器和卫星等的动力装置。冲压式脉冲爆震发动机/连续旋转爆震发动机可作为航空飞行器、导弹和无人机动力。混合式脉冲爆震发动机/连续旋转爆震发动机是将脉冲爆震/连续旋转爆震与涡轮发动机相结合组成的混合式推进系统，由于其爆震燃烧具有自增压的能力，所以它将代替涡轮发动机的燃烧室或加力燃烧室。另外，其自增压效应可减少压气机和涡轮级数，减轻发动机质量，提高发动机推重比。此类发动机也可作为舰艇的动力。

脉冲爆震发动机性能更接近实际应用需求。随着基础研究的深入，脉冲爆震发动机燃料混合、爆燃向爆震转变等过程所需时间进一步缩短，脉冲频率得到进一步提高，发动机推力性能将大大提高。

螺旋爆震燃烧机理及发动机验证样机试验广泛开展。连续爆震与液体火箭发动机相结合的螺旋爆震发动机将极大地提高现有液体火箭发动机性能，目前法国和俄罗斯合作开展了大量研究工作，并进入了验证样机阶段。

斜爆震发动机只有冲压式一种类型，完全依赖于来流产生的斜激波的强度。斜爆震发动机可应用于飞行速度高于当地 C－J 爆震波速的超高速飞行器($Ma=7\sim15$)；将斜爆震发动机与涡轮发动机、亚燃/超燃冲压发动机进行组合，可以实现更宽工作速域和空域的飞行。

超声速脉冲爆震冲压发动机（SPDRE）与斜爆震发动机（ODWE）研究更加深入。最近几年俄罗斯把脉冲爆震引入吸气式冲压发动机中，开展超声速脉冲爆震冲压发动机研究，解决燃料与来流的混合、预混气流的预着火以及爆震的有效起爆问题。此类发动机将提高现有超燃冲压发动机的性能。

基于爆震燃烧模式的内燃波转子，由于多通道顺序工作，进排气端口内气流近似处于稳态，在充分发挥爆震燃烧热循环效率高的优点的同时，克服了脉冲爆震发动机阻力损失大、非定常输出推力等缺点，已被认为是满足美国国防预研局“低噪声超声速空中平台”（QSP）要求、用于降低超声速巡航飞行油耗的有效途径之一，满足军民用远程超声速飞机的需求。

目前，国内外多家研究机构针对连续旋转爆震涡轮、连续旋转爆震冲压和斜爆震发动机开展了系统布局与结构、性能分析和关键问题攻关等一系列研究工作，获得了三种不同类型发动机的部件参数和飞行参数对发动机总体性能的影响规律。虽然上述理论性能和关键问题研究得到了诸多有益的结论，但发动机内爆震燃烧过程涉及非常复杂的流动问题和物理化学过程，充分利用爆震燃烧的诸多优点可实现机械动力系统性能大幅提升，相关应用基础研究和工程实践仍有待进一步深入。

当前关于连续旋转爆震的数理模型大多基于诸多简化假设条件，忽略了发动机内部分真实物理过程（例如燃料喷注掺混过程、非预混条件下爆震燃烧、复杂几何流道内波系相互影响等），难以获得准确的性能评估结果。下一步需利用大量的数值模拟和基础试验数据，综合考虑连续旋转爆震发动机内诸多真实物理过程，建立更加准确的性能评估数理模型。

针对连续旋转爆震涡轮发动机，以前期数值仿真结果为基础，试验验证诸如障碍物的角度、障碍物的高度、障碍物的截面形状和隔离段的总体形状等几何因素对压力波动反传抑制的影响规律，为抑制连续旋转爆震燃烧室压力反传提供最佳解决方案，并提出相应的设计准则。

当前对斜爆震燃烧现象及机理的数值模拟研究已较为深入，对斜爆震发动机的工程研制处于关键技术攻关阶段，后续应进一步开展斜爆震燃烧及发动机关键部件地面试验验证，推动斜爆震发动机整机的集成设计和发动机性能的试验研究。基于爆震燃烧技术的发动机必将取得长足进步，也必将成为新型航天航空动力技术新的增长点。

第 6 章　其他典型高超声速飞行器动力系统发展状况

6.1　空气涡轮火箭发动机(ATR)

ATR 动力系统全称为空气涡轮火箭发动机，由涡喷发动机和火箭发动机组成，是一种高速吸气式发动机。如图 6-1 所示，ATR 发动机使用独立于空气系统的燃料，经过吸热膨胀后驱动涡轮，带动压气机工作，空气经过压气机增压后进入燃烧室与经涡轮做功的燃料进行掺混并燃烧，高温燃气通过喷管产生推力。其与涡喷发动机的不同之处在于，驱动涡轮的是在燃烧室中被加热的高温、高压燃料流，虽然进入发动机的空气温度随着马赫数的增加而升高，但是 ATR 发动机的最大推力不会由于飞行马赫数增加而造成涡轮材料达到使用温度的极限而下降。

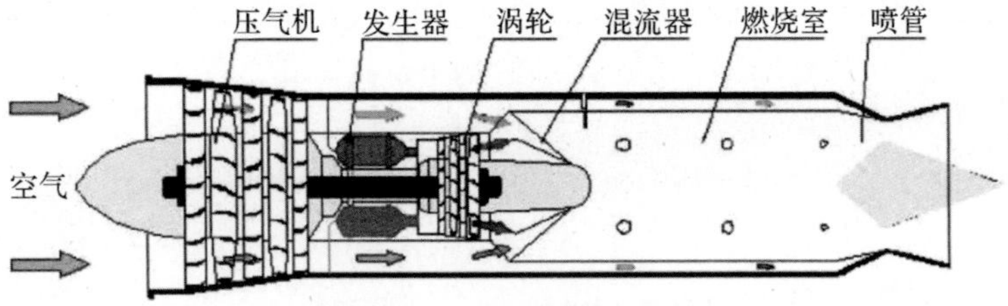

图 6-1　ATR 结构示意图

ATR 的概念(见图 6-2)出现得较早，在 20 世纪 60 年代末的一些专利中就可以找到。目前，ATR 主要有三种类型：一种是膨胀器型空气涡轮火箭发动机(ATR-EXP)；一种是气体发生器型空气涡轮火箭发动机(ATR-GG)；还有一种称为部分膨胀器型空气涡轮火箭发动机(ATR-PE)。

ATR 发动机的工作原理是：使用独立于空气系统的燃气发生器产生富燃燃气，驱动涡轮带动压气机工作，空气经过压气机增压后直接进入涡轮后面的燃烧室，在燃烧室内与经过涡轮做功后的富燃燃气进行燃烧，生成高温燃气并通过喷管产生推力。ATR 发动机可采用多种燃料体系，比冲范围为 600～1 500 s，推重比为 10～20，飞行空域为 0～25 km，飞行速域为 $Ma=0\sim4$，这是满足临近空间可重复使用飞行器动力要求的组合循环动力方案之一。

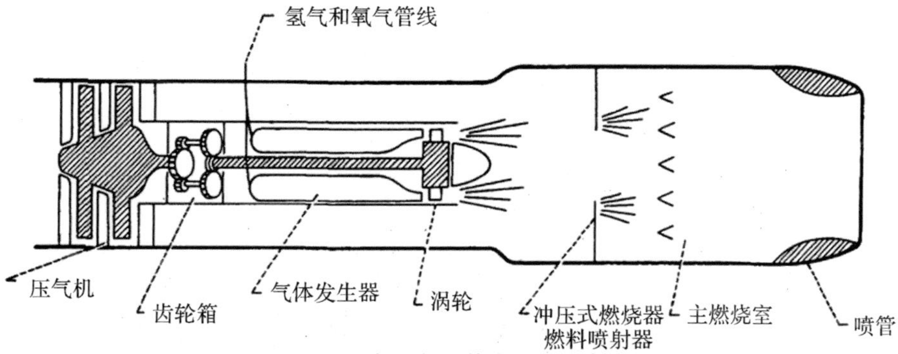

图 6-2　空气涡轮火箭发动机概念设计

试验及理论研究表明：

(1)ATR 发动机的工作速域可为 $Ma=0\sim4$，在宽域爬升包线中推力衰减幅度小，能够提供更大的剩余推力，对于飞行器的快速爬升具有较好的支撑能力。

(2)中小推力 ATR 发动机地面状态起动过程所需时间均在 5 s 以内，该特性与转子惯性相关，在不同空域、典型目标转速下略有变化，相对而言起动十分迅速，更加适应复杂的工作能力需求。但是，快速起动对于转子系统的扭转负荷和稳定可靠工作的影响还有待进一步研究。

(3)在小尺度发动机自由射流试验中，ATR 到冲压通道的模态转换在 3.5 s 内完成，通过对高速通道起动工作时序点的精确控制，可以实现模态转换过程中的推力连续，从而解决宽域组合动力模态转换过程中出现的推力凹坑问题。

(4)ATR 发动机在国内外发展了多年，在应用研究方面，一直将 ATR 发动机作为独立的动力装置应用，论证的几类 ATR 动力飞行器，既要实现速度边界拓展，又要实现低油耗，兼顾的因素多，优势不突出。利用 ATR 发动机加速性好和速度上边界高的优势，可以形成新型临近空间高速投送平台，也可以与冲压发动机进一步组合形成新型宽域组合动力，是发挥其优势的技术途径，有待从发动机系统性能和飞行器总体方面进行深入的研究。

ATR 的独特之处在于输送给风扇的轴功率与风扇性能及飞行范围无关。与涡喷发动机相比，ATR 的最大工作速度和高度更高，而涡轮入口温度却要低些。与冲压发动机相比，ATR 的最大工作高度也更高，因为 ATR 压气机使燃烧室的压力增加比单独使用冲压压缩要高。而且，EXP 循环还有一套协同再生系统，它使用燃料作为冷却剂和工作介质，提升了热力学效率。

燃烧室和进气系统的相互作用，是吸气式发动机的经典问题，它反映了布莱顿循环里压缩和释热两个过程的耦合关系。在 ATR 发动机燃烧室和进气道的相互作用下，发动机将会工作在多种性质不同的流动状态，这些流动状态既影响发动机对空气的捕获和压缩，也具有不同的稳定性，对发动机总体的工作性能影响非常大。

空气涡轮火箭发动机的任务是在 24 km 的高度从起飞加速到马赫数 4.5，其中双模冲压发动机(DMR)进一步加速至巡航速度，马赫数为 8 的巡航飞机的渲染如图 6-3 所示。氢推进装置由 6 个空中涡轮火箭弹和 1 个双模冲压冲压机组成，它们平行安装并高度集成在机身内。

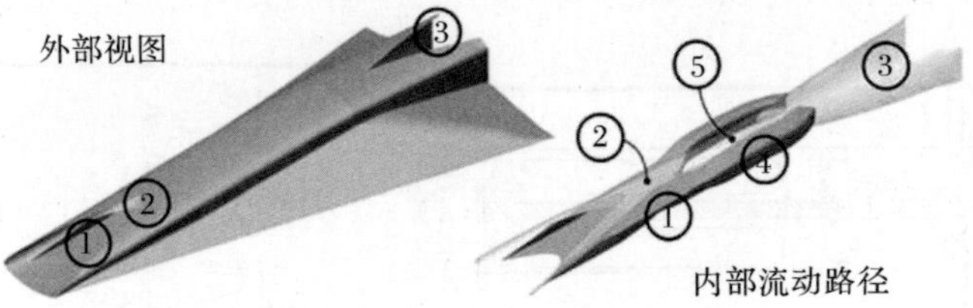

图 6-3　马赫数为 8 的巡航飞机的渲染

1—低速进气口；2—高速进气口；3—喷嘴；4—ATR 导管；5—DMR 导管

国内西北工业大学在固体 ATR 和液体 ATR 工作原理、总体性能等方面进行研究。西安航天动力研究所"十一五"期间进行了 0.5 kN ATR 原理样机研究，"十二五"期间不但完成了 5 kN ATR 样机研制，而且进行了上百次地面试验和直连试验，获得了发动机高空特征点性能，突破了发动机总体设计技术、大范围变流量燃气发生器技术、高效掺混燃烧技术和高性能涡轮机设计技术等关键技术。但是，当前的研究主要针对发动机本身，尚未全面涉及以 ATR 发动机为动力的高超声速飞行器全系统。在上述研究基础上，本书对以空气涡轮火箭冲压发动机(Air Turbo Rocket Ramjet，ATRR）为动力的高超声速飞行器开展研究，进一步深化对 ATR 发动机的认识。

此发动机后续需关注以下问题：

(1)推进剂：$Ma=4$ 级飞行器动力，可作为火箭/冲压组合动力的低速段动力，或者与冲压发动机直接组合。无论何种情况，富燃发生器所用推进剂都是非常重要的，而可选的推进剂是有限的，需尽快解决 LOX(液态氮)/煤油富燃条件下的积碳问题；或者解决 H_2O_2/煤油富燃条件下的燃烧组织问题；或者研制新型推进剂。同时，也需关注这些推进剂带来的使用简便性、安全性等问题。

(2)大范围的液体火箭发动机富燃发生器等混合比调节技术，从地面到 25 km 高度飞行，发生器工况调节能力需达到 10 倍甚至更高。为保障涡轮的工作环境，氧化剂和燃料需保持等混合比同步调节。

(3)为了保证涡轮均匀受力，大推力的 ATR 发动机需开发环型富燃发生器或者耐高温的环型集气腔。

(4)在特定推进剂下，富燃发生器流量和混合比一定，在给定涡轮机的功率需求下，为使压气机吸入的空气流量与富燃燃气工况匹配，会带来的燃烧室混合比偏离当量混合比问题。

6.2　三射流组合循环发动机(TriJet)

T/RBCC(火箭基组合循环)这个概念最早出现在 1995 年 4 月召开的第 6 届 AIAA(美国航空航天学会)国际航天飞机与高超声速技术会议上。当时，法国航空航天研究中心(ONERA)的 Lepelletier 等研究人员针对吸气式运载器的组合推进系统提出了四种组合概念，其中的涡轮火箭/超燃/火箭概念和空气引射火箭/冲压/超燃/火箭概念实际上就是早期的T/RBCC。

T/RBCC 在 2010 年左右进入一个新的发展阶段，其标志性事件是美国航空喷气公司提出研究一种新型组合循环推进系统——“三射流”(TriJet)发动机，TriJet 发动机由涡轮发动机、引射冲压发动机和双模态超燃冲压发动机构成。

TriJet 发动机(见图 6-4)有效解决了并联 TBCC 接力困难的问题，但其采用三种发动机、三通道并联布局，结构复杂度和空间占用相对较大。因而，国内外相继提出涡轮辅助火箭增强冲压组合循环发动机(简称 TRRE)的概念和涡轮辅助型 RBCC 发动机概念，将涡轮、火箭和冲压发动机通过结构高度集成，成为热力循环和工作过程的有机组合的高度一体化的吸气式组合循环发动机。

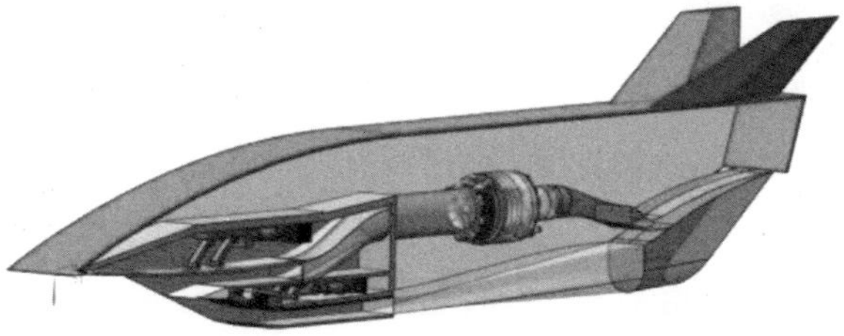

图 6-4　TriJet 发动机概念图

TriJet 将用于可重复使用的高超声速飞行器，实现从静止到 $Ma>7$ 的无缝衔接：起飞时采用涡轮发动机，引射冲压发动机(ERJ)提供辅助推力；当 $Ma=2.5$ 时，涡轮发动机关闭，ERJ 接力工作，通过冲压发动机和超燃冲压发动机的组合(DMSJ)的喷管排气，以形成气动阻塞；该方法可使 DMSJ 产生更大的推力，将飞行器加速到 $Ma=4.5$，直至 ERJ 关闭，DMSJ 转换到纯超燃冲压发动机模态。

2011 年 6 月《航空周刊与空间技术》报道，Aerojet 公司准备研究一种新型组合循环推进系统——TriJet，该动力方案用于可重复使用的高超声速飞行器，结合当前的技术，实现从静止到 $Ma>7$ 的无缝衔接。这是将涡轮发动机、火箭增强型引射冲压发动机与双模态超燃冲压发动机整合，结合了 TBCC 发动机和 RBCC 发动机的优势，可以利用现有的工作马赫数为 0～2.5 的涡轮发动机，是一种可在近期内实现 $Ma=0\sim7$ 推进的组合发动机方案。但是，3 台发动机如何实现稳定工作和平稳模态过度则是一个难点。

Trijet 组合循环发动机来源于 2002 年 Aerojet 公司名为 PyroJet 的 TBCC 研究计划，该计划需要采用 $Ma=4.0$ 级的涡轮发动机，由涡轮发动机加速到飞行马赫数 4.0，然后转换为双模态冲压发动机(DMRJ)工作模式。该方案采用内折式进气道、原形燃烧室以及与之匹配的三维尾喷管。由于高马赫数的涡轮发动机项目目前正在研发中，且小尺寸的发动机主要针对弹用，而大尺寸发动机技术依赖于 RTA 计划，故短期内无法使用。

因此，Aerojet 公司提出了 Trijet 组合循环发动机概念：利用现有的 $Ma=2.5$ 级的涡轮发动机，以及火箭增强型引射冲压发动机(ERJ)来填补涡轮发动机与双模态冲压发动机间的推力间断，采用 JP-10 碳氢材料，飞行器巡航马赫数为 7.0。该动力装置用于可重复使用的高超声速飞行器，结合当前的技术，可实现从静止状态到马赫数为 7.0 的推力无缝衔接。其整体布局如图 6-5 所示。

TriJet 方案充分利用了两种传统吸气式推进系统——TBCC 和 RBCC 的优点。然而，单独使用，两者都有各自的缺陷。TBC 要求其涡轮发动机具有大的尺寸和质量，不仅占用了大量的储存燃料空间，而且在跨声速时的加速能力很差；RBCC 则在燃料燃烧效率上远低于涡轮基组合动力方案。TriJet 方案将两者合二为一，将一台涡轮发动机和一台火箭增强型引射冲压发动机（ERJ）与一台 DMSJ 整合，以实现高超声速的目标。

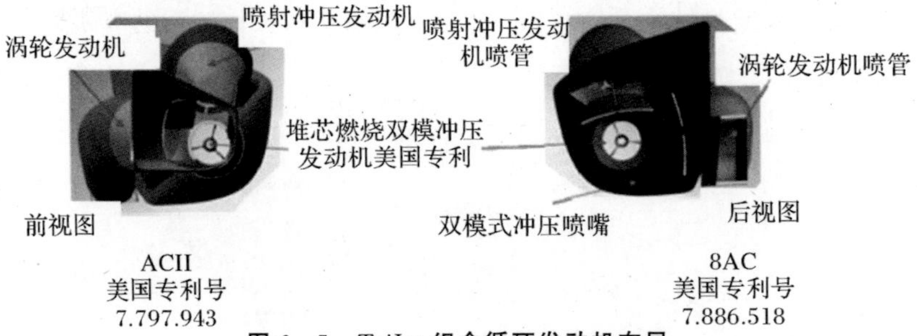

图 6-5　TriJet **组合循环发动机布局**

通常，飞行器起飞时采用涡轮发动机，引射冲压发动机提供辅助推力。当速度较大时，涡轮发动机关闭，ERJ 接力工作，其排气通过 DMSJ 的喷管，以形成气动阻塞。该方法可以使 DMSJ 产生更大的推力，将飞行器加速到更大的速度，直至 ERJ 可以关闭，DMSJ 转换到纯超燃冲压发动机模态。Aerojet 公司先进推进和任务构架首席工程师 Mel Bulman 透露，美国空军对该方案表示了兴趣，因为其有可能用于一种高超声速情报、监视和侦察（ISR）或打击飞行器（注：美国正在秘密研制这种可以替补卫星的长航时高空无人侦打一体飞行器）。他认为，目前的技术风险已经降低到可以进入实用化研究的阶段，足以支持启动这样一个项目，并且可以选择研制缩比验证器。Bulman 表示，尽管 ISR 或打击平台的研究仍然有很长的路要走，但 TriJet 方案及其关键技术（如中心燃烧室）将可应用于导弹，其中，中心燃烧将是未来导弹研究的关键一环。

近年来，中国空气动力研究与发展中心、中国航天科工集团第三研究院三十一研究所、中国燃气涡轮研究院等科研单位以及中国人民解放军国防科技大学、北京航空大学、西北工业大学、南京航空航天大学等大学均在组合循环推进系统方面开展了大量的研究工作，其中西北工业大学对组合动力的后体喷管一体化设计、部件设计方法等方面开展了研究工作，北京航空航天大学在组合动力总体方案、后体喷管设计等方面开展了研究工作，中国空气动力研究与发展中心在后体喷管优化设计方面开展了研究工作，南京航空航天大学开展了变几何喷管设计及性能分析、单边膨胀喷管设计和并联式 TBCC 排气系统研究等工作。国内在组合动力排气系统研究方面，主要是针对并联式 TBCC 的尾喷管，其形式一般为单边膨胀斜面喷管（SERN），对 TriJet 这类 T/RBCC 的排气系统还未见有相关研究报道。

6.3　预冷却循环发动机技术

预冷型组合循环发动机的发展大致经历了三个阶段(见图 6-6)：20 世纪六七十年代，以 LACE 循环为代表的液化空气循环发动机；20 世纪八九十年代，以 RB545 为代表的深度预冷循环发动机；20 世纪 90 年代中期到现在，以涡喷火箭变循环发动机、预冷型 ATREX 发动机循环为代表的适度预冷循环发动机。

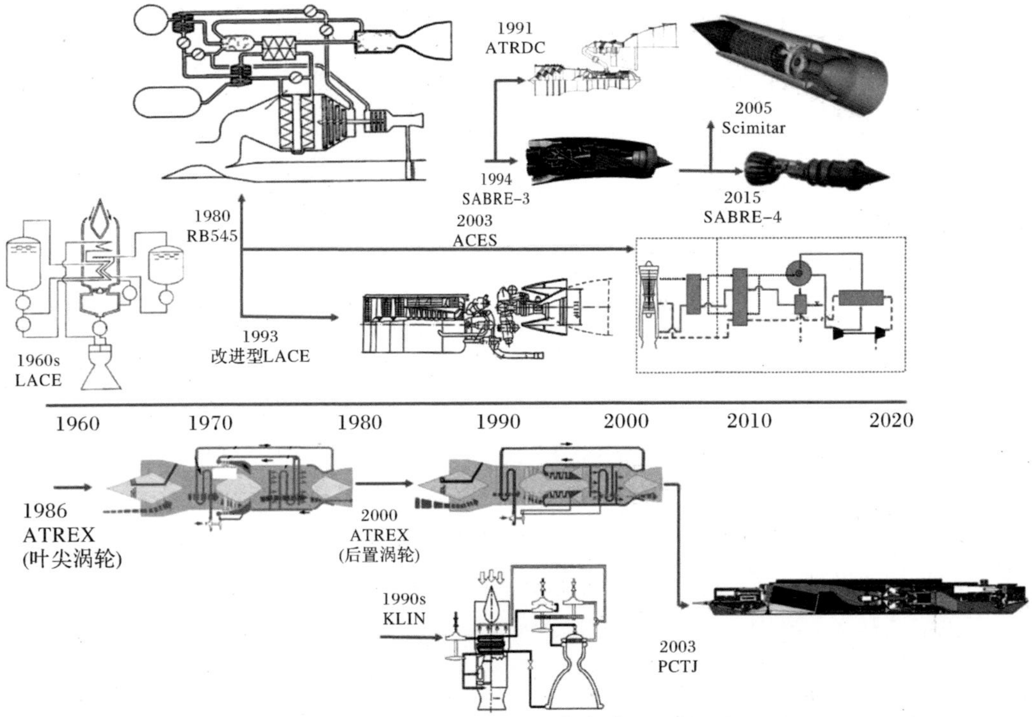

图 6-6　预冷式变循环组合发动机研制历程

6.3.1　液化空气循环——LACE 与 ACES 发动机

20 世纪 60 年代，Marquardt 公司提出了液化空气循环发动机(Liquid Air Cycle Engines，LACE)。该发动机融合了吸气式发动机和火箭发动机工作模式，在液氢液氧火箭发动机的基础上研发而来，最高能工作至 $Ma=6\sim7$。基本原理如图 6-7 所示，在吸气模态，发动机利用低温高热沉的液氢作为冷却剂将捕获的空气液化，再将液态空气增压后喷入传统火箭发动机燃烧室。工作模态转换为火箭模态后，利用携带的液氧代替液化空气作为氧化剂。

LACE 发动机的主要优点在于，吸气模态利用空气中的氧气作为氧化剂，减少了氧化剂的携带，同时吸气模态和火箭模态共用喷管，不仅减轻了重量，也让空间利用更紧凑。不足之处在于，与其他吸气式发动机相比，由于冷凝空气需要消耗大量冷却剂氢，导致比冲较低，仅为 800 s 左右。地面状态下，LACE 发动机所需的冷却剂氢/空气质量比为 0.2～0.35，来流空气温度升高后，所需冷却剂氢量更大，制约了吸气模态发动机比冲性能。

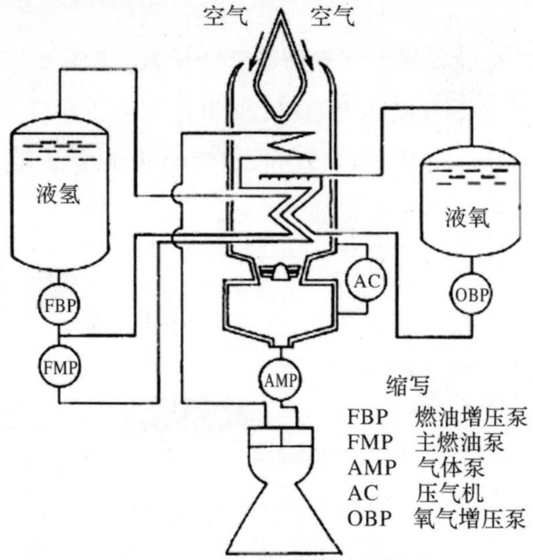

图 6-7 LACE 发动机原理图

1993—1996 年，俄罗斯 Keldysh 研究中心对 LACE 发动机开展了一系列计算、优化设计和试验，并提出了地面推力 500 kN 的发动机方案(见图 6-8)和推力 10 kN 的燃烧室(见图 6-9)。结果证明：热交换器效率能达到 2 000～3 000 W/(m^2·K)；获得了 5～8 K 的超冷液态空气；压气机工作温度为 100～120 K；液态空气/液氢和液氧/液氢双模态燃烧室能实现点火工作。

LACE 发动机难点在于液化空气中的氧气和氮气所需的温度在 100 K 以下，此温度已低于二氧化碳和水的凝固点，固态二氧化碳与冰会堵塞冷凝器，且热交换器表面霜冻问题无良好的解决办法。携带大量氢也将占用飞行器较大空间。另外，能否实现稳定的模态转换暂无试验结果支撑。

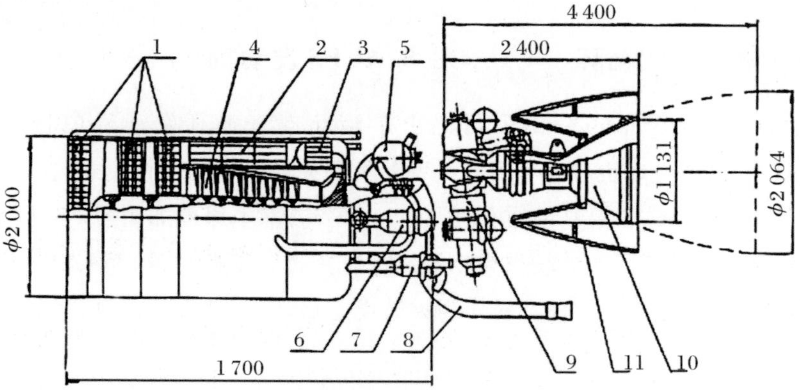

图 6-8 500 kN 地面推力 LACE 发动机布局

1—预冷换热器；2—低压液化器；3—高压液化器；4—涡轮增压器；5—气体发生器；6—循环泵组；7—液化气体泵；8—气体阻尼管；9—供给系统；10—发动机室；11—可伸缩喷嘴延长件

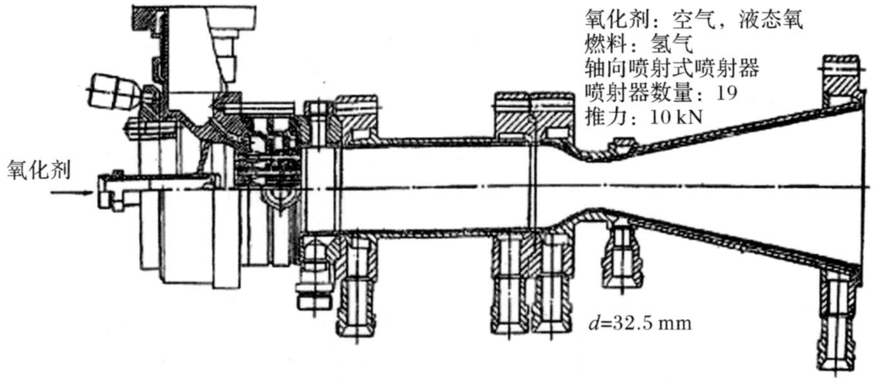

图 6-9　10 kN 推力 LACE 发动机燃烧室结构

空气收集与富集系统（Air Collection and Enrichment System，ACES）发动机是在 LACE 发动机基础上增加了液氧分离器而发展出来的衍生型。从 20 世纪 60 年代至 21 世纪初，多个机构对其进行了改进研制，比较有代表性的为安德鲁斯航天公司提出的 Alchemist ACES 发动机，其基本工作原理如图 6-10 所示。ACES 发动机同样需要用低温冷却剂氢将来流空气液化，但液化后还需将液氧与液氮进行分离，部分液氧供应给吸气模态燃烧室，剩余部分注入液氧罐为之后的火箭模态备用。

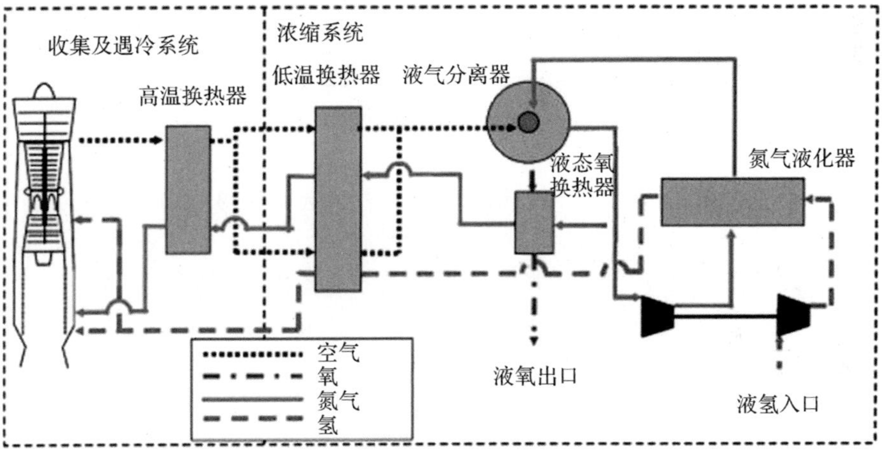

图 6-10　ACES 发动机原理图

相比于 LACE 发动机，ACES 发动机由于加入了液氧分离器而变得更复杂。该部件的设计旨在减轻飞行器的起飞重量，因为起飞状态液氧罐处于空瓶状态。实际上，液化空气需消耗大量液氢，所需液氢与空气质量比接近 0.2，因此起飞状态需携带更多液氢，并未减少飞行器起飞重量。而且，液氢密度低，会占用飞行器较大体积，给飞行器空间布局的设计造成了困难。

ACES 发动机的关键技术有两点：一是液氧分离器，因为液氧与液氮物理属性相近，分离器的设计将变得更复杂、困难；二是轻质高效的氢预冷器。Hendrick 等通过试验验证了氢预冷器的可行性，并证明了预冷器几乎无泄漏（仅泄漏 0.1 μg/s 的氢），综合性能较高。之后还发展了多种类型的管壳式铝材质预冷器。

6.3.2　空气深冷循环——RB545 和 ATRDC 发动机

20 世纪 80 年代，英国开始发展可重复使用航天飞机技术。英国 BAE 系统公司提出了水平起降、单级入轨空天(HOTOL)飞机。HOTOL 飞机采用罗·罗公司 Alan Band 等人提出的预冷吸气式火箭发动机方案——RB545 发动机，其基本原理如图 6－11 所示。

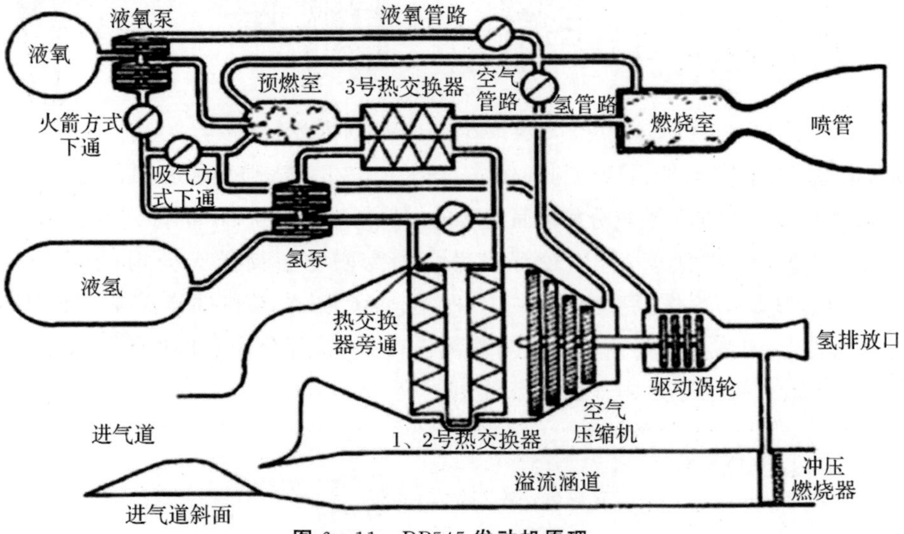

图 6－11　RB545 **发动机原理**

与 LACE 发动机类似，RB545 发动机有两种工作模式——吸气模式和纯火箭模式。不同之处在于，RB545 在吸气模式仅对空气进行深度预冷，但为了避免空气相变过程的能量转换，最低只将空气冷却至约 80 K，不使空气液化，这种改进节省了冷却剂用量。吸气模式的空气流量为 240 kg/s，燃烧室温度为 2 700 K，推力为 340 kN。火箭模式采用自身携带的液氢、液氧工作，推力室室压为 15 MPa，氢流量为 23.3 kg/s，燃烧室温度为 3 400 K，推力为 735 kN。

为简化发动机结构，两种工作模式共用推力室，因此吸气模式下也需达到较高的推力室压力，约 15 MPa，这就要求压气机有较高的压比。为满足压气机高压比的功率需求，大约 2/3 的高焓高压氢将用于驱动涡轮。膨胀后的氢已处于低压状态，不满足推力室压力要求，只能排放掉，少部分膨胀后的氢进入冲压燃烧室燃烧掉。大量氢的排放也导致 RB545 比冲仅有 1 508 s，混合比为 10.4。

苏联在 RB545 的基础上发展出了深冷空气涡轮火箭发动机(Deeply Cooled Air Turborocket，ATRDC)，其主要部件包括进气道、预冷器、压气机、燃烧室和氢加热器，其中燃烧室分为内、外两管路，内管以吸气模式运行，外管以火箭模式运行，原理如图 6－12 所示，工作速域马赫数为 0～6。ATRDC 发动机同样采用液氢为冷却剂，首先对来流空气进行深度冷却，再经氢加热器进一步吸热后达到 1 000～1 200 K，之后高焓高压状态氢驱动涡轮机工作，过剩的氢将由单独喷管排出。

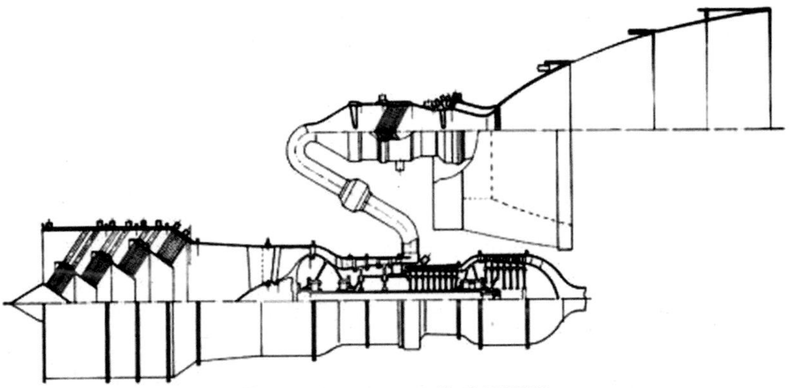

图 6 - 12　ATRDC 发动机原理

由于预冷后空气温度低至 98～112 K，ATRDC 发动机能拥有最高 40 的压比，工作速域内比冲为 3 300～1 500 s，推重比预估高达 18～22。该型发动机的缺点在于预冷器质量过大，约占整个发动机(不含进气道)的 40%，且预冷对冷却剂消耗大，一半的氢在膨胀后将被直接排放掉。若将 ATRDC 发动机与冲压发动机进行组合，将过剩的氢注入冲压发动机燃烧，将有效提升发动机推力和比冲性能。由图 6 - 13 可以看出，充分集成后的 ATRDC 发动机与冲压发动机组合的发动机最高比冲能提升至 4 000 s 以上。

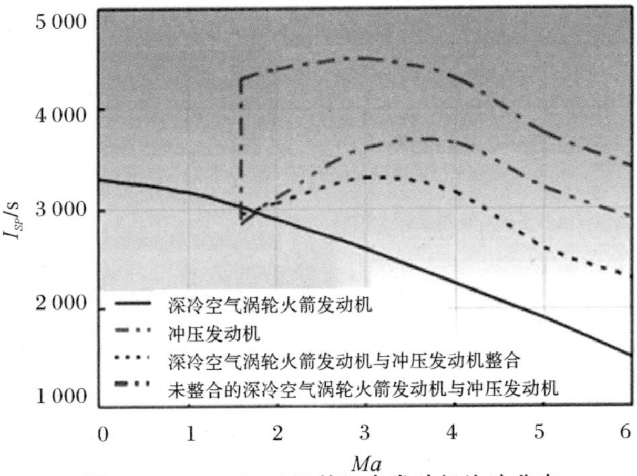

图 6 - 13　ATRDC 及其组合发动机比冲分布

空气深冷循环发动机性能好，但仍然面临冷却剂过剩问题，在经济性和实用性上优势并不算突出。

6.3.3　适度预冷闭式膨胀循环 SABRE“佩刀”发动机和 Scimitar 发动机

1. SABRE“佩刀”发动机

1)SABRE“佩刀”发动机发展历程

1988 年，由于 RB545 发动机技术风险高，所需资金也过大，罗·罗公司停止了对该型发动机的投资，HOTOL 项目被迫终止。但 Alan Band 并未灰心，1989 年与 HOTOL 项目其余数名核心成员(Richard Varvil、John Scott 等)创立了反应引擎公司(Reaction Engines

Limited,REL),继续研发空天飞行器及其动力系统。经过5年努力,于1994年提出了"云霄塔"(SKYLON)单级入轨空天飞机概念,同时在LACE和RB545的基础上通过增设氦闭式循环而形成新的发动机方案——协同吸气式火箭发动机(Synergistic Air-Breathing Rocket Engine,SABRE),即"佩刀"发动机,基本结构如图6-14所示。通过引入第三介质(氦)闭式循环,一是避免了"氢脆"问题,二是氦闭式布莱顿循环将部分热量用于驱动空气压气机和氦,分流了冷却剂(氢)需承受的热量,可有效减少冷却剂用量。

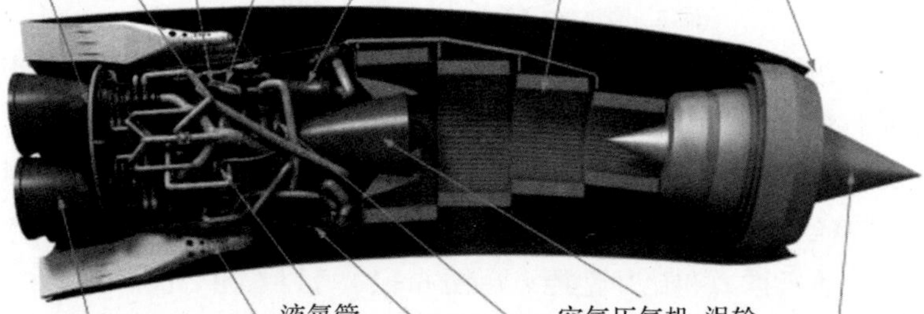

图6-14　SABRE发动机结构示意图

2013年,Alan Bond团队已掌握了SABRE-3发动机多项关键技术,尤其是轻质高效预冷器的设计和加工技术,并与布里斯托大学合作突破了预冷器霜控技术,开展了大量预冷器试验,证明了设计的预冷器能满足SABRE飞行需求,为之后的进一步改进提供了技术支撑。表6-1给出了SABRE-3部分性能参数,热力循环原理如图6-15所示。

表6-1　SABRE-3发动机关键运行参数

参数		性能值
吸气模态	马赫数	4.0
	高度/km	20.27
	进气道总压恢复系数	0.159 2
	氢流量/(kg·s^{-1})	31
	当量比	2.8
	空气流量/(kg·s^{-1})	382
	燃烧室压/MPa	10.38
	核心机推力/kN	1 045
	总推力(含旁路冲压)/kN	1 450
火箭模态	氢流量/(kg·s^{-1})	46
	液氧流量/(kg·s^{-1})	278
	燃烧室压/MPa	14.5
	总推力/kN	1 458

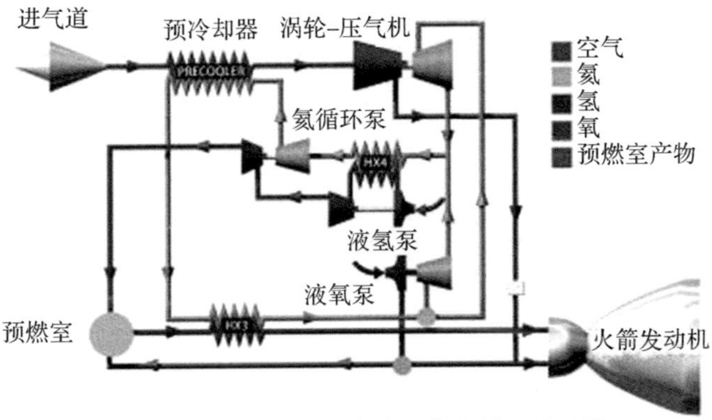

图 6-15　SABRE-3 发动机热力循环原理图

与 RB545 类似，早期的 SABRE-3 发动机吸气模态和火箭模态共用燃烧室和喷管，这就要求吸气模态空气需达到较高压力。为提升压比，空气将被深度冷却至 140 K 左右，压比更是达到 140。为满足压气机高压比的需求，需消耗大量液氢用于预冷和驱动压气机工作，总需求量达到 2.8 倍当量比，提高比冲成了下一步工作的关键。2015 年，REL 公司公开了 SABRE-4 发动机系统，为减少液氢用量，SABRE-4 采用双喉道喷管解耦了吸气模态和火箭模态推力室，尽管结构重量有所增加，但降低了冷却剂用量，当量比降低至 1.2 左右。热力循环原理如图 6-16 所示。冷却剂用量的降低，也使压气机功率降低，压比降低至 14～30，因此允许更高的预冷器出口温度，空气预冷后温度为 380 K，冷却深度的减弱也削减了霜冻的影响。

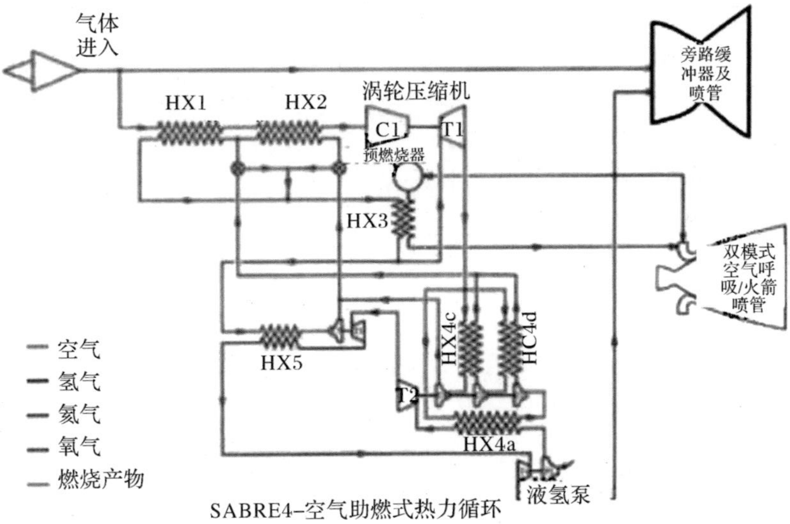

图 6-16　SABRE-4 发动机热力循环示意图

由于大量使用轻质合金材料，SABRE-4 发动机在马赫数 5.0 状态下的推重比高达 6～14，与喷气发动机和冲压发动机相比均有明显优势。图 6-17 给出了 SABRE 发动机与其他类型发动机推重比对比结果。吸气模态能大幅提升发动机比冲性能，SABRE-4 吸气模态最大比冲接近 5 200 s，火箭模态比冲为 460 s。

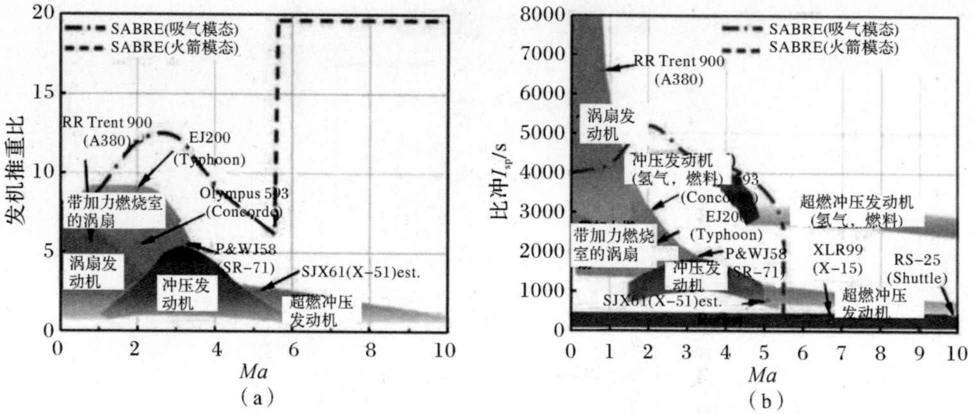

图 6-17 SABRE 发动机与其他类型发动机性能对比

(a)推重力的比较；(b)比冲的比较

2)SABRE“佩刀”发动机关键技术验证

“佩刀”发动机作为一种全新形式的空天飞行器动力系统，具有许多全新技术特征的新部件/系统，这些新部件/系统的关键技术涉及气动热力学、加工制造、力学、材料工艺、叶轮机械等多学科领域，具有很大挑战性，因此英国 REL 公司联合众多高校、科研单位及相关企业开展了大量关键技术研究及验证工作。由前述介绍可知，“佩刀”发动机方案的核心是发动机前端预冷换热器，该换热器需要具有超强的换热能力，且需要在高温、超高压环境下持续可靠工作，这给换热器设计技术和加工检测技术都带来了严峻的挑战。因此，在英国 REL 成立后的 20 余年内，公司联合布里斯托大学等研究单位，在当时工业技术条件下提高预冷器的换热效率的同时，尽可能实现轻质、紧凑、高可靠性，并最终实现了预冷器技术的革命性突破。

2012 年 11 月，英国 REL 完成了预冷用紧凑快速强换热器的验证试验(见图 6-18)，成功实现了将大气中的常温空气无霜冷却到-150 ℃，并一共完成了超过 300 次试验验证，初步验证了预冷器的设计方法、制造技术和试验方法，试验结果表明该技术具备在 0.05 s 内将 400 kg/s 量级的空气降温 1 100 ℃的能力，并能够保持其单位质量的换热量达到 100 kW/kg。在此基础上，英国 REL 于 2019 年 3 月搭建完成了预冷器高温试验验证平台(见图 6-19)，可提供超过 1 000 ℃的进气来流，以模拟 $Ma=5$ 飞行时预冷器进气高温条件，并已完成模拟来流 $Ma=3.3$ 飞行时高温来流条件(420 ℃)预冷器高温试验验证。

除此之外，在闭式循环系统中氦工质叶轮机技术方面，英国 REL 公司与冯卡门实验室、Quadratec Ltd 公司合作开展了大量研究工作并完成了实验验证；在喷管及推力室技术方面，英国 REL 公司联合德国宇航中心(DLR)、Airborne 发动机公司开展了关键技术实验验证工作；在“佩刀”发动机变几何进气道及旁路冲压发动机技术方面，英国 REL 与德国宇航中心(DLR)及 DAYERN - CHEMIE 公司合作开展了相关技术研究及部分实验验证。由此可见，“佩刀”发动机技术发展中多学科、多专业耦合的特征鲜明，联合高校、研究机构及相关企业共同研制可加速推动其技术发展。

图 6-18　英国 REL 公司预冷器样机及常温试验平台

图 6-19　预冷器高温试验平台及实验样机

3)SABRE“佩刀”发动机技术再发展

基于“佩刀”发动机方案优异的综合性能，并且在相关关键技术已得到试验验证的基础上，英国 REL 公司近年来与全世界多个研究机构及公司就“佩刀”发动机技术在入轨飞行器及高超声速飞机等应用方面开展了多项合作计划。基于对“佩刀”发动机技术先进性及可行性的认同，英国 BAE 系统公司于 2015 年宣布提供工业、技术和资本资源，用于进行“佩刀”发动机原型机地面试验研究，并于 2016 年 7 月发布了基于“佩刀”发动机的水平起降高超声速快速响应飞行器概念及作战设想(见图 6-20)；同时，在欧盟远期先进推进概念和技术计划(Long-Term Advanced Propulsion Concepts and Technologies，LAPCAT)中，基于强预冷技术衍生出适用于高超声速巡航的“弯刀”(SCIMITAR)发动机方案，英国 REL 公司提出了 $Ma=5$ 巡航的高超声速民用飞机方案(见图 6-21)；除此之外，2015 年美国空军研究实验室(Air Force Research Laboratory，AFRL)开展了针对“佩刀”发动机关键技术的性能评估工作，结果表明“佩刀”发动机先进可行，在工程实现上不存在重大技术障碍；在此基础上 AFRL 与英国 REL 签订合作研究发展协议，就“佩刀”发动机在太空发动机飞行器、高超声速飞机及军事领域的应用开展相关合作，并于 2016 年 9 月 AFRL 发布了两套基于“佩刀”发动机的水平起降两级入轨飞行器概念方案(见图 6-22)，并已经将基于“佩刀”发动机技术的高超声速空天飞行器方案列入美国水平起降重复使用空天飞行器重要技术路线之一，以便加速自身高超声速飞行器技术和装备发展。

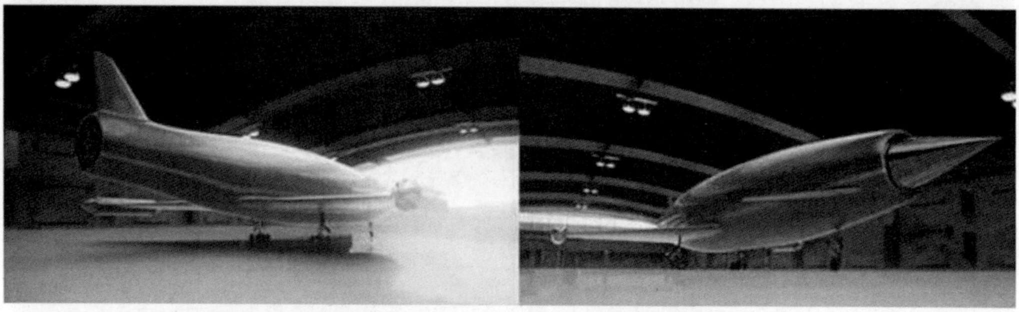

图 6-20　英国 BAE 水平起降高超声速快速响应飞行器概念

图 6-21　LAPCAT 计划中的高超声速民用飞机 A2 方案

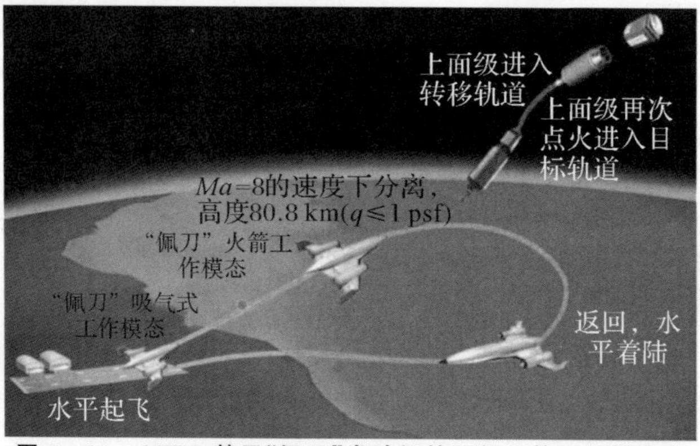

图 6-22　AFRL 基于“佩刀”发动机的双级入轨飞行器方案

4)SABRE“佩刀”发动机技术的重要意义

英国 REL 通过多年来的技术发展及近年来标志性的关键技术突破，使得历经周折的强预冷发动机技术终于获得全世界空天领域的瞩目，并被业内人士认为是发动机领域的颠覆性技术，是“喷气推进发明以来的第二次革命”。欧洲航天局(ESA)也对此项目信心十足，认为验证机研究必将成功，并且坚信该技术将是全球推进领域的一项重要里程碑。英国大学与科学部长 David Willetts 评价称“这项技术会彻底改变未来的空中和太空旅行”，同时英国航天领域人士认为，这项技术在 10 年左右就可最终在工程上实现。除此之外，AFRL 认为“佩刀”发动机是一项十分有吸引力的技术，并有希望领先于其他动力方案更早地在水平起降重复使用空天飞行器上投入使用。

2. Scimitar 发动机

第 3 章介绍了“长期先进推进概念与技术”(Long-term Advanced Propulsion Concepts and Technologies,LAPCAT)计划。它是欧洲空间局于 2005 年提出的。在 LAPCAT 项目牵引下,REL 公司提出了 400 t 级高声速民航机 A2 概念,并配套设计了 $Ma=5$ 预冷型发动机 Scimitar,如图 3-15 所示,同样采用氢为燃料,使用氦进行闭式循环。

Scimitar 发动机属于 SABRE 发动机的衍生型,基本原理和关键技术与 SABRE 发动机十分相似,但设计目标不同。SABRE 发动机目标瞄准单级/两级入轨,Scimitar 发动机瞄准高声速巡航,对比冲和使用寿命有更高要求,设计寿命 15 000 h。Scimitar 发动机采用三激波进气道,动能效率 0.9,安装了 6 段预冷器,每段 70 模块,使压气机进气总温控制在 635 K 以内;压比进一步降低,采用两轴对转压气机,总压比 4.07。相对于 SABRE 发动机,Scimitar 更贴近民用,在现有技术水平上可实现性更高。

Scimitar 发动机有两种工作模式,由涡扇发动机提供主推力的 B 模式,以及由 ATR 和旁路冲压提供主推力的 P 模式,在 $Ma=2.5$ 进行模态转换。其地面推力为 372 kN,燃料当量比 0.8,模态转换推力为 272.8～313.1 kN。该型发动机可在亚声速和超声速进行循环,亚声速可在马赫数 0.9 以 9 688 s 比冲巡航,超声速保持马赫数 5 以 4 195 s 比冲巡航,经济性较好。

图 6-23 给出了 Scimitar 发动机两种巡航模式结构布局。近几年,由于没有后续项目支持,Scimitar 发动机进展缓慢,大多数关键技术停留在方案阶段。

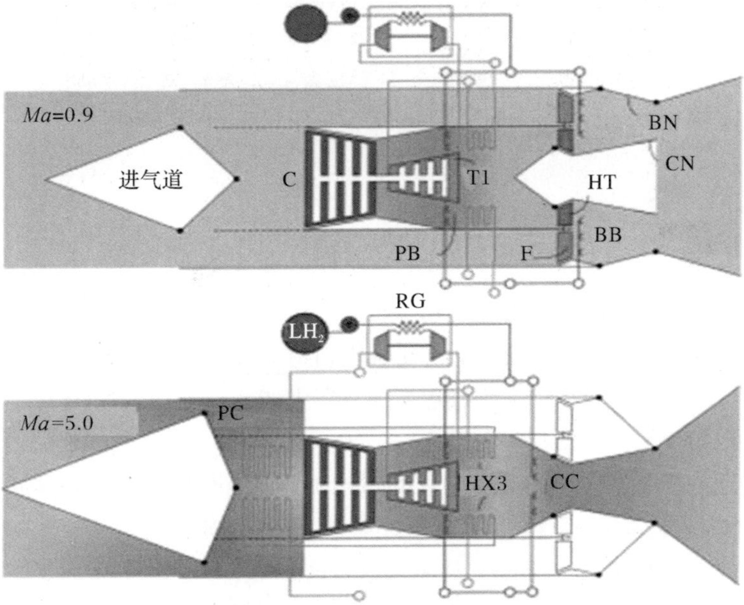

图 6-23　Scimitar 发动机巡航状态工作模式

6.3.4　适度预冷开式膨胀循环——ATREX 发动机

1986 年,为满足低成本、可重复使用航天运载系统动力需求,日本宇航研究院(Institute of Space and Astronautical Science,ISAS)联合多家研究机构提出了膨胀循环空气涡轮火箭发动机(Air Turbo Ramjet with Expander Cycle,ATREX)。该型发动机采用低温液氢燃料为冷却剂,在进气道内安装预冷器对来流空气进行预冷,充分吸热后的燃料达到高焓高压状态,驱动涡轮带动压气机工作,再喷入燃烧室燃烧。为防止冷却管束表面结冰,在进气锥上加装了介质喷射装置,通过向空气内喷射液氮/液氧/醇类来抑制结冰。

早期的 ATREX 发动机采用叶尖涡轮驱动压气机工作,如图 6-24(a)所示,而叶尖涡轮的 C/C 复合材料氧化问题始终未有效解决,因此,2000 年后又采用传统后置涡轮布局代替原有的叶尖涡轮布局,如图 6-24(b)所示,同时将涡轮进气温度降至 1 200 K,发动机综合性能与叶尖涡轮方案相当。

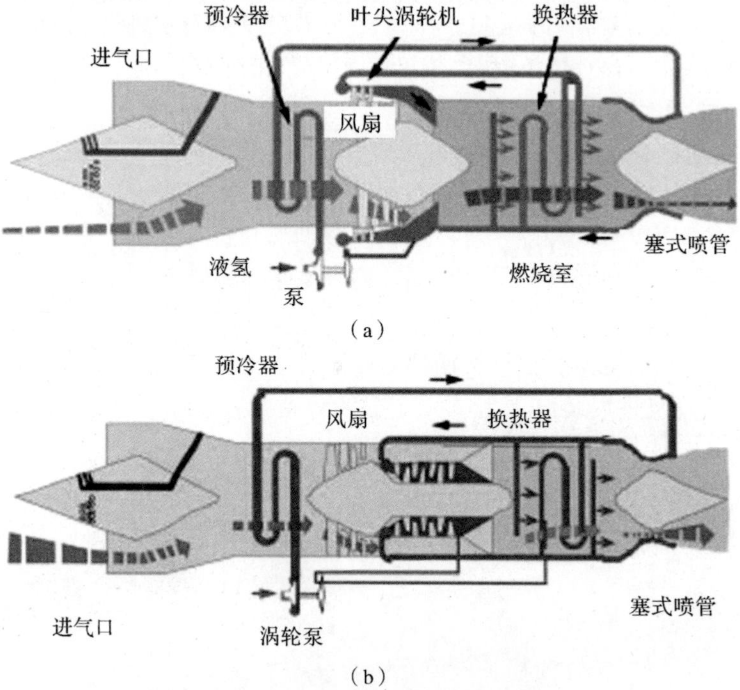

图 6-24　ATREX 发动机原理示意图

(a)叶尖涡轮布局 ATREX 发动机;(b)后置涡轮布局 ATREX 发动机

1992 年之后,日本开始对 ATREX 开展试验研究,最早利用缩比模型对 ATREX 进行了约 30 次地面试车,该模型在未安装预冷器条件下测得 1 400 s 的比冲和 4 500 N 的推力。预冷器作为 ATREX 发动机的核心部件之一,是 ISAS 研究的重点,1992—1994 年先后对三种布局(分别为 Type-Ⅰ、Type-Ⅱ、Type-Ⅲ)的预冷器开展了风洞试验,1995 年后进行了地面点火试验。预冷器的试验结果证明,采用液氮为冷却剂最低能将来流空气从 293 K 冷却至 209 K,若采用氢为冷却剂则能降低至 171 K,总压恢复系数最高 0.9 以上。图 6-25 展示了 ATREX 发动机地面点火试验台。由三种布局预冷器的地面试验结果来看:Type-Ⅰ和 Type-Ⅱ有较大的管径和管束间距,总压损失较小,但是热交换率无法达到预计值;Type-Ⅲ减小管径尺寸并缩小管束间距后,管壁容易迅速结冰,压力损失陡增。向进气道内喷入乙醇能有效抑制预冷器表面结冰,结合地面试验结果评估可知,整个飞行过程(地面状态至 30 km)所需的乙醇总量不超过载油量的 3%。

图 6 - 25　ATREX 地面点火试验台

后期地面热试验(见图 6 - 26、图 6 - 27)采用液态甲醇或者气态甲醇来抑制结冰，能减小 80%的压力损失。试验以液氢作为冷却剂和燃料。ATREX - 12、ATREX - 13 和 ATREX - 14 的地面点火试验测得 2 400～3 540 N 的推力，空气流量 6.05～7.28 kg/s，比冲 10 200～16 300 s。日本航空航天研究局(JAXA)也提出了基于 ATREX 发动机的飞行试验样机和天地往返飞行试验，并开展商业应用探索，但截至目前尚无商业应用报告。

图 6 - 26　液态甲醇 ATREX - 500 发动机试验台

图 6 - 27　气态甲醇 ATREX - 500 发动机试验平台

6.3.5　其他预冷型组合循环发动机

20 世纪 90 年代末，Vladimir Balepin 提出了将液体火箭发动机(Liquid Rocket Engine，LRE)和深度预冷涡喷发动机(Deeply Cooled Turbojet，DCTJ)有机结合而成的新型预冷型组合循环发动机——KLIN 发动机(见图 6 - 28)，该型发动机的设计旨在为单级入轨(Single Stage to Orbit，SSTO)飞行器提供动力。发动机的火箭单元全速域参与工作。

经预冷作用后的涡喷发动机最高可工作至马赫数 6.0～6.5。地面状态涡喷发动机来流空气被冷却剂氢预冷至 110 K，而在马赫数 6.0 状态能被冷却至 200～250 K，期间空气不会被液化。由于进气温度低，涡喷发动机得以使用较高的压比，提高了发动机热循环效率。但在深度预冷的同时，又带来了预冷器结冰的问题，KLIN 发动机在预冷器前加装了液氧喷注装置来控制结冰，液氧喷注的另一个作用也是冷却空气。与空气液化循环发动机相比，KLIN 发动机简化了装置，减轻了重量，能获取更高的推重比。

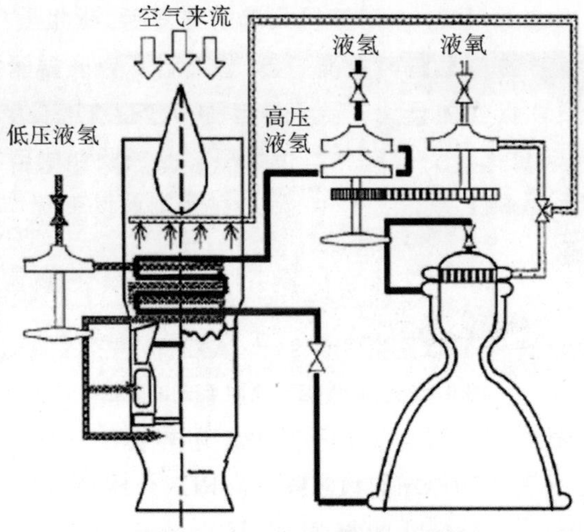

图 6-28　KLIN 发动机原理图

KLIN 发动机可垂直起飞，亚声速段火箭发动机也会提供较大比例的推力，跨声速后火箭发动机开始节流，只提供较小的推力。当马赫数为 6.0 左右时，预冷涡喷发动机关闭，火箭发动机重新起动，工作模态转换为火箭发动机单独工作。低速段采用吸气模态获取氧化剂，减轻了所需携带液氧的重量，比冲约为液氢/液氧火箭发动机的两倍。另外，垂直起飞可省去起落架及其附件的重量，进一步减轻了飞行器起飞重量。KLIN 发动机的主要难点在于低温高压比压气机，当马赫数在 0～6.0 变化时，压气机进气流量和总压变化较大，需重新设计工作范围更宽的压气机。

2003 年，日本 JAXA 在 ATREX 研究的基础上向民用航空提出了预冷涡喷发动机(Pre-Cooled Turbojet，PCTJ)方案，如图 6-29 所示，并加工了缩比尺度的预冷涡喷发动机 S-PCTJ，用于验证发动机循环可行性。目前已完成进气道 $Ma=1.5$～5.0 风洞试验、$Ma=2$ 飞行试验和 $Ma=4$ 风洞试验，结合计算流体力学评估验证了 PCTJ 发动机能完成 $Ma=0$～5 连续工作。

图 6-29　S-PCTJ 发动机结构

西安航天动力研究所张蒙正等人针对可重复使用航天运输或临近空间快速投放平台动力需求，提出了一种预冷空气涡轮火箭(Pre-Cooling Air Turbo Rocket，PATR)组合动力系统方案，如图 6-30 所示，其主体布局为中间的火箭发动机和环绕火箭发动机的旁路冲压发动机，外加第三介质循环系统。PATR 发动机采用氦为第三介质，以闭式循环方式对空气进行预冷，并驱动空气压气机和氢泵工作。以液氢作为最终热沉，对高温氦进行冷却，再驱动氦压气机-涡轮，膨胀后的氢一部分进入火箭发动机燃烧室燃烧，另一部分导入冲压燃烧室燃烧。PATR 发动机工作速域马赫数 0～6，火箭发动机在全速域内工作，也是推力的主要来源，旁路冲压工作速域初步设计为马赫数 1.8～6.0。

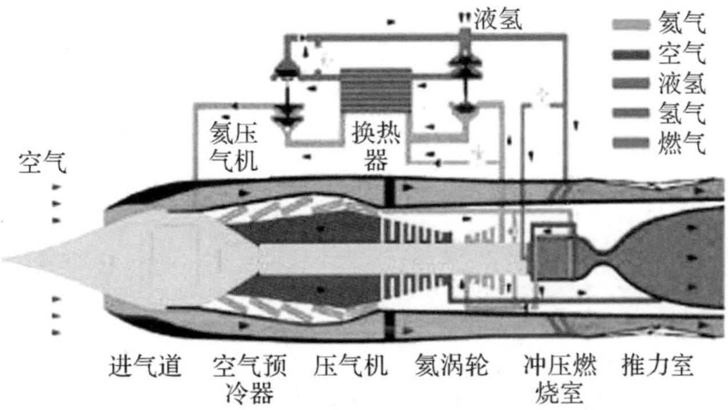

图 6-30 PATR 发动机原理

对 PATR 发动机热力循环系统(见图 6-31)和部件关键技术的分析表明,该型发动机的技术难点在于热力参数的匹配、轻质高效预冷器设计及制造技术、燃烧室热防护技术、高效氦涡轮技术和低温空气压缩技术等,未来团队将持续对系统方案进行优化。

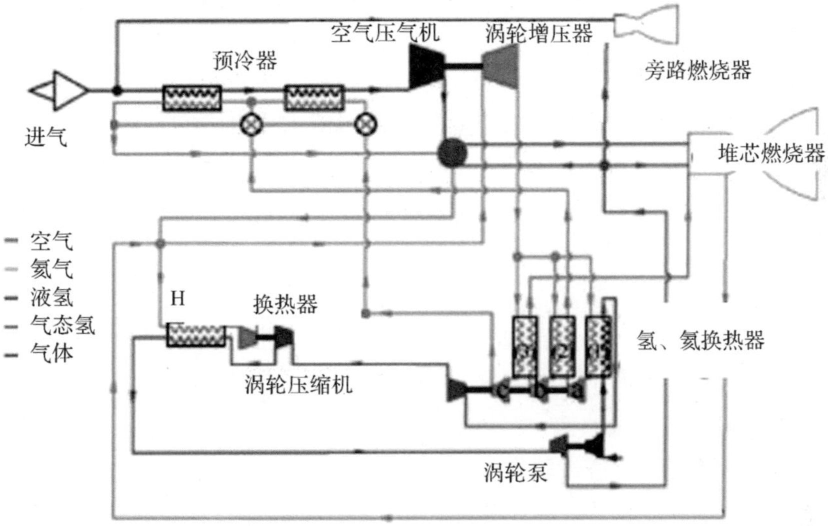

图 6-31 PATR 发动机热力循环系统

6.4 传统动力的改进型高超声速推进系统

高速涡轮发动机验证(HiSTED)计划是 DARPA 和美国空军在 VAATE 计划下联合实施的一项研究计划,其目的是设计、制造和验证一种高速($Ma=3.0\sim4.0$)、短寿命涡轮发动机。该发动机是一种高温、中等压比的单转子不带加力涡喷发动机,为多种平台提供低成本、$Ma>4.0$ 飞行的推进能力,使其达到目标时间缩短 80%,并可灵活地执行超声速巡航/亚声速待机任务。

HiSTED 计划的发动机验证机由美国空军/DARPA 投资,由 RR 北美技术公司(负责 YJ102R 发动机)和 Williams 公司(负责 XTE88/SL1 发动机)合作开发和验证。YJ102R 发动机(见图 6-32)是在 J58 发动机的基础上,采用层板技术发展而来的一种高温、中等压比、单转子无加力涡喷发动机，其单位推力、质量、直径和长度分别为J58发动机的6倍、6%、25%和20%。其小型冲压燃烧室于2008年在美国空军推进实验室开始试验，在2009年1月成功完成了初步试验验证。试验结果表明：带火焰稳定器的发动机能使用JP8+100和JP10燃料起动和连续工作，在整个包线内获得的性能数据超过了全包线的设计值；无火焰稳定器的发动机使用JP8+100和JP10燃料，能够在只有自动点火的情况下成功地起动和工作。

图6-32 NAVY导弹及其使用的YJ102R发动机

在FaCET计划下验证的超燃冲压发动机（X43、X51计划验证）组合动力技术、HiSTED计划下验证的高速涡喷发动机技术，最终都应用在SR-72（见图6-33）动力系统上。利用传统动力技术，可为高超声速武器发展提供一个经济效益好的发展目标，再利用新技术积累的突破对其加以一定程度的改进，有时候能取得意想不到的结果。

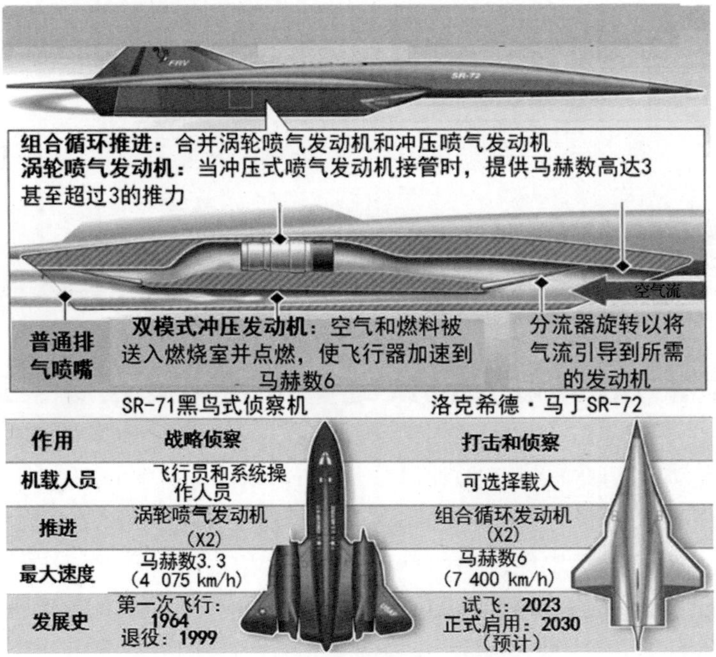

图6-33 SR-72与SR-71对比图

第 7 章　国内外典型高超声速飞行器动力系统研发单位

7.1　国外典型高超声速飞行器动力系统研发单位

7.1.1　美国航空航天局(NASA)

NASA 是美国最核心的高超声速飞行器动力系统研发单位，促成了数量众多的研发项目。

NASA 一直是美国 TBCC 技术发展的重要推动力量，为了攻克 TBCC 的关键技术，NASA 在高超声速项目下开展了一系列研究，包括组合循环发动机大型进气道模态转换试验(CCE LIMX)、高马赫数风扇台架试验、高速涡轮发动机研究、一体化流路计算、部件技术计算等。具体路线图如图 7－1 所示，技术路径图如图 7－2 所示。

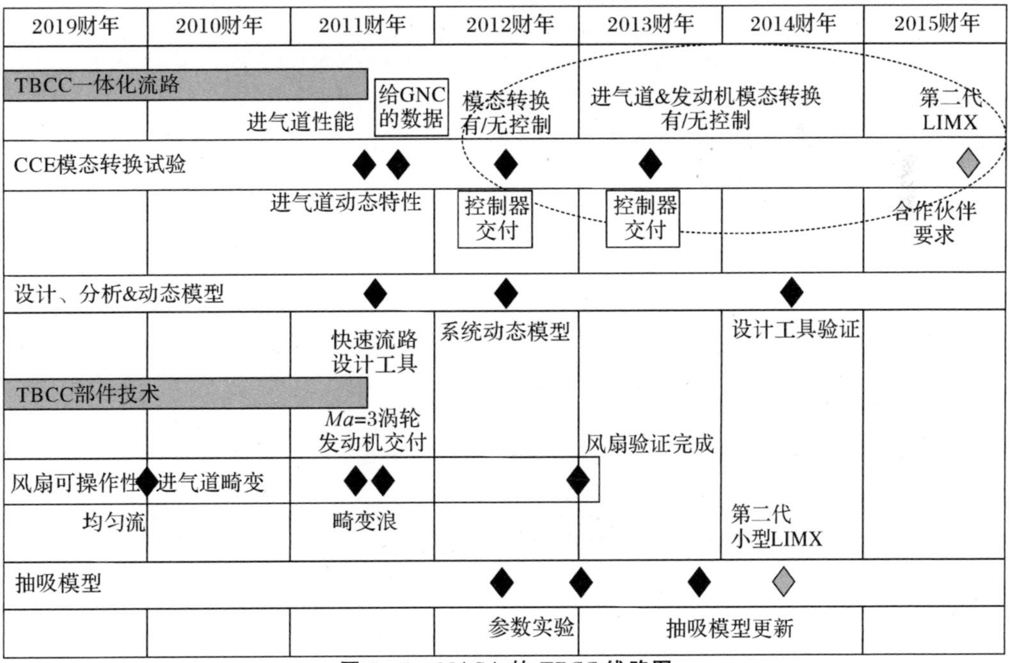

图 7－1　NASA 的 TBCC 线路图

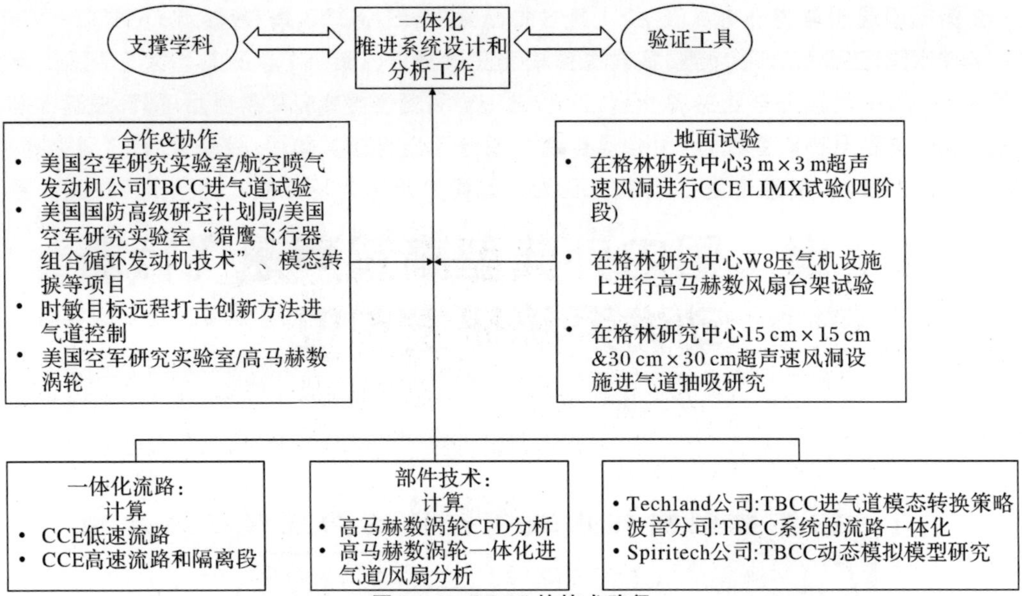

图 7-2　TBCC 的技术路径

TBCC 系统低速和高速两个流路间的切换是一项关键技术，能够保证进气道的性能，避免引起进气道不起动。为进行受控的进气道模态转换，NASA 设计并制造了一个实验用的大型进气道模型，并安装在 NASA 格林研究中心的 3 m×3 m 超声速风洞中，分四个阶段进行试验，即组合循环发动机大型进气道模态转换试验。此项工作的目标是开发一个特殊的 TBCC 数据库，以及验证设计和分析工具，解决高超声速组合循环发动机的一些主要问题，包括：进气道的操作性和性能——不起动约束、畸变约束、抽吸要求、控制；模态转换的步骤；模态转换过程中的涡轮发动机瞬态；等等。

CCE LIMX 的推进系统是完全一体化的 TBCC 系统，流路尺寸与 NASA 和美国国防部以前提出的高超声速飞行试验计划一致，结构如图 7-3 所示。在 $Ma=4$（主要模态转换点）和 $Ma=3$（次要模态转点）等条件下进行了试验，研究了闭环控制系统，验证了控制算法，研究了转换阀关闭时进气道的性能与操作性，完成了初始进气道和动态特性的研究，并证实了模态转换可顺畅地完成。

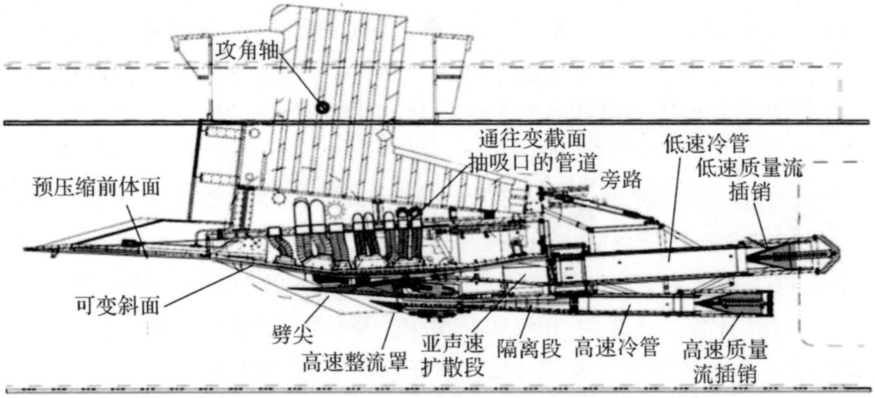

图 7-3　CCE LIMX 的结构简图($Ma=4$)

NASA 与通用电气公司联合，设计了一种用于空间进入的 $Ma=4$ 变循环涡扇/冲压发动机。由于风扇级对于组合循环发动机至关重要，因此 NASA 制造了组合循环发动机的缩比风扇级（见图 7-4），并在 W8 单级压气机设施上进行了试验，旨在利用现代分析工具在试验前进行预测，描绘在发动机大工作范围内风扇级性能，测量失速线稳定边界，并与试验前的预测进行对比，评估现代工具的性能，利用试验件理解物理现象并改进模型。

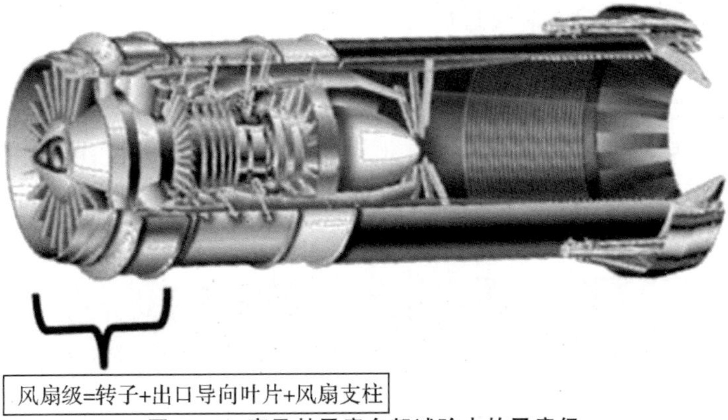

图 7-4　高马赫风扇台架试验中的风扇级

CCE LIMX 第四阶段试验要采用 $Ma=3$ 涡轮发动机替代原来的管路，因此威廉姆斯国际公司针对该需求研制了一种 $Ma=3$ 的高速涡轮发动机——WJ-38-15，如图 7-5 所示。该发动机是 WJ-38 涡轮发动机的改进型。由于 CCE 发动机必须承受 600 ℉的最大进气道温度，因此沿着 WJ-38-15 可变进气道导向叶片增设了一个抗变形耐高温风扇；为适应高温，还更换了压气机和润滑油系统部件的材料；燃烧室涂敷了热障涂层。另外，发动机增设了加力燃烧室和单膨胀斜面喷管，以便提高超声速工作性能。配备加力燃烧室和一体化喷管的 WJ-38-15 经过一系列验收测试后，于 2011 年 8 月如期交付 NASA 格林研究中心，然后进行 CCE TBCC 进气道/发动机一体化试验。

图 7-5　威廉姆斯国际公司为 CCE 试验改进的 WJ-38-15 涡轮/涡扇发动机以及一体化的喷口

为了推动 TBCC 低马赫数直连式燃烧室试验的发展，2014 年 12 月 15 日，NASA 格林研究中心与航空喷气-洛克达茵公司合作，以完成 TBCC 低马赫数风险降低直连式燃烧室试验。该项研究目的是利用航空喷气-洛克达茵公司开发的超燃冲压发动机技术，探索模态转换时组合发动机和冲压发动机在模拟条件下的点火、运行和性能等特性。工作内容包括：

①任务规划和状态跟踪;②集成、协作的试验前分析;③硬件改装和制造;④利用涡轮喷气燃烧室试验台开展地面试验;⑤试验后数据分析和汇报。

在超燃冲压发动机的研究方面,NASA 于 1997 年发起了 Hyper - X 计划。Hyper - X 计划由 NASA 的兰利研究中心和德莱顿(Dryden)研究中心联合进行研制。Hyper - X 计划的目的是对可重复使用飞行器与超燃冲压发动机一体化设计技术进行研究和验证,使超燃冲压发动机技术从基础研究阶段迈进到工程生产阶段。主要采用代号为 X - 43A 的飞行器进行试验,之后还有 X - 43B、X - 43C 和 X - 43D 等飞行器。X - 43A 飞行器采用的是氢氧燃料,计划通过飞行试验来验证超燃冲压发动机的实际性能,飞行器采用可以对超燃冲压发动机的性能进行验证的飞行器的最小尺寸。X - 43A 飞行器在设计制造过程中要面对很多挑战,包括组合刚度、热防护、推进与燃料系统及测量与遥测系统等方面,这些困难都被逐一解决。

图 7 - 6　X - 43A 外形示意图

项目最初计划进行四次飞行试验,由于所需研究费用随着研究的进行而不断增加并超出了预算,NASA 最终决定只进行三次飞行试验,其中两次是马赫数为 7 的试验,一次是马赫数为 10 的试验。研制团队选择由 B - 52 轰炸机从空中投放飞行器,助推器则使用经过改造的飞马座运载火箭。第一次飞行试验在 2001 年 6 月进行,使用 B - 52 轰炸机投放 X - 43A 飞行器(见图 7 - 7),在发射约 13 s 后,因为飞马座助推器的尾翼发生了故障,飞行器失去了控制,没有进入预定轨道,导致试验失败。第二次飞行试验于 2004 年 3 月在德莱顿飞行研究中心进行,在约 12 000 m 高空中,X - 43A 与加速器分离后独自运行了 10 s,完成了空气动力学机动状态的测试,发动机性能接近预期状态,最高速度达到 $Ma=6.83$,标志着第二次飞行试验获得成功。2004 年 11 月,进行了第三次试验,X - 43A 与加速器分离后飞行了约 1 s,飞行速度达到 $Ma=9.8$,标志着第三次试验也获得成功。第三次试验与第一次试验相比,由于飞行速度更快,产生的温度也刚好。同时 X - 43A 采用了更厚的热防护层,发动机和机身也采用了全新的控制系统。这次试验是非常重要的,因为在如此高的速度下是无法进行地面试验的。在飞行试验中,X - 43A 上装有大约 500 个测量仪器,需要在飞行过程中对这些独立的仪器进行监控和记录,这些数据在飞行过程中,通过发射机传送到地面和飞行接收机,这些关键的数据对日后的研究有重要的作用。X - 43A 计划的这三次试验,总共花费了约 2.3 亿美元。

图 7-7　B-52 轰炸机投放装有 X-43A 的发射装置

Hyper-X 计划的重点在于飞行试验验证，X-43A 的三次试验是对美国在超燃冲压发动机这一领域多年的研究成果的验证，把以前只停留于理论研究中的技术应用到实际飞行之中，所获得的经验对高超声速技术之后的发展有很好的借鉴作用。

在 RBCC 发动机方面，NASA 的马歇尔航天中心于 2001 年开展了 ISTAR 计划，ISTAR 计划为 RBCC 发动机飞行演示计划，采用 X-43B 飞行器，载机发射模式，演示 RBCC 发动机在 $Ma=0.7\sim7$ 范围内的火箭引射、亚燃冲压和超燃冲压等 3 种工作模态，验证发动机的工作包线及相关关键技术，发动机概念如图 7-8 所示。

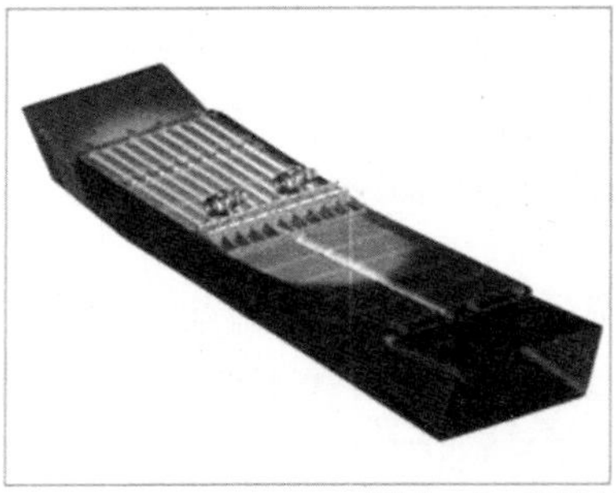

图 7-8　ISTAR 计划中的 RBCC 发动机概念图

ISTAR-RBCC 发动机以 Strutjet 发动机为基础，采用 JP-7/H_2O_2 作为推进剂，B-2 飞机将 X-43B 携带到空中，飞行在 $Ma=0.7$ 时进行投放，当 $Ma=2.5$ 时转为亚燃冲压模态，当 $Ma=5$ 时转为超燃冲压模态，在 $Ma=7$ 后滑翔降落，规避了 RBCC 发动机低速段推力不足的问题。ISTAR 项目完成了 X-43B 演示飞行器设计和发动机燃油系统、进气道、燃烧室等关键组件设计和地面试验，获得了不同模态下的发动机性能，验证了 RBCC 发动机的适用性。

ISTAR 发动机将 Strutjet 发动机的工作范围由 $Ma=0\sim20+$(入轨)缩小到 $Ma=0.7\sim7$，大大降低了发动机的设计难度。研究表明，RBCC 发动机在地面零速状态下，火箭引射推力增益约为 13%。随着飞行马赫数的提高，火箭引射增益不断提高，当 $Ma=0.8$ 时引射增益可以达到 30%，当 $Ma=2.8$ 时则超过 100%。ISTAR 在 $Ma=0.7$ 后通过载机进行投放，避免了低速状态下引射增益不足，理论上有利于飞行器加速爬升，实际上飞行器总体计算表明，仅靠 30%的引射推力增益难以实现爬升要求，需要进一步提升 RBCC 发动机起始的工作马赫数。ISTAR 发动机工作范围为 $Ma=0.7\sim7$，进排气系统仍然采用可调结构才能满足工作要求。

通过 ISTAR 的研究可看出，美国已不再局限于 RBCC 概念的演示，研究重点开始向工程化样机的实现偏移，并已开始了部件级别的详细研究，ISTAR 发动机如图 7-9 所示。

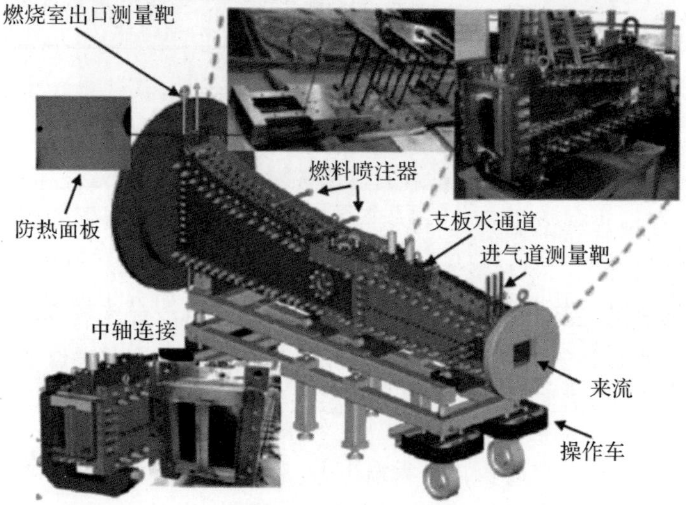

图 7-9　ISTAR **发动机**

NASA 的格林研究中心开展了半轴对称流道的 RBCC 动力研究——轴对称火箭冲压组合动力飞行器研究开发(GTX)计划。GTX 飞行器是一种垂直起飞、水平着陆的可重复使用的单级入轨(SSTO)概念机(见图 7-10)。其发动机采用固定尺寸流道，内置火箭与冲压流道设计为一体化结构，主火箭安装在发动机侧壁，发动机的半圆形机舱贴附在飞行器主体的周围，充分利用了飞行器前体的预压缩功能。这种构形结构紧凑，在相同容积的条件下，可以减轻结构重量。格林研究中心完成了进气道、前体以及吸气模态推进模型的风洞试验和燃烧室直连试验，试验范围包括从海平面静态到 $Ma=2.5$ 的飞行状态。GTX-RBCC 发动机火箭布置在隔离段侧壁，结构设计难度和热防护难度显著降低。对宽范围而言，GTX 发动机仍然需要采用可调结构，燃烧室采用多路喷注、多级燃烧组织和热力壅塞的燃烧组织方式。

图 7-10　GTX **飞行器**

在以上研究的基础上，NASA 在 2002 年进行 RBCC 发动机的小型整机首飞，一种可能的方案是在 D-21(由 SR-71 改制)超声速高空侦察机上安装 RBCC 发动机。在飞行试验中，D－21 飞机由 B－52 飞机投下，RBCC 开始工作直到 $Ma=4$，然后滑翔着陆，从而验证了引射模态与冲压模态之间过渡的可靠性。

在爆震发动机的研究方面，NASA 制订了多种研发计划，近些年进行了相对参考系中旋转爆震发动机的数值分析，研究了排气管对旋转爆震发动机的影响，由激波引起的气体运动导致的液滴破裂，在多相爆炸中遇到的各种压力条件下有效的蒸发模型，高压下脉冲燃烧器驱动喷射器的参数化，燃油喷射和混合特性对高压脉冲燃烧器性能的影响，等等。

NASA 将 PDE 作为国家战略，基于 PDE 技术的爆震/涡轮发动机组合循环新概念推进系统、液态推进燃料的 PDE 和 PDRE 系统、PDE 小型化、RDE 技术成为其研究重点。NASA 在 2015 年之前，研究在普通燃气涡轮发动机的加力燃烧室采用脉冲爆震燃烧的发动机概念，如图 7－11 所示；在 2015 年之后，研究燃气涡轮发动机的主燃烧室采用脉冲爆震燃烧的发动机概念，如图 7－12 所示。目前，基于脉冲爆震燃烧的混合循环推进系统的概念设计已经结束。2023 年，在 NASA 马歇尔太空飞行中心进行的一次测试中，该机械在开展 RDE 技术方面达到了一个新的基准。工程师成功测试了 3D 打印旋转爆震火箭发动机(RODE)持续 251 s 的工作状态，其产生了超过 2 630 kg 的推力。

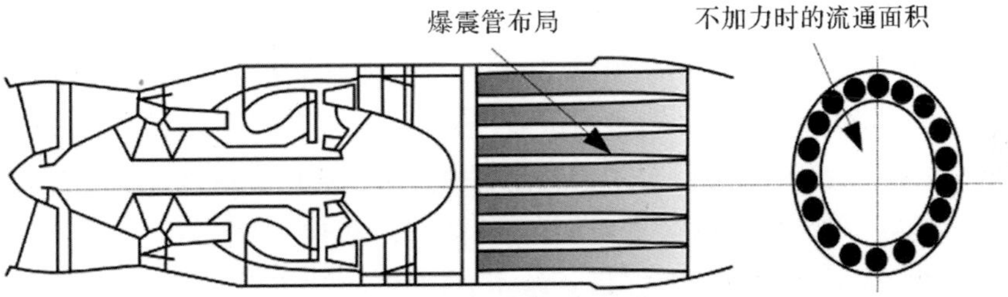

图 7－11　加力燃烧室采用脉冲爆震燃烧的发动机概念

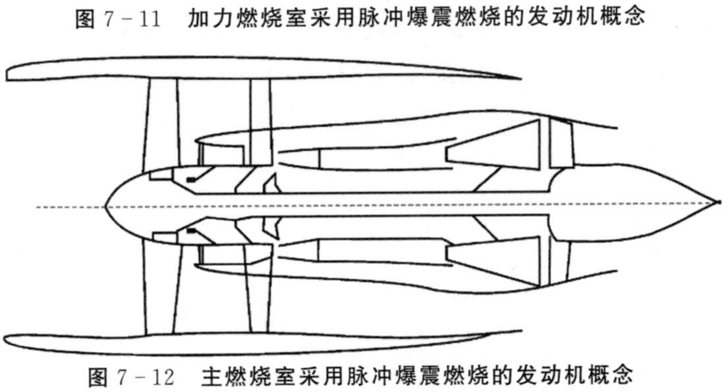

图 7－12　主燃烧室采用脉冲爆震燃烧的发动机概念

NASA 格伦研究中心的脉冲爆震发动机技术项目的目标是，评估在商用和军用亚声速与超声速混合燃气涡轮发动机以及进入太空应用的组合循环推进系统中采用的脉冲爆震燃烧技术。几家公司和政府实验室已经开发了多个高频(>60 Hz)脉冲爆震燃烧室。同时，格伦研究中心和德雷登飞行研究中心还在联合实施“纯”脉冲爆震发动机飞行研究计划，其主要目标是提高近期应用的综合脉冲爆震发动机系统的技术完备等级。

NASA 格伦研究中心的 Paxson 使用反应式欧拉求解器进行简化的二维计算流体动力学(CFD)仿真，以研究在旋转爆震发动机(RDE)试验中始终观察到的低爆震波传播速度的可能原因。这些速度通常比一维 Chapman-Jouguet 理论预测的速度低 15%～40%。使用一个简化的二维计算流体动力学模型模拟理想的 RDE,有效反映速率降低,可知其是由湍流诱导反应区扩大造成的。此外,结果已经表明,波速降低是 RDE 所特有的,而不是在相关的脉冲爆震发动机(PDE)环境中看到的。这也与实验观察结果一致。最后,关键的是,波速的降低并不会改变由总比脉冲测量的理想 RDE 的预测性能。

7.1.2 美国空军研究实验室(AFRL)

美国空军研究实验室也是美国研发飞行器动力系统的中坚力量。

2020 年 3 月,美国空军研究实验室(AFRL)与诺格公司、TDI 公司合作,对一种约 90.8 kg 推力级别的低成本涡喷发动机 TDI - J85 进行了测试。

TDI - J85 发动机是美国“灰狼”(Gray Wolf)低成本巡航导弹项目的产物。该项目主要进行低成本巡航导弹原型生产和演示验证,由美国国防部长办公室(OSD)牵头。

为便于提高产量,TDI - J85 的设计着重于经济可承受性和可制造性。飞行测试中,TDI - J85 发动机在高空进行了多次发动机空中起动,发动机达到了推力性能要求,燃油效率超过预期。测试发动机在空中的累积飞行时间展示了其可信的设计耐久性,是同类产品中第一个成功在高空运行的发动机。

STELR(远程高速涡轮发动机)项目是美国国防预先研究计划局(DARPA)与 AFRL 联合开展的“高速涡轮发动机验证”(HISTED)项目的后继项目,旨在研发马赫数超过 3 的武器和飞行器,包括空射巡航导弹和无人机等。项目所发展的发动机无加力燃烧室,发动机进口气流温度为 800 ℉(近 430 ℃),因此采用了大量的新型材料。该发动机将首先确保美空军未来超声速空射巡航导弹(用来取代现役的 AGM - 86B/C/D)能够以 $Ma>3$ 的速度飞行 2 000 mile(3 200 km)。尽管主要设计目标是用于一次性武器,但同时提出发动机要有足够的寿命,配装于侦察监视平台时能够连续执行 50 次任务,因此应能满足短寿命的高速侦察机或高超声速侦察机(与其他动力组合成推进系统)的需要。

STELR 项目的成果同时可为涡轮基组合循环推进系统奠定基础,使美空军未来的高超声速飞机从起飞速度达到 $Ma=4$ 都由高速涡轮发动机提供动力,此后由亚燃/超燃双模态冲压发动机提供动力。在 STELR 项目中已为此配置了 4 种涡轮发动机选项,并且它们都与飞行器进行了结合。

作为组合循环推进系统的组成部分,AFRL 还在实施“中尺寸关键部件”(MSCC)项目,目标是在 X - 51A“乘波者”项目之后研究第一代大尺寸超燃冲压发动机。根据美空军规划,中等尺寸超燃冲压发动机是指空气流量为 X - 51A 飞行器 10 倍左右的超燃冲压发动机,主要定位于配装高超声速飞机。由于技术跨度巨大,美国空军早在开展 X - 51A 飞行器用超燃冲压发动机研究的同时,就已经启动了更大尺寸超燃冲压发动机的研究,仅在 2008—2021 财年期间就累计投入了超过 3 亿美元。

2019 年 8 月,在美空军研究实验室 MSCC 项目支持下,在阿诺德工程发展综合体的“气动与推进试验单元”(APTU)试验台,诺格公司(收购了 ATK 轨道公司)也完成了相同尺寸超燃冲压发动机的地面试验,同样也获得了 5.9 t 的最大推力。诺格公司的试验为期 9 个月,发动机在 $Ma>4$ 的条件下累计工作了超过 30 min。

2020 年，在美空军研究实验室(AFRL)"中等尺寸超燃冲压关键部件"(MSCC)项目支持下，美国洛克达因公司研发的大推力超燃冲压发动机在 APTU 试验台完成了一轮为期 12 个月以上的地面试验(见图 7－13)，验证了发动机在不同马赫数条件下的性能，其中在高超声速条件下的工作时长累计超过了 1 h，并获得最大超过 13 000 lb(约 5.9 t)的推力。该发动机长约 18 ft(约 5.5 m)。

图 7－13　洛克达因公司"中等尺寸超燃冲压关键部件"项目中等尺寸超燃冲压发动机在 APTU 试验台进行试验

美国空军研究实验室在采用碳氢燃料的吸空气式脉冲爆震发动机和脉冲爆震火箭发动机方面做了大量工作。美国空军在 1998—1999 财年共投入 156 万美元研究用于下一代侦察/攻击飞行器(有人和无人)及吸气式推进器的 PDE 技术。主要研究在涡扇发动机的外函采用脉冲爆震燃烧，以去掉发动机的加力燃烧室。

2004 年，研究人员使用一种自己设计制造的超临界燃料喷射系统实现了 JP－8 燃料在空气中的爆震，该喷射系统不但结构简单，而且喷出的燃料不会积碳。2004 年秋天，研究人员又成功完成了世界上第一架以脉冲爆震发动机为动力的有人驾驶飞机的地面声学和振动试验，试验的初步结果显示，该飞机的声学水平与 B－1B 轰炸机相当。

其中具有里程碑的事件就是，2008 年 1 月 31 号，由美国空军研究室(AFRL)、美国创新科学解决方案公司(ISSI)合作第一次成功完成了以 PDE 为动力的有人飞行试验，其中 PDE 采用四管组合，如图 7－14 所示。该飞行器以液态辛烷为燃料，采用传统的涡扇发动机进行起飞与降落，飞行高度约为 30 m，飞行期间切换四管 PDE 工作了 10 s，工作频率可达到 80 Hz，且推力超过 890 N。

图 7－14　以 PDE 为动力的 Rattan LongEZ 飞行器

2002—2003 年，美国空军研究试验室的 Sivarai 等人将脉冲爆震燃烧室与涡轮增压器联合进行试验，并且通过高速压力转换器确定在爆震和放气过程中放置涡轮的影响。试验采用自吸气式脉冲爆震燃烧室和 Garrett T3 涡轮增压器。2 个同时点燃的脉冲爆震管驱动涡轮连续工作 25 min,没有发现任何明显性能损失和损坏,从而证明了脉冲爆震燃烧室与涡轮组合方案的可行性,且平均热效率提高至 6.8%。研究还发现,涡轮能够衰减爆震波引发的振动,因而有利于降低噪声。

2010—2013 年,美国空军研究试验室 Rouser 等人进行了涡轮转速、涡轮压比、气流温度、速度和离开脉冲爆震燃烧室驱动的涡轮增压器不稳定排气密度的研究,以及脉冲爆震燃烧室驱动径向涡轮的能力和其适用性的研究,确定了涡轮进出口流场特性、时间分辨涡轮功率、循环平均单位推力以及等焓涡轮效率之间的关系。研究还提出并评估了不稳定涡轮效率的表述,计算出热传递影响,以及包括扩展加权的总压比和统计的多个循环平均值。其目的是设计试验设备,将脉冲和稳定状态下涡轮的性能进行对比,整个试验设备侧视图如图 7-15 所示。

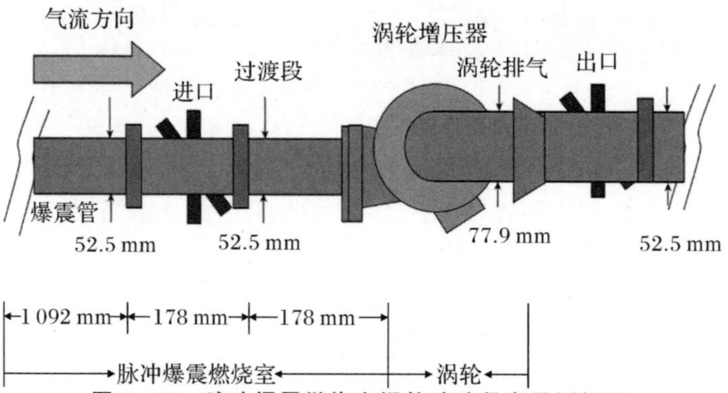

图 7-15 脉冲爆震燃烧室涡轮试验段布局侧视图

英国喷气发动机公司(REL)是国外开展预冷却发动机技术研究进展最显著的机构,AFRL 给予了高度关注,并积极参与其"佩刀"(SABRE)发动机项目的合作研究,以支持美国的高超声速飞机研发。与此同时,AFRL 还开展了该类型发动机的建模和性能评估工作,认为该新型发动机方案原理先进可行,并且在工程实现上不存在重大技术障碍。2019 年 5 月,AFRL 与 REL 合作研究的 SABRE 发动机实现了 $Ma=5.0$ 条件下 1 000 ℃高温气流在 0.05 s 内冷却到约 100 ℃的模拟;2021 年 9 月,SABRE 发动机完成了 HX3 换热器和先进氢预燃器这两个关键子部件里程碑测试。在此之后,开展这两个关键子部件的联调,以支持 SABRE 发动机作为动力的高超声速飞机实现顺利起飞和早期稳定飞行的目标。

为了开发发动机进气道新材料和新工艺,抢占行业制高点。2020 年 3 月,美国空军研究实验室率领的研究团队使用新材料和新工艺制造了 3.352 8 m 长的 S 形发动机进气道,并正在研究量化这种新方法,以达到零件成本和生产时间收益。

传统方法是将合成树脂预浸料手工涂覆到多件式钢制心轴上,之后放入高压釜中进行固化。而新的方法则是将干纤维自动包覆编织到单件式形状记忆聚合物心轴上,之后放入烤箱中进行固化。新的方法引入了可重复使用的形状记忆聚合物心轴、自动的编织层工艺和基于复合材料固化技术的烤箱,显著降低了成本并缩短了周期。

目前,该团队已完成编织层体架构的元素分析定稿、形状记忆聚合物成型工具的制造以及形状记忆聚合物心轴的构建。由于进气道的几何复杂性,必须进行多次迭代才能优化编织网的机器设置，从而最大程度地减少复合材料起皱。

7.1.3　俄罗斯中央航空发动机研究院(CIAM)

俄罗斯中央航空发动机研究院(CIAM)是俄罗斯航空发动机领域最权威的综合性、系统性研究机构。俄罗斯中央航空发动机研究院是俄罗斯超燃冲压发动机研究计划的主要承担单位，也是发展研制超燃冲压发动机的全球领导者之一。CIAM 主要参与了俄罗斯的“冷”计划和“鹰”计划。

俄罗斯于 20 世纪 90 年代进行了“冷”计划(“Kholod”计划)的研究工作，共完成了三次成功的氢燃料超燃冲压发动机飞行试验。其随后又制订了更高层次的“鹰”计划。“冷”计划是对俄罗斯中央航空发动机研究院(CIAM)和联盟设计局联合研制的轴对称双模态超燃冲压发动机进行试验，将参试超燃冲压发动机安装在 C－200(即 SA－5)地空导弹的头部，从地面发射，达到预定的试验空域，然后高超声速冲压发动机点火。液态氢贮存在压力箱中，加压后液氢流出，并绕发动机燃烧室流动来冷却燃烧室，同时吸收热量变成气态氢。气态氢经过调节器，由一排喷嘴喷入燃烧室。根据飞行条件可以采用不同的喷嘴喷射气态氢来改变燃烧模态。

图 7－16 是 Kholod 超燃冲压发动机控制系统功能图，在亚燃模态，控制系统关闭第一路喷嘴，第二、三路喷嘴起动，根据发动机的来流情况，按照设定的规律给出控制指令；在超燃模态下，控制系统打开第一路喷嘴，三路喷嘴同时工作。在飞行过程中，控制系统通过测量燃烧室前段的壁面温度来实施超温控制；控制系统通过比较压比 P_5/P_4 的大小来判断进气道的起动状态，实施进气道起动控制。但在实际的发动机运行过程中，控制系统在判断进气道起动状态时出现错误，致使第一个燃料供给阀没有打开，燃料控制系统实际是以开环状态工作的，这样就影响了发动机的工作性能和飞行试验的结果。这次试验表明，超燃冲压发动机控制系统在实际运行中将面临许多复杂的情况，控制系统需要具备良好的鲁棒性。

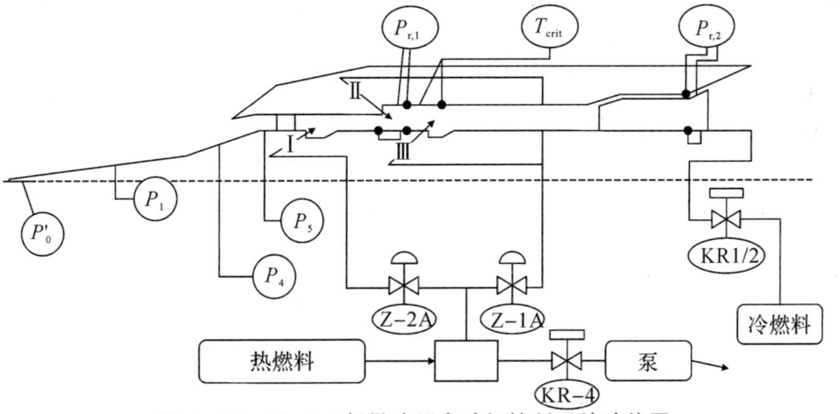

图 7－16　Kholod 超燃冲压发动机控制系统功能图

IGLA 计划也是由中央航空发动机研究院(CIAM)和中央空气动力学研究院(TsAGI)合作实施的，目的是通过飞行试验来验证马赫数 6～14 的超燃冲压发动机的工作性能。试验飞行器为机体/发动机一体化的升力体构型，采用二维氢燃料再生冷却超燃冲压发动机。IGLA 计划已进行了大量全尺寸试验飞行器的地面试验，并积极提高试验测量水平。试验飞行器设计参数如图 7-17 所示。

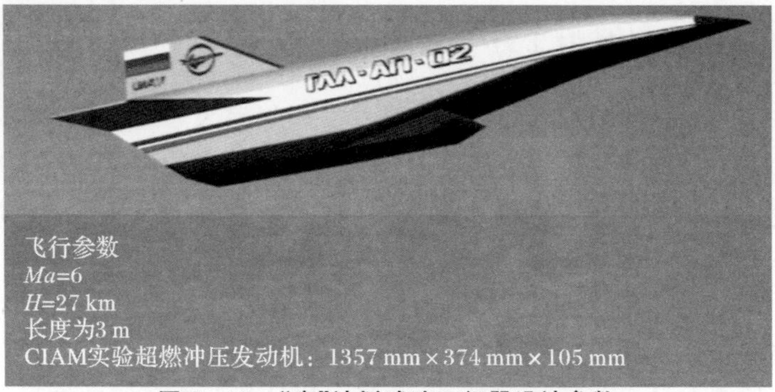

图 7-17 “鹰”计划试验飞行器设计参数

在超燃冲压发动机点火和火焰稳定技术方面，CIAM 在对超燃冲压发动机模型进行 $Ma=6$、总温为 1 500 K 的自由流试验中，首次成功地实现了把凹腔作为超声速燃烧火焰稳定器，并应用于与法国联合进行的氢燃料双模态超燃冲压发动机的飞行试验中。凹腔和常用的火焰稳定器（如支板、突扩台阶等）相比，拥有更低的总压损失和更好的火焰稳定性能，更有潜力应用在超燃冲压发动机中。超声速气流在流经凹腔时，由于凹腔内部气流流速较低，在凹腔上方将形成剪切层，剪切层从凹腔前缘分离并在下游某处再附着，部分燃料经由剪切层进入凹腔，并被凹腔内存在的回流输运到凹腔内的其他部分。由于凹腔内部是低速流动区，超声速气流将在其中减速滞止，从而导致凹腔区域具有较高的静温和静压。于是，当燃料与空气的混合物进入凹腔内的这些区域时，其中的高温缩短了燃料的着火延迟时间，而凹腔的低速环境又增加了燃料的停留时间，从而使得燃料容易发生点火；并且，凹腔内的低速环境还会使得已发生的燃烧产生的高温环境和自由基不会被高速气流带走，从而有助于火焰的稳定。2001 年 6 月 IGLA 成功进行了飞行试验。

2009 年 10 月，俄罗斯中央航空发动机研究院开始对一种改进的进气道布局（用于超燃冲压发动机推进的飞行器）进行一系列试验。该研究院官员表示，此轮系列试验的目的是探索一种能够在较宽马赫数范围（$Ma=4\sim8$）内提供最佳气流的进气道布局。该进气道模型曾在 2009 年 8 月举行的莫斯科航展上展出过。对于高超声速飞行器来说，进气道和喷管的设计特别敏感，因为极小的误差就可能对实际产生的发动机正推力数值造成相当大的影响。

CIAM 目前正在研究氢燃料超燃冲压发动机高速商用飞机，该氢燃料超燃冲压发动机高速商用飞机模型 HEXAFLY-INT 在 2015 年的 MAKS 中展出，如图 7-18 所示。

图 7-18 HEXAFLY-INT 飞行器模型

在预制冷发动机的研究方面，1991 年，CIAM 提出了 ATRDC（深冷空气涡轮发动机）方案。该发动机采用液氢（当量比约为 2.0）通过预冷器对来流进行深度冷却，随后一半的氢进入吸气式燃烧室燃烧，另一半的氢用于驱动涡轮，随后直接排出。当空气压气机的入口温度降至 98～112 K 时，空气压气机的压比为 20～40。当空气压气机的压比为 40 时，ATRDC 发动机在 $Ma=0\sim6$ 时的平均比冲约为 2 500 s，推重比预估为 18～22。但该发动机的预冷器换热功重比较低，预冷器质量约占整机质量的 40%。

俄罗斯在脉冲爆震发动机的基础领域进行了大量研究，并多次举办爆震技术国际研讨会；俄罗斯中央航空发动机研究院也计划把 PDE 用作航空航天组合动力装置和脉冲引射器，CIMA 的脉冲爆震发动机的研究工作目前正处于初始阶段，其研究重点集中在爆震波的特性上。

为支撑这些新型动力系统的研发，各国科研机构正开展相应的试验测试设备的建设。俄罗斯中央航空发动机研究院（CIAM）也建有 Ц－16BK 电阻加热型直连式试验台，是 CIAM 科学试验中心拥有的最大的超声速试验台，如图 7－19 所示。其气动喷管出口直径达 0.5 m。该试验台能够采用液体煤油和气体碳氢化合物作为燃料，流量可达 1 kg/s。

图 7－19　Ц－16BK 试验台

7.1.4　欧洲太空局（ESA）

欧盟在 2005 年由欧洲太空局（ESA）提出并启动的长期先进推进概念和技术研究（LAPCAT）计划，主要开展组合循环推进（含 RBCC 和 TBCC）的关键技术和飞行器概念设计。欧洲太空局（ESA）在欧盟第六、第七科技框架的支持下，开展了名为高速飞行的空气动力学和过热交互与轻质材料的 ATLLAS－Ⅰ、ATLLAS－Ⅱ项目。其主要目标是研制用于长时间（高）超声速飞行（$Ma>3$）所需的耐高温轻质结构材料。这里所说的耐受的高温，包括外流表面的气动加热环境及燃烧室内的高温环境。研究对象包含金属材料和非金属材料（如耐高温陶瓷材料、陶瓷基复合材料等），也包括提高材料耐受温度的主动/被动冷却技术。TBCC 的研究采用预冷涡扇冲压组合形式，研究目标是氢燃料 $Ma=5$ 巡航、煤油燃料 $Ma=4.5$ 巡航的可重复使用飞行器。计划第一阶段（2005—2008 年）最突出的研究成果是提出了使用氢燃料进行 $Ma=5$ 飞行的 LAPCATA2 概念飞行器，并建议采用预冷却的“弯刀”（Scimitar）发动机；第二阶段（2008—2013 年）完成巡航 $Ma=5$ 和 $Ma=8$ 的两种超远程民用运输飞机的设计，动力系统选用 TBCC。

HEXAFLY-INT 是欧洲、俄罗斯和澳大利亚于 2014 年联合启动的国际合作项目，对 $Ma=7\sim8$ 高超声速验证机开展飞行试验，验证高超声速飞机的气动等关键技术。此前，欧洲已在 LAPCAT 项目和 HEXAFLY 项目下开展了大量的方案对比研究，最终选择了巡航速度最高达 $Ma=8$、采用乘波体气动布局并以空气涡轮火箭发动机和双模态超燃冲压发动机为动力的方案，开展了大量的地面试验。

7.1.5 日本宇宙航空研究开发机构(JAXA)

日本宇宙航空研究开发机构(JAXA)于 2005 年制定了未来 20 年的航天长期发展战略。在高超声速方面包含高超声速巡航飞行器、单级和二级入轨飞行器。

JAXA 一直活跃在 TBCC 的研发领域。JAXA 角田研究中心建有一座超声速自由射流试车台(RJTF)，用于试验高超声速预冷涡喷发动机，如图 7-20 所示。该试验台 1993 年建成，主流喷管出口尺寸为 510 mm×10 mm，设计模拟马赫数为 4、6、8，对应高度为 20 km、25 km 和 35 km，低压舱直径为 3 m，长 5.1 m。

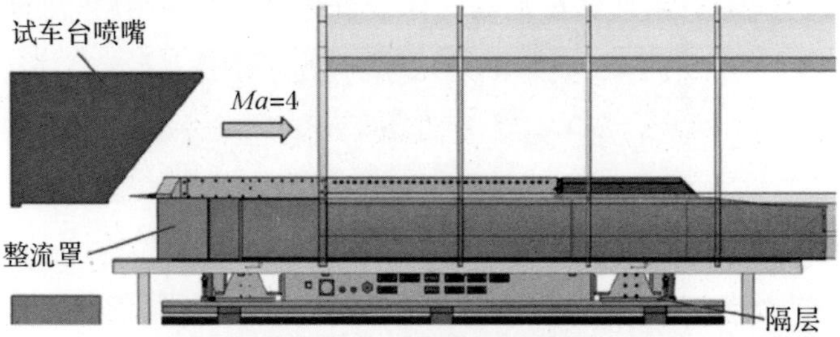

图 7-20　用 RJTF 开展的高超声速预冷涡喷发动机 $Ma=4$ 风洞试验

1985 年，JAXA/日本宇航研究院(ISAS)开始研究 ATREX。作为备选方案，ATREX 可能用作下一代运载器的第一级，为水平起降二级入轨空天飞行器提供动力。ATREX 发动机采取串联布局方式，以液氢为燃料。由于采用了预冷却器、可移动进气道、减少风扇级数等技术，其具有较宽的工作范围，可在 $Ma=0\sim6$ 范围内工作，具体研发路线如图 7-21 所示。

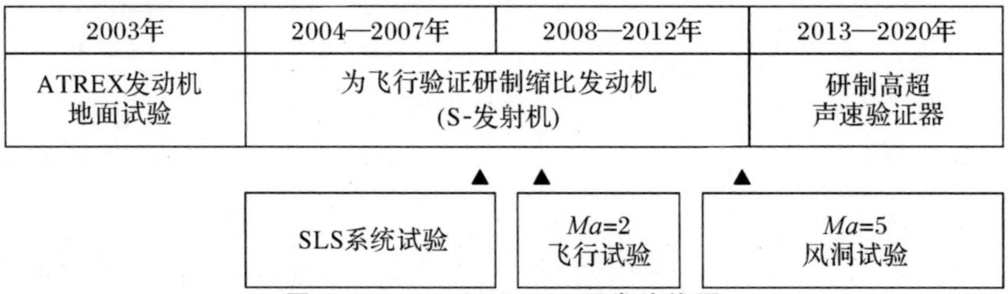

图 7-21　JAXA TBCC 研发路线图

最初的 ATREX 发动机涡轮采用独特的叶尖结构。C/C 复合材料使得发动机的结构紧凑、重量减轻。ATREX 发动机用液氢作为冷却剂，经涡轮泵增压的液态氢进入风扇前的预冷却器、燃烧室后的热交换器，一方面冷却空气，另一方面使液氢汽化。发动机工作时，气流经过进气道压缩后，在预冷却器内冷却(地面静止状态，经过预冷却器后，气体的温度最低可以降到 160 K，为了防止预冷器表面结冰，在压气机前部可喷入少量的甲醇)，后经过风扇压缩与流过叶尖涡轮的气态氢在混合器进行混合，进入燃烧室燃烧，燃烧后的燃气由可调塞式尾喷管排出。这种发动机可在 6 min 以内，使空天飞行器沿动压为 50 kPa 的飞行轨迹，从海平面静止状态达到高度为 30 km、飞行马赫数为 6 的飞行状态。

为了在 2006 年进行飞行试验，日本于 2001 年对 ATREX 发动机提出了如下改进方案：①将叶尖涡轮结构改为常规的后涡轮结构，这样，涡轮可使用镍-铝材料，风扇的转速不再受限制；②最大涡轮前温度降低为 1 200 K，这样，涡轮可以不用冷却。同时，限制预冷却器中氢的最高温度为 900 K，这样，预冷却器可以采用不锈钢制造。

ATREX 的研究工作使日本在系统优化、发动机控制、预冷却系统、变尺寸进气道和喷管等关键技术方面得到了发展，为将这些研究成果进行应用验证，JAXA 研制了演示用缩比发动机——S - engine，其剖视图如图 7 - 22 所示。利用该发动机开展组合发动机基础研究，并验证从海平面静态(SLS)到 $Ma=5\sim6$ 宽飞行范围内整个发动机系统的工作性能，目前已通过参数优化研究完成了发动机循环设计，并通过三维 CAD 工具进行了发动机的具体设计和质量评估。S-engine 发动机横截面为 23 cm×3 cm，总长为 2.2 m，质量大约为 100 kg，采用变几何矩形进气道和喷管，在 SLS 条件下，推力为 1.2 kN，相当于 1/4 缩比的 ATREX 发动机。

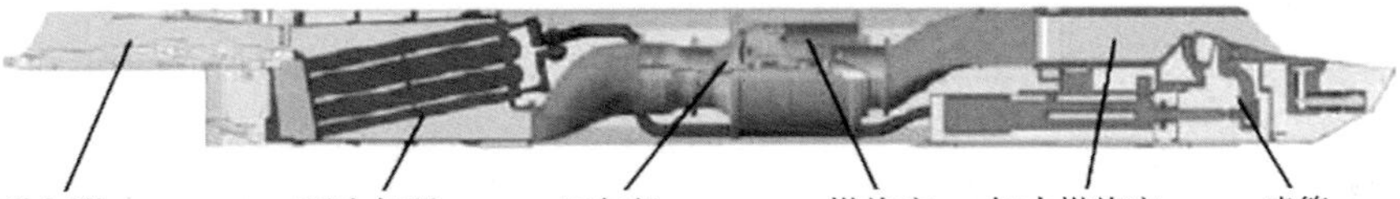

图 7 - 22　S - engine **发动机剖视图**

通过 ATREX 开展进一步的技术扩展研究，研制了涡轮与亚燃冲压发动机的扩展循环推力装置，其使用液氢作为燃料，通过来流空气的预冷却提高发动机的推力和比冲。基于 ATREX 的预冷循环发动机，JAXA 希望在 2025 年实现 $Ma=5$ 的可重复巡航飞行。

JAXA 从 20 世纪 90 年代开始，开展了 RBCC 推进系统研究，以重复使用飞行器为目标，研究包括进气道、一次火箭、火箭引射模态、亚燃模态、超燃模态等方面，具体研究情况如图 7 - 23 所示。JAXA 在 2005 年制订的未来 20 年的高超声速飞行器研究发展计划中，RBCC 研究仍是实现可重复入轨飞行器的重要途径。日本近年来的公开资料显示，其主要开展了关键技术攻关及缩尺件试验，RBCC 试验发动机模型尺寸如图 7 - 24 所示。截至 2015 年，日本已完成 RBCC 动力 $Ma=0\sim11$ 的自由射流验证，计划 5 年内开展 RBCC 动力飞行试验。

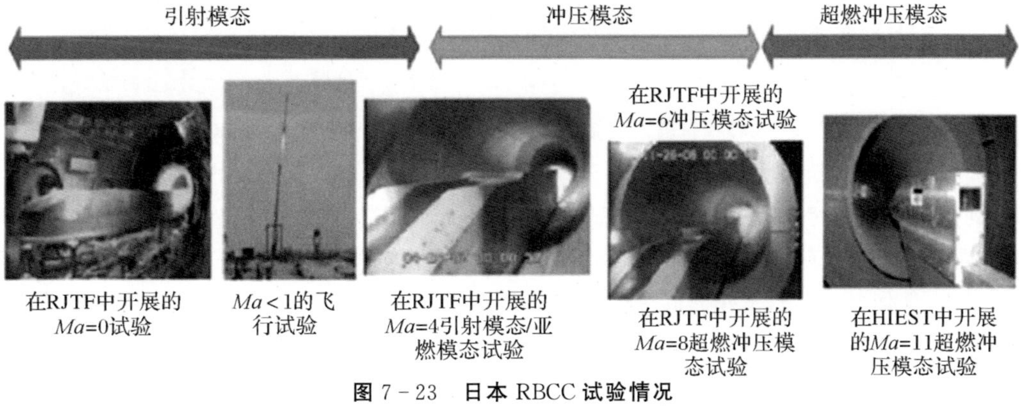

图 7 - 23　**日本** RBCC **试验情况**

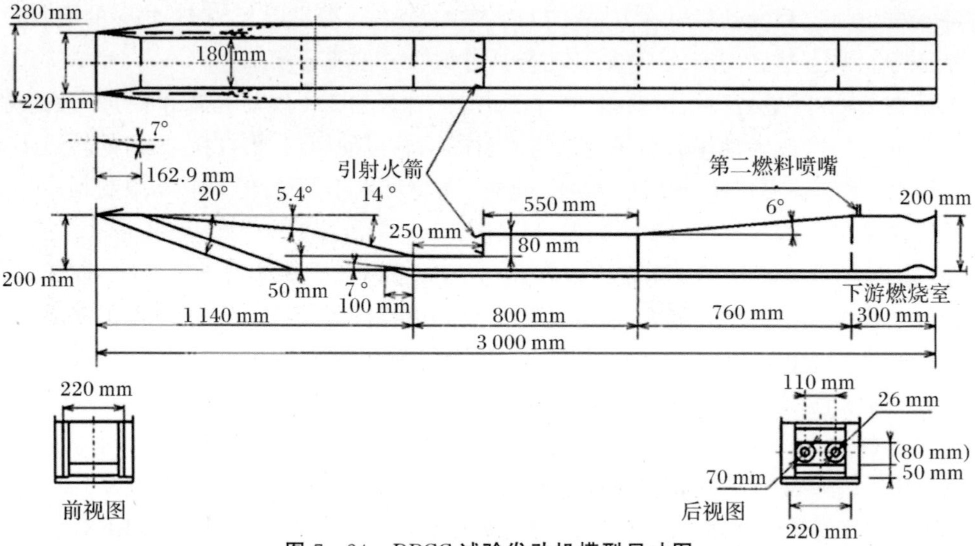

图 7-24　RBCC 试验发动机模型尺寸图

日本宇宙航空研究开发机构角田空间推进中心(JAXA Kakuda Space Propulsion Center)在 2009 年 3 月 16 日进行了亚声速条件下的飞行试验，火箭结构如图 7-25 所示，试验现场如图 7-26 所示。该试验将 CAMUI 固液混合型火箭作为主火箭，试验目的是得到亚声速飞行条件下的引射特性。试验之后 JAXA 又对亚声速条件下的引射模态进行了流场数值模拟，并与试验数据进行了比较，分析了飞行马赫数和火箭压力对引射性能的影响。

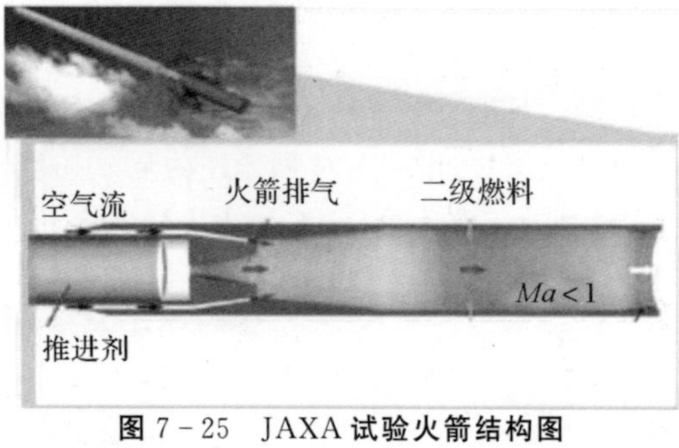

图 7-25　JAXA 试验火箭结构图

图 7-26　JAXA 试验现场

2013 年，日本筑波大学、庆义塾大学、名古屋大学以及 JAXA 联合设计并制造了一个四管脉冲爆震火箭模型，采用 C_2H_4 为燃料，液态 N_2O 为氧化剂，火箭模型如图 7-27 所示。他们的目的是在飞行多自由度状态下验证脉冲爆震火箭发动机的推力。在实验中，脉冲爆震火箭模型重 28.7 kg，工作时间为 1 s，推进剂的质量流量为 160 g/s，单位时间平均推力为 259 N，基于推进剂的比冲为 139 s。

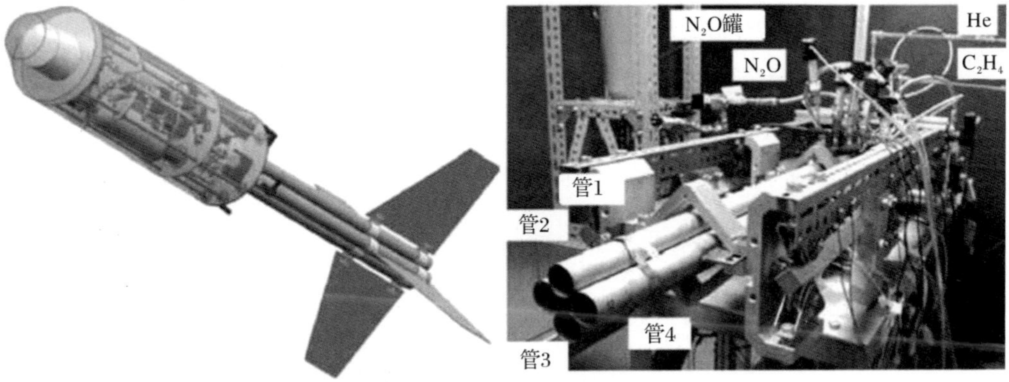

图 7－27　日本试飞实验装置示意图

7.1.6　德国航空航天中心(DLR)

为了研究重复使用火箭发动机，DLR 启动了 SHEFEX 项目，DLR 分别于 2005 年和 2012 年在挪威完成了高超声速飞行器锐边飞行试验和 SHEFEX2 的飞行试验。其中 SHEFEX2 的最大飞行速度达到 $Ma=11$，成功经受了 2 500 ℃的考验，同步采集到大量数据。此外，在欧盟“地平线 2020”项目中，DLR 与其他 5 家企业联合开展了可重复使用火箭关键技术及验证(RETALT)项目。为了验证飞行的安全性和技术有效性，RETALT 项目在 DLR 的高超声速风洞中进行试验，并试制 1/3 比例的火箭模型以进行可回收技术试验。

法国航空航天中心和 DLR 合作展开了德法联合研究计划，称为 JAPHAR。该计划的目的是：研制出 $Ma=2\sim12$ 的氢燃料双模态冲压发动机，并进行地面试验；验证一种可在 $Ma=4\sim8$ 下自主飞行的飞行试验发动机。

DLR 集中建设了一系列重要的试验设施/设备。DLR 于 20 世纪 70 年代建造了 $Ma=6\sim11$ 暂冲式风洞 H2K，于 20 世纪 90 年代初期建造了高焓风洞 HEG 和电弧加热设备 LBK。为了充分优化飞行器的流体力学结构，在与欧洲航天局、俄罗斯中央空气流体力学研究院等机构的合作中，DLR 可以使用高性能计算机，充分开展流体动力学数值计算(CFD)，有效缩短从实验室验证到飞行验证的时间。

在被动热防护的研究领域，DLR 对 C/C－SiC 材料进行了一系列研究。研究表明，C/C－SiC 在纤维方向上具有较好的导热性，其力学性能优于预期。德国航空航天中心还研究了 C/SiC 材料夹层板的热保护结构。结果表明，夹芯板可以显著减小材料质量，同时夹芯板具有更好的强度和抗弯刚度，该材料适用于机械负荷较大的推进系统部件，如进气道壁面、燃烧室壁面等。

在主动热防护领域，DLR 对用于发动机的发汗冷却系统进行了初步的试验验证。该试验装置可以验证不同热负荷下的发汗冷却系统的适用性。试验结果表明，发汗冷却系统是解决冲压发动机壁面温度高、机械载荷大等问题的有效方法。

7.1.7　英国 REL 公司

REL 对 HOTOL 运载器和 RB545 发动机进行了改进，于 1994 年提出了“云霄塔”

(SKY-LON)飞行器和“佩刀”(SABRE)发动机方案。SABRE核心机系统原理如图6-15所示,SABRE发动机采用了全新的氦气第三流体循环方案,避免了长时间工作预冷器可能面临的氢脆问题,也使得系统参数得到优化。SABRE发动机在混合比选择中,以预冷器的“热容匹配”为约束条件,因此其混合比不是化学恰当混合比,虽然性能有所损失,但是缩小了压气机的工作范围。由于引入了氦气循环,SABRE增加了多个组件,如氦气压气机、氦气涡轮、补热器、氢氦换热器等,系统比RB545复杂得多。

REL公司最初主要针对SABRE发动机关键组件开展基础研究和关键技术试验验证,重点是对预冷器的薄壁毛细管制造工艺、传热和霜控等关键技术开展研究。2004年,在实验室内完成了传热机理研究,突破了霜控技术。2012年11月,成功进行了SABRE发动机预冷器的三轮试验,如图7-28所示,在0.01 s内将常温来流空气冷却至-150 ℃,且未出现结霜阻塞现象,验证了在-150 ℃下的无霜预冷技术。

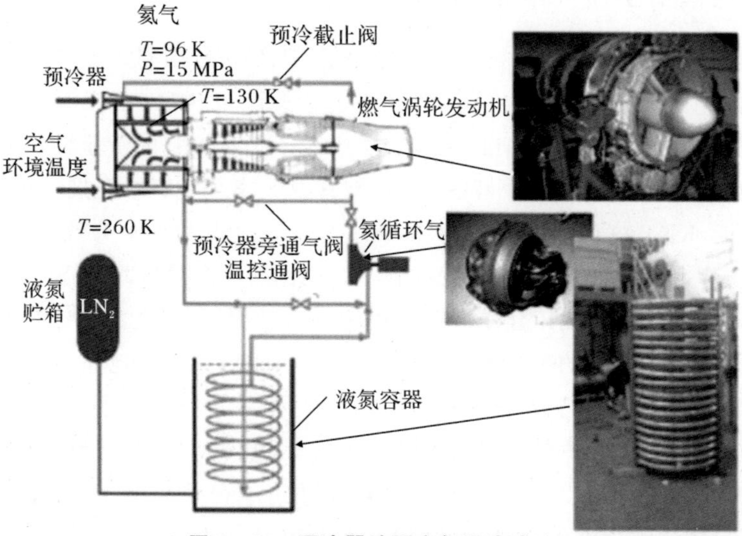

图7-28　预冷器地面空气预冷试验

2015年,反作用发动机公司(REL)公布了SA-BRE4发动机的系统,如图6-16所示。在SABRE-4中最大的变化是引入了双喉部推力室技术,从而解决了吸气推力室和火箭推力室共用导致的高压比压气机的难题。而SABRE-4压气机压比的降低,可以不必深度预冷空气,带来的好处有两点:一是霜控问题不再存在;二是可以通过分路预冷减小液氢流量,从而提高发动机的混合比,理论上可以提高一倍。虽然发动机室压降低会降低比冲,但是混合比的提高又能增加比冲,综合两个因素后,发动机的比冲还是有了大幅提高,如图6-17(b)所示。

SABRE发动机缩比验证机尺寸与F-35战斗机的发动机F135相当,如图7-29所示。缩比验证机工作速度范围为$Ma=0\sim5$,地面推力约为20 t,目前仍处于最初设计阶段。整个缩比验证机的研制分为3个阶段:第一阶段在2020年前,主要完成SABRE发动机预冷却器等核心部件的研究工作;第二阶段为2020—2021年,主要完成缩比验证机的集成试验等工作;第三阶段为2020—2025年,将寻求X-PLANE概念机或其他飞行器概念,并进行发动机的飞行验证。

图 7-29　SABRE 缩比验证机

2018 年，REL 公司在美国新建的 TF2 号试验站完成了首台预冷却器样机（HTX）与相关辅助设备的装配，选定了 GE 公司 J79 涡喷发动机作为热源来开展 HTX 高温考核地面试验验证，并完成了 J79 的安装试车等工作。

REL 稳步推进"佩刀"发动机科研工作，2019 年不断取得新进展。3 月，"佩刀"发动机 1/4 缩比验证机项目成功通过核心部件的初始设计评审，与此同时，REL 与美国 DARPA 合作的"佩刀"发动机全尺寸预冷却器样机（HTX）项目，在 9—10 月期间成功通过 $Ma=3.3$ 和 $Ma=5$ 条件下的地面高温考核试验。其中，预冷却器样机在 $Ma=5$ 的条件下，成功地在 0.05 s 内将高达 1 000 ℃的高温气流冷却到 100 ℃。

2021 年 3 月，REL 表示，已完成全尺寸热交换器和氢预燃烧器子系统试验，验证了向"佩刀"吸气式发动机的核心机供应热能和空气所需关键部件的设计。此次试验的 3 个关键组件是以前在航空航天环境中未使用过的关键子系统。REL 公司目前正致力于将"佩刀"发动机技术用于 $Ma=5$ 战斗机和其他飞机的推进系统中。

在 LAPCAT 计划的牵引下，英国反作用发动机公司提出了远程高超声速民航机 A2 概念，起飞质量 400 t，可承载 300 名乘客及其行李，从布鲁塞尔到悉尼约 18 700 km，航时为 4.6 h。A2 采用 REL 公司提出的 $Ma=5$ 预冷发动机 Scimitar。Scimitar 发动机概念源自 SABRE 发动机，大部分技术与 SABRE 相同，但是其设计目标与 SABRE 不同。SABRE 发动机主要用于加速，因此推力的要求更高，而 Scimitar 主要工作段是巡航，对耗油率、使用寿命等指标要求更高，Scimitar 发动机的设计寿命为 15 000 h，而 SABRE 发动机只有 50 h。

Scimitar 发动机预冷器由 6 段组成，每段包括 70 个模块。压气机采用两轴对转形式，总压比为 4.07，由于压比不高，因此压气机入口温度上限控制在 635 K 以下，不需要深度预冷。核心压气机由一个无静叶对转氦涡轮驱动，再生换热器和循环器布置在压气机周围。旁通喷管具有一种花瓣式的结构，能够在较大范围改变面积，在起飞时面积最大，使旁通燃烧室流通能力最大，当 $Ma=5$ 时超声速巡航时关闭，燃气全部进入核心推力室，发动机在 $Ma=2.5$ 时进行模态转换。

Scimitar 发动机的基本结构如图 3-15 所示。由于没有后续计划的支持，Scimitar 发动机一直停留在方案阶段。

7.2 国内典型高超声速飞行器动力系统研发单位

7.2.1 北京动力机械研究所

北京动力机械研究所始建于1957年12月3日，隶属于中国航天科工集团有限公司第三研究院(简称“中国航天科工三院”)。北京动力机械研究所是为中国航天科工三院各型武器装备提供动力装置的研究所，承担着中小型涡喷发动机、涡扇发动机、固体火箭发动机、液体冲压发动机、固体冲压发动机、超燃冲压发动机、新型组合发动机，以及深度预冷发动机、爆震发动机等国际最前沿动力装置的研制与生产任务，建立了比较完备的发动机自主创新、集成制造和试验验证研发体系，发展成为集研究、设计、试制、试验和批生产为一体的综合性动力装置研究所，是中国航空航天动力领域的核心优势单位。

北京动力机械研究所在TBCC组合循环动力方面，采用数值模拟方法研究沿飞行轨迹的TBCC发动机的气动热力学参数以及性能特性，开展TBCC发动机超级燃烧室试验，以及先进热防护技术、余热发电与高效利用技术等发动机综合热管理技术，涡轮基组合循环发动机分布式控制系统通信网络混合拓扑结构优化方法，变循环方案解决模态转换过程中推力陷阱问题等的研究。

2021年9月28日，第十三届中国国际航空航天博览会上，北京动力机械研究所展出了多款自主研制的飞航发动机。其中，CTF-3涡扇发动机，作为我国首款650 kg推力量级、双转子涡扇发动机，具有全自主知识产权，形成了数十项国家发明专利，技术水平国内领先，在小型飞航导弹及无人机市场前景广阔。

为了解决现有TBCC发动机不能在较低马赫数接力等问题，北京动力机械研究所和北京空天技术研究所合作发明了一种涡轮基双燃烧室冲压组合循环发动机。首先对双燃烧室冲压发动机进行改进，燃烧室采用矩形并联布局；其次针对其进气道进行改进，该进气道采用二元进气道构型，并沿流向由支板分割为亚燃流道和超燃流道，亚燃通道至少为一个，超燃流道至少为两个且均分在亚燃流道两侧，通过在各流道设计中增加内收缩段调节型面和扩张段调节型面，从而控制进气道喉道的面积，实现各燃烧室对不同压缩程度空气的需要，拓宽发动机工作马赫数范围，提高发动机性能。

自1985年以来，北京动力机械研究所进行了超声速燃烧的基础研究，开展了超燃燃烧室研究和直连式试验、高超声速进气道研究和模型吹风试验、超燃冲压发动机研究和自由射流试验。

最近几年，在超燃冲压动力系统方面，北京动力机械研究所进行了发动机燃烧室热防护系统电弧加热直连式试验技术，对发动机燃油供给系统两相瞬变数值模拟，基于扩展卡尔曼滤波的超燃冲压发动机空气质量流量估计方法，超燃冲压发动机性能参数测量不确定度分析，进气道飞行器一体化设计技术等进行了研究。

目前，北京动力机械研究所主要针对单模块超燃发动机开展了大量研究，已进行了马赫数为 4、5、6 的地面试验，均取得了正推力，解决了关键难题，并准备采用导弹助推来进行飞行试验。

为了缩短设计周期、降低研发成本，需要建立面向控制的、较为精确的、实时性好的超燃冲压发动机性能计算模型，以保证模型精度、提高计算速度为研究目标，北京动力机械研究所控制研发中心研制了多核高性能计算平台，采用新一代高速串行总线标准计算机总线（VPX）架构，支持多种并行和串行传输协议。为描述方便，该平台以下简称 VPX 平台，如图 7-30 所示。同时，该中心还开展了面向控制的超燃冲压发动机一维模型实时性优化工作。

该平台由发动机控制平台、发动机仿真平台及上位机系统组成，将仿真及控制功能合二为一，采用相同的嵌入式架构体系。处理器芯片选用国防科技大学国产高性能数字信号处理器 FT-M6678，单核主频为 1 GHz。该平台搭载 2 片 8 核 FT-M6678 芯片，具备高速计算和多核并行计算能力。其中，除 1 核专用于中央处理和数据调度外，其余 7 核均对用户开放使用。

图 7-30　VPX **平台**

北京动力机械研究所早在 20 世纪 70 年代就对火箭冲压组合发动机进行了跟踪分析研究，并在 90 年代开展了 RBCC 组合循环发动机的相关研究。

基于 RBCC 发动机的工作特性，北京动力机械研究所提出的 TRRE 发动机将涡轮发动机与 RBCC 组合，最大马赫数也可达到 6 左右，目标是用作两级入轨飞行器第一级以及临近空间高超声速飞行器的动力。其中 RBCC 均为小推力量级，主要用于解决常规涡轮与冲压组合的推力陷阱问题。另外，北京动力机械研究所还提出了固体火箭冲压基组合循环（Solid-fuel Ram-Rocket Based Combined Cycle，SRBCC）发动机新概念方案的设想和固液火箭基液体喷射组合循环（Solid Rocket Based Liquid Injection Combined Cycle，SRBLICC）发动机方案。

北京动力机械研究所基于目前 RBCC 组合发动机开展了火箭出口位置结构热防护的研究，该发动机结构形式为火箭从冲压发动机燃烧室侧壁嵌入，火箭出口紧贴冲压发动机燃烧室壁面，如图 7-31 所示。火箭出口超高温、高热流、冲刷大的特点，导致该位置热环境非常严酷，为了探索火箭出口位置热防护结构，开展了三种结构热防护方案的试验研究。研究结果表明，石英/酚醛内壳和高温合金外壳复合结构热防护方案能够满足 30 s 量级的地面试验，能够满足火箭出口恶劣环境的热防护要求。研究结果还表明：热防护材料至关重要，高温合金材料不适合应用于火箭出口热防护；高硅氧/酚醛材料虽然基本能满足试验的热防护需求，但其抗烧蚀性能略差，尤其材料完全炭化后产生的强度降低、收缩、分层、热导系数增加等问题，在更长时间的试验中会导致热防护失效。

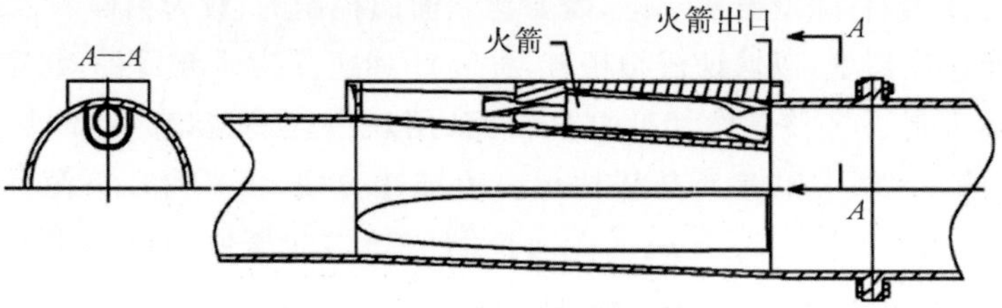

图 7-31　RBCC 发动机结构

在爆震发动机方面，北京动力机械研究所对脉冲爆震发动机用超声速进气道非定常流场，基于动网格的脉冲爆震发动机的性能，液态辛烷/空气两相混合物的爆燃向爆震转变(DDT)过程的数值模拟，旋转阀脉冲爆震发动机燃油系统性能，交流驱动低温等离子体点火触发爆震可行性，斜爆震发动机进气道与燃烧室一体化设计仿真，斜爆震发动机的流动与燃烧机理，燃料分布对旋转爆震波传播特性影响，液态碳氢燃料旋转爆震发动机起爆过程试验，点火位置对圆盘结构下旋转爆震波起爆过程的影响等进行了研究。

7.2.2　中国科学院力学研究所

中国科学院力学研究所(以下简称力学所)近年来对超燃冲压发动机进行了一些相关方面的研究，如碳氢燃料超声速燃烧分区实验研究，高马赫数燃烧强化的激波风洞试验研究，解离效应对超燃冲压发动机燃烧与传热的影响特性研究，提高高马赫数超燃冲压发动机推力的理论方法，微波对超声速燃烧影响实验研究，超声速燃烧中射流的尺度效应与燃烧稳定性研究，超燃冲压发动机模态转换及推力突变实验研究，主动冷却超燃冲压发动机的起动方法和起动装置，超燃冲压发动机加速过程中燃烧不稳定性研究，等等。

为了超燃冲压发动机能顺利而平稳地起动，力学所发明了一种碳氢燃料主动冷却超燃冲压发动机起动的系统及方法，如图 7-32 所示，创新性地提出在三个位置设置能够匹配碳氢燃料不同物态的节流装置，控制碳氢燃料流量动态分配，并配合一定阀门，实现超燃冲压发动机的顺利平稳起动。三个节流位置分别为进入发动机壁面冷却通道入口前(冷端)、燃烧区上游壁面与冷却通道相通的喷孔、发动机壁面冷却通道出口后(热端)。在起动过程中，随着压力增大，冷端节流设计先是不断加大分流量，以助于燃烧室和燃料的快速升温，然后关闭冷端节流，增加冷却燃料流量，防止燃烧室壁面温度过高烧蚀燃烧室，发挥自调节作用。节流面积增大设计在热端，可有效降低节流面积增大瞬间燃料压力的降幅。

为了解决超燃冲压发动机的燃烧室点火问题，以及保持超燃冲压发动机的稳定燃烧，力学所发明了一种用于超燃冲压发动机。其有能够促进超燃冲压发动机点火和稳焰的微波天线模块，通过在天线振子与接地部之间填充耐高温陶瓷介质，调整参数，使天线介质的底面与接地部的底面处于同一平面，增加模块整体的密封设计，从而使发射天线模块可以实现在高温、高压及高速气流的条件下稳定进行大功率的微波发射，同时在不影响燃烧室内腔结构及高速流场的情况下，起到促进燃烧室点火及稳定火焰的作用。

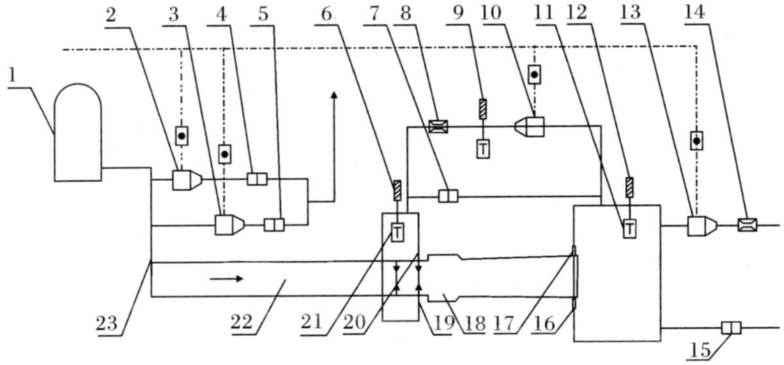

图 7-32　一种碳氢燃料主动冷却超燃冲压发动机起动系统

1—油箱；2—气动截止阀 a；3—气动截止阀 b；4—孔板 a；5—孔板 b；6—压力传感器 c；
7—孔 c；8—声速流量计 N1；9—压力传感器 a；10—气动截止阀 c；11—热电偶 b；
12—压力传感器 b；13—气动截止阀 d；14—声速流量计 N2；15—孔板 d；
16—冷却油出口 b；17—冷却油出口 a；18—凹腔；19—燃烧油入口 b；
20—燃烧油入口 a；21—热电偶 c；22—燃烧室；23—冷却油入口

在 RBCC 组合循环动力系统方面，中国科学院力学研究所在自行设计的实验装置上进行了引射模态的研究。实验结果表明：当一次流压力相同时，即使一次流温度不同，两股气流混合所需的长度也基本一致；当一次流密度降低时，引射系数较高；当一次流量达到一定程度时，二次流会产生堵塞。中国科学院力学研究所的陈科挺利用数值仿真方法和理论手段，对 RBCC 发动机在引射模态下的纯引射流态和引射补燃流态进行了研究。基于数值方法深入探究了火箭主流状态对于引射流态转变的影响规律以及火箭与进气道、燃烧室匹配下的流态特性，并结合气动理论揭示了不同引射流态的相互转换机制和迟滞变化原理，掌握了火箭主流与进气道流动、燃烧室压力匹配的物理机制。最终通过以上认识建立了一套用于评估 RBCC 发动机在引射模态下流态和性能的快速分析方法。

在爆震发动机方面，中国科学院力学研究所方宜申进行了复杂波系作用下的斜爆震形成机理研究，研究了来流条件对斜爆轰波的影响，包括非均匀混合和不同燃料的影响。他揭示了非均匀来流中的斜爆轰起爆机理，结合化学动力学计算，分析了氢气起爆与乙炔起爆的诱导区长度区别，讨论了马赫数和初始压力对诱导区长度的影响；建立了爆轰波后气流在转角作用下再次膨胀的流动模型，研究了稀疏波对斜爆轰波起爆区的影响，并探索了采用钝头体诱导斜爆轰波的流场。韩信等人进行了鼓包诱导斜爆震波的数值研究，为实现低马赫数条件下斜爆震波的快速起爆，以及提高斜爆震波对来流扰动的抗干扰能力，他们提出了通过在诱导区内设置一个小鼓包来控制斜爆震波起爆的方案，并通过数值求解二维多组分欧拉方程研究了楔面和鼓包诱导的斜爆震波。陆星宇研究了长试验时间爆轰驱动激波风洞总压提升技术，通过调整驱动气体组分来获得低声速驱动气体的方式，提出了一种封闭式点火管设计。为了优化点火管设计，降低起爆所需的初始压力，他们针对点火管出口直径、单/双点火管、点火气体爆轰敏感性几种因素对起爆能力的影响进行了实验研究研究表明，对点火管的数量、内型面和点火气体爆轰敏感性进行特定组合时，可以获得较高的起爆能力。

7.2.3 西安航天动力研究所

西安航天动力研究所对火箭基组合循环发动机的主火箭系统进行了研究，对系统方案、推进剂体系进行了论证分析，研制了用于一体化集成的主火箭，开展了以氧气/烃燃料为推进剂的点火试验。

西安航天动力研究所针对航天运输系统动力的发展需求，开展了 $Ma=2\sim7$ 宽范围 RBCC 发动机关键技术攻关，发动机为火箭外置的二元结构方案，进气道为可调结构，燃烧室采用多路喷注、多级燃烧组织的方式。2010 年以来，西安航天动力研究所对 RBCC 发动机特性进行了比较全面的分析，依据动力系统特性，提出了应用方向和发展步骤，开展了一系列试验研究工作，突破了发动机一体化设计、宽范围进排气、宽范围燃烧组织与热防护等关键技术，完成了二元进气、升力体结构的试验模型高马赫数自由射流试验，获得了不同模态下的推阻特性，为应用提供了支撑。

为了验证发动机一体化设计结果，西安航天动力研究所进行了发动机的自由射流试验，在火箭模态→火箭/冲压模态→冲压模态转换过程中，发动机火箭/冲压流道匹配，并保持稳定工作；在火箭模态下，火箭出口的富燃燃气与冲压流道空气混合并发生了燃烧；在冲压模态下，煤油与空气成功实现点火，并保持稳定燃烧；在发动机余气系数调节过程中，发动机工作平稳。西安航天动力研究所给出了自由射流试验中发动机轴向力的变化，如图 7-33 及图 7-34 所示。在火箭模态下，火箭富燃燃气补燃，产生了 1.58 倍的轴向推力增益，显著大于火箭发动机推力室设计推力（设定为 1）。在火箭/冲压（余气系数 $\alpha=1.53$）模态下，推力呈现 2 个阶段：第 1 阶段火箭燃气点火后，相对冷态，推力增益达到 3.58 倍；第 2 阶段 8 s 时刻烟火点火器短暂工作后，相对冷态，推力增益达到 3.78 倍。在冲压模态下，随着余气系数减小，发动机推力增益增大。RBCC 发动机冲压模态在 $Ma=4$ 状态下比冲达到 13 000 m/s，在 $Ma=6$ 状态下达到 8 500 m/s。

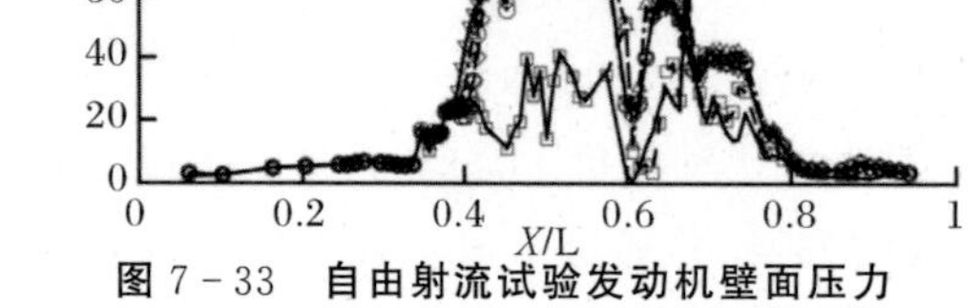

图 7-33 自由射流试验发动机壁面压力

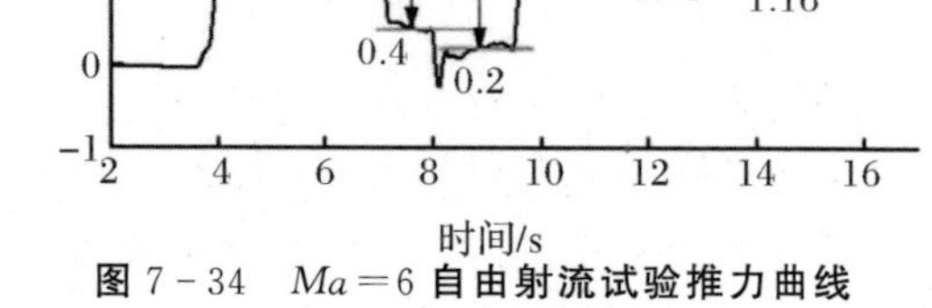

图 7-34 $Ma=6$ 自由射流试验推力曲线

宽范围进气系统作为发动机的关键部件，对进气道和尾喷管进行调节是 RBCC 实现 $Ma=0\sim8$ 宽范围可靠工作的关键。西安航天动力研究所利用压升规律可控的二维曲面压缩设计方法，以 $Ma=6$ 为设计点，设计了 $Ma=2\sim7$ 宽马赫数新型二元高超声速进气道气动型面。$Ma=4\sim7$ 为定几何型面，$Ma=2\sim4$ 为可调型面，采用进气道压缩楔面调节、放气等方式扩展了进气道的工作范围。仿真和风洞吹风试验结果表明，新型二元进气系统流场结构良好，总压恢复较好，流量捕获能力强。

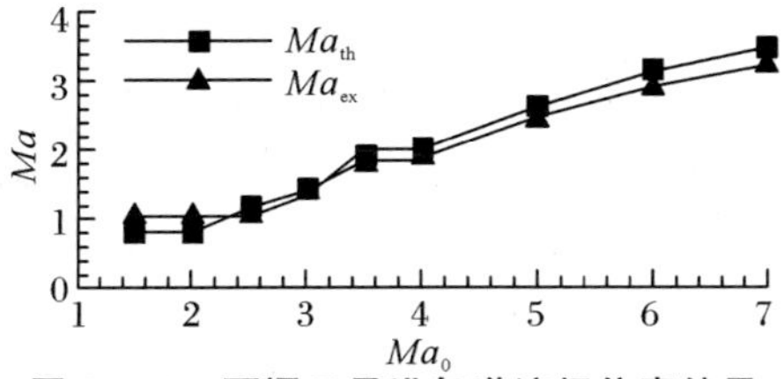

图 7-35　可调二元进气道流场仿真结果

针对 RBCC 发动机火箭/冲压一体化热管理技术的研究，西安航天动力研究所建立了火箭/冲压一体化综合热管理的主/被动冷却热防护传热分析模型，完成了火箭/冲压一体化冷却设计的冷却结构直连试验研究，实现了固定结构喷注器下冷煤油起动，在燃油变相态、变温度、变压力情况下可靠点火和高效稳定燃烧组织，初步验证了火箭/冲压一体化流道设计方法。对工程应用而言，发动机后续研究重点应在于火箭冲压一体化冷却结构设计。

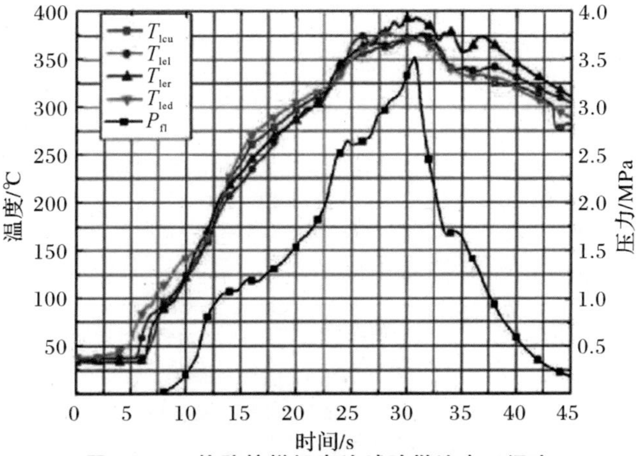

图 7-36　热防护样机直连试验燃油出口温度

在多介质宽范围流量调节与多模态转换协调控制技术方面，西安航天动力研究所针对长时间工作的 RBCC 发动机，提出了基于过氧化氢单组元分解气体驱动涡轮泵和基于液氧/煤油双组元富燃燃气驱动涡轮泵的火箭/冲压一体化燃油供应与调节方案，如图 7-37 所示。从研究结果看，RBCC 发动机推进剂供应系统是多路介质大范围调节的复杂系统，再加上宽范围工作带来的进排气系统调节，整个发动机推进剂供应流道的调节、响应、匹配难度很大。

西安航天动力研究所提出了预冷空气涡轮火箭(PATR)发动机方案。受压气机出口温度的限制，常规的 ATR 发动机最高飞行马赫数仅为 3.5 左右，PATR 发动机的进气道与压气机之间设置有预冷器，可降低高马赫数条件下压气机出口温度，从而具有更宽广的工作包线。其通过引入来流空气预冷技术拓宽发动机工作范围，系统集成度较高。在 PATR 中引入氦循环系统，其具有以下作用：①冷却来流空气，减小高压比空气压气机规模和功率；②将高速空气中的“废热”与部分燃气的能量转化为氦涡轮的输出功，同时提高燃料氢的温度，利用高温氢气驱动氢涡轮，进行能量的二次利用；③隔离氢路和空气路，在冷却来流空气的同时提高了系统安全性。PATR 本质上是以空气为氧化剂的火箭发动机与冲压发动机的有机组合，工作介质分为空气、氢气和氦气三类，对应的流路分别为空气路、氢路和氦循环路。

图 7-38 即为 PATR 系统原理图，展示了 PATR 的高效空气预冷器、多组耦合叶轮机械、引入氦循环系统等。

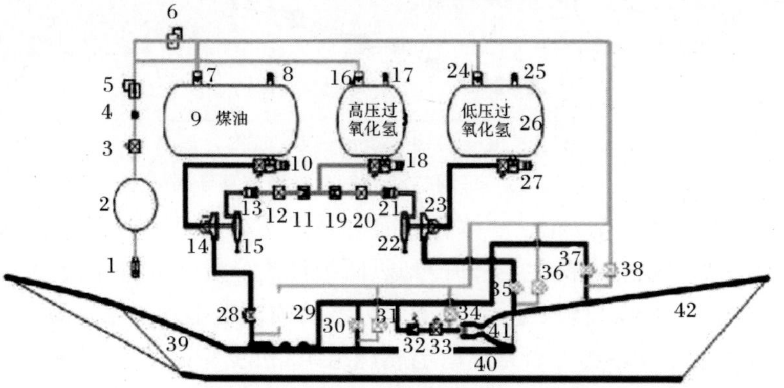

图 7-37 基于过氧化氢的 RBCC 发动机一体化推进剂供应与调节方案

1—充气阀；2—气瓶；3—电爆阀；4—过滤器；5——级减压阀；6—二级减压阀；7—煤油止回阀；8—煤油放气阀；9—煤油贮箱；10—煤油电爆阀；11—燃料路流量调节器；12—燃料路断流阀；13—燃料路燃气发生器；14—燃料泵；15—燃料路涡轮；16—高压过氧化氢止回阀；17—高压过氧化氢放气阀；18—高压过氧化氢电爆阀；19—氧化剂路流量调节器；20—氧化剂路断流阀；21—氧化剂路燃气发生器；22—氧化剂路涡轮；23—氧化剂泵；24—低压过氧化氢止回阀；25—低压过氧化氢放气阀；26—低压过氧化氢贮箱；27—低压过氧化氢电爆阀；30—第一煤油路断流阀；32—煤油路流量调节器；33—第二煤油路断流阀；35—液氧路断流阀；37—第三煤油路断流阀；39—进气道；40—冲压燃烧室；41—火箭推力室；42—尾喷管

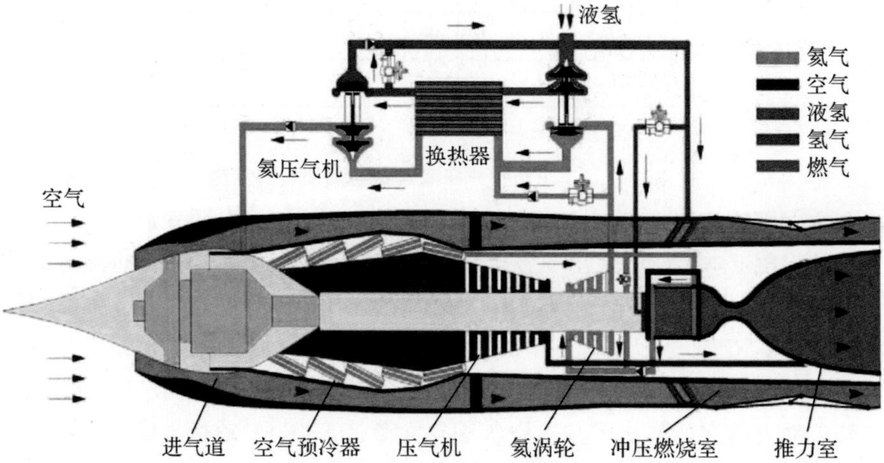

图 7-38 PATR 系统原理图

在爆震发动机方面，西安航天动力研究所的严宇团队进行了一系列旋转爆震发动机的研究，如部分裂解煤油的旋转爆震发动机数值模拟，燃油初温对两相爆震性能影响的实验研究，燃烧室宽度对煤油旋转爆震波传播模态的影响研究，煤油富燃燃气旋转爆震燃烧实验研究，带等压预燃的旋转爆震发动机循环效率分析，旋转爆震发动机中爆震波不稳定传播特性实验研究，旋转爆震燃烧室轴向和周向长度对其出口流场压力和温度的影响，自燃推进剂旋转爆震燃烧实验研究，旋转爆震发动机工作特性试验研究，等等。

同时，他们也进行了一些脉冲爆震发动机方面的研究，如脉冲爆震发动机部分填充效应理论分析，两级脉冲爆震发动机激波聚焦起爆数值模拟。

7.2.4 中国空气动力研究与发展中心

中国空气动力研究与发展中心是我国唯一的大、中、小设备配套，低速、高速、超高速衔接，风洞试验、数值计算、模型飞行试验三大研究手段齐备，涵盖气动力、气动热、气动物理等研究领域广的国家级空气动力试验研究中心。

在RBCC发动机方面，中国空气动力研究与发展中心对其引射过程进行了一些研究：从引射过程的物理机制出发，利用准一维分析方法研究，建立了引射过程分析方法；针对当前RBCC引射模态研究中基本参数的合理配置等问题，以“支板引射-等截面混合室-扩张段”型式的引射模态简化构型为研究对象，将经典引射器理论应用于分析无二次燃烧的引射模态的运行趋势、基本性能和参数影响，并对引射模态基本参数进行了初步配置。

为了研究如何匹配一次火箭射流出口参数使掺混后的RBCC发动机性能最优问题，中国空气动力研究与发展中心借助一维流理论对飞行速度为超声速情况的一次火箭射流与二次空气射流掺混后的总压变化情况进行了分析。通过分析得到了两条可以指导RBCC发动机一次火箭射流参数匹配的射流掺混规律。规律表明，要想让发动机在引射模态具有较好的推力性能，当进行RBCC发动机燃烧室设计时，应尽可能保证引射火箭出口静压与空气射流静压相等，在掺混流场不出现拥塞的前提下，空气射流入口马赫数应尽可能接近1。

在TBCC发动机方面，中国空气动力研究与发展中心对推进系统变维度一体化数值模拟、进气道在模态转换过程中冲压通道的流动特性、发动机涡轮进气道喷水冷却特性、排气系统性能提升技术、发动机模态转换性能等方面进行了研究。

中国空气动力研究与发展中心的罗佳茂等人设计了一种高效换热预冷器，如图7-39所示，并通过Fluent软件对该预冷器对高温空气的预冷效果进行了三维数值仿真，基于仿真结果对换热预冷涡轮发动机性能进行了数值分析，研究了换热预冷发动机飞行包线、推力、耗油率和比冲等性能的变化。结果表明，预冷可以提升发动机的综合性能，如推力、比冲、耗油率，但 $Ma>3.0$ 的飞行预冷换热发动机仍面临技术瓶颈。

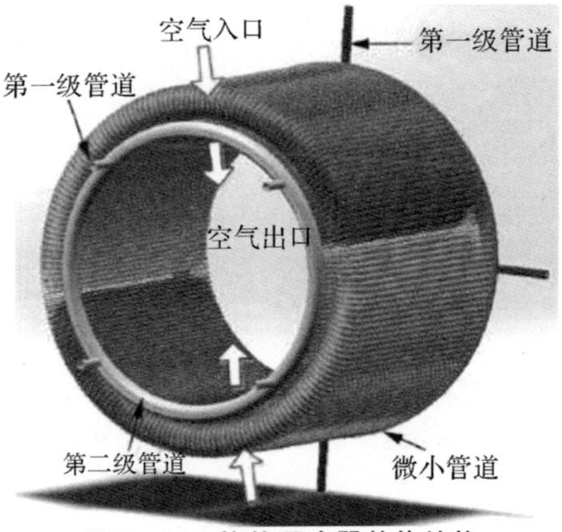

图7-39 换热预冷器整体结构

中国空气动力研究与发展中心基于实际流场条件选取某型 TBCC 发动机涡轮进气道结构，对进气道内喷水冷却特性进行了数值仿真，研究飞行器不同工况下水滴的蒸发特性及喷水对来流高温空气的预冷效果。结果表明：喷水冷却有效扩展了涡轮模态飞行马赫数，即喷水冷却扩展了 TBCC 从涡轮模态向超燃冲压模态转换的衔接速域。

近几年，中国空气动力研究与发展中心对爆震发动机进行了一系列试验验证研究，以乙烯和常温煤油为燃料开展了旋转爆震直连试验，模拟飞行马赫数为 5.0，隔离段入口马赫数为 2.5，采用起爆管进行起爆。研究结果表明，乙烯当量比在 0.43～0.99 范围内，旋转爆震波均可稳定自持传播，传播频率范围为 5.32～6.42 kHz，传播周期为 0.157～0.188 ms。为了获得高温来流下气/液两相多循环 U 形脉冲爆震燃烧室（U－PDC）的燃烧特性，使用汽油/空气为燃料和氧化剂开展了相关试验研究，提出了一种封闭空间中的斜爆震驻定稳定性增强方法，并基于此方法开展了 $Ma=8.0$ 近真实条件下的直连式试验验证。

中国空气动力研究与发展中心在超燃冲压发动机方面取得了大量成果：为提升针对高马赫数发动机的模拟能力，对计算方法进行了可压缩性修正，并针对飞行马赫数为 12 条件下超燃冲压发动机进行了多状态三维数值模拟，分析了发动机内波系、参数以及燃烧性能特征；基于室温氢气驱动激波风洞实现总压 28 MPa、总焓 4.7 MJ/kg、名义马赫数 10 的超声速空气自由来流模拟，开展二维超燃冲压发动机自由射流点火试验，实现稳定燃烧，燃烧持续时间为 5 ms。通过此次试验，探索尝试了 $Ma=10$ 超燃冲压发动机地面点火燃烧试验技术，初步获得了高马赫数超燃冲压发动机点火/燃烧过程参数和基本现象规律；研究了多种喷注方案下的超燃燃烧室流动特性、火焰传播特性及燃烧稳定性，喷注方案包括单先锋氢、单乙烯和组合喷注方式。结果表明：在无燃料喷注情况下，发动机内流场会以约 450 Hz 的主频振荡；在有燃料喷注的情况下，凹腔上游喷注方式会抑制振荡，而凹腔台阶下游喷注方式对流场振荡影响较小。

7.2.5 西北工业大学

西北工业大学是我国高超声速飞行器动力系统研发的先驱单位之一，对各种新型动力系统的研究均有相应的研究成果。

西北工业大学经过近 20 年对 RBCC 组合动力的研究，已经打下了较好的基础，初步突破和掌握了宽域全流道设计、宽来流高效燃烧与火焰稳定以及模态过渡等多项关键技术，引领了国内火箭冲压组合动力技术的发展。相关技术已在小尺度地面样机上完成了试验验证，技术成熟度达到 4～5 级，下一步拟通过低成本飞行试验、探空火箭试验对真实飞行状态下发动机宽域工作性能与模态过渡进行验证，进一步提升技术成熟度，同时围绕大尺度燃烧、变结构高温动密封、复合热防护等开展关键技术攻关，为推动 RBCC 组合动力转向工程应用奠定基础。其研究成果如下。

1. 宽域全流道匹配设计技术

针对火箭引射机理，西北工业大学开展了详细的内流场数值模拟和地面试验验证（见图 7－40），获得了 RBCC 引射模态下的燃烧室性能参数，分析了不同引射模态二次燃烧组织方式[掺混后燃烧（Diffusion and Afterburning，DAB）、同时掺混燃烧（Simultaneous Mixing and Combustion，SMC）、射流屏蔽燃烧（Shielded Primary Injection，SPI）］下对应的燃烧室构型与参数匹配规律，为 RBCC 引射推力增强指明了方向。

图 7－40　引射模态推力增强试验（DAB 模式）

在引射模态机理研究基础之上，西北工业大学围绕引射、亚燃模态下的热力调节规律开展了研究，通过理论模型，参数化地揭示了 RBCC 发动机引射模态和亚燃模态热力壅塞的生成机理，开展了直扩通道内超燃模态的匹配设计，通过合理选择不同扩张比区域进行燃烧释热，实现了 RBCC 固定燃烧室宽域工作。

西北工业大学开展了 RBCC 变结构进气道数值模拟和试验研究，建立了 RBCC 宽马赫域进气道设计方法，采用以引射模态为设计点并向上兼容的设计方法，实现在引射-亚燃模态过渡点前完成自起动。在亚燃/超燃模态下，通过提高总收缩比控制燃烧室入口马赫数，保障燃烧室始终以设计点或接近设计点的状态工作，获得了能够适应宽马赫数范围工作的可调进气道方案。围绕组合动力特有的低马赫数工作阶段进气道起动性能、引射模态进气道性能的影响因素，对双模态区间的进气道实现方案的三个方面进行了深入分析，研制了变结构进气道试验样机，完成了 Ma 为 1.8、2，5、6 的风洞试验，如图 7－41 所示。进气道性能指标符合设计状态，能够满足 $Ma=0\sim7$ 宽域工作需求。

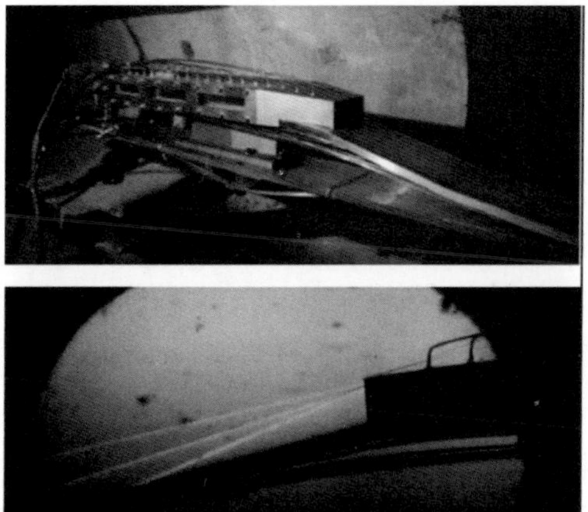

图 7－41　RBCC 变结构进气道及风洞试验

从 RBCC 发动机总体设计的角度，对机型以及进气道、隔离段、燃烧室、尾喷管等独立部件进行单独的性能分析，综合考虑各个部件性能在不同工作模态下的相互匹配，提出了发动机设计的多维性能分析与优化方法，建立了火箭冲压组合发动机设计平台，如图 7-42 所示。

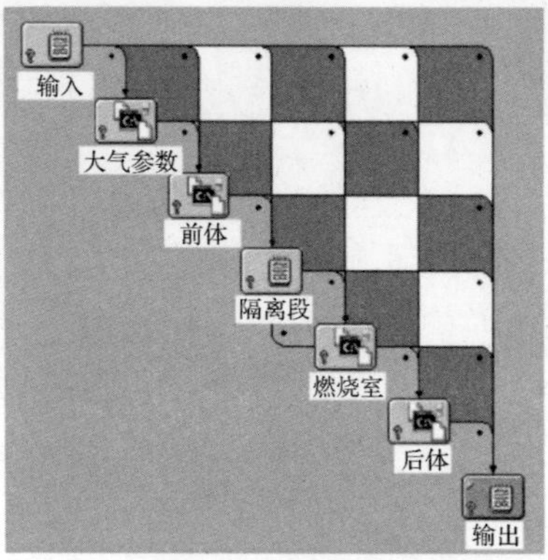

图 7-42　火箭冲压组合发动机设计平台

2. 宽来流条件燃烧组织与火焰稳定技术

通过理论分析、数值模拟及试验研究的手段对亚燃模态和超燃模态的点火特性、燃烧流场等开展了详细的研究，利用支板火箭高温燃气作为点火源和火焰稳定源，燃料支板结合壁面喷注的燃料喷注策略，燃料支板与凹腔的组合稳焰，实现了亚燃模态和超燃模态稳定高效工作，验证了燃烧室同一流道能够实现宽来流条件下的燃烧组织与火焰稳定。

西北工业大学开展了基于热力喉道调节的 RBCC 优化设计关键技术攻关，建立了宽范围工作 RBCC 流道优化设计方法和热力喉道调节方法，获得了热力喉道影响因素和调节规律，以及基于热力调节的多级燃料喷注策略，实现了 RBCC 宽范围工作较优的全流道性能，并且通过试验获得了气流从亚声速到超声速的热力喉道生成过程。

在热力喉道燃烧室研究的基础之上，为进一步提高发动机性能，拓宽发动机工作包线，西北工业大学开展了变结构燃烧室关键技术攻关，通过燃烧室流通面积与扩张比可调来适应宽范围的来流条件，研制了转动式和平动式变结构燃烧室样机，完成了 $Ma=2\sim6$ 变结构燃烧室直连验证，燃烧效率大于 90%。通过引入变结构燃烧室，发动机平均比冲性能提升了 10%～15%。

3. 多模态平稳过渡技术

在发动机研究从单一模态过渡到多模态后，围绕 RBCC 发动机引射、亚燃及其过渡模态，西北工业大学开展了大量地面试验与相关数值计算、理论研究，分析了模态过渡过程中流动、燃烧模式和进气道状态的瞬变过程，提出了通过调节燃料喷注策略和火箭节流方式实现引射/亚燃模态平稳过渡方案。

西北工业大学采用直连试验与数值模拟方法对亚燃/超燃模态转换动态过程进行了研究，分析了燃料当量比变化、燃料喷注位置变化及支板火箭关闭条件下燃烧组织策略转换过程中燃烧室压力的变化特征与激波串在隔离段中的动态传播特性。通过调节燃料喷注策略实现了燃烧室内亚声速燃烧与超声速燃烧共存的混合燃烧模态，逐渐向以超声速燃烧占主导地位的亚燃/超燃模态过渡，如图 7－43 所示。

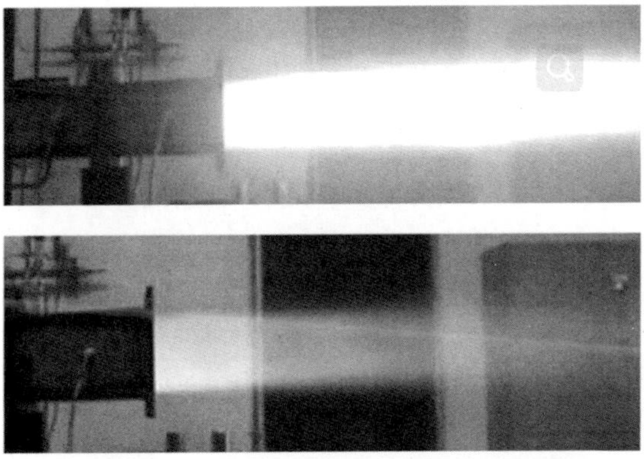

图 7－43　引射/亚燃模态过渡直连试验

通过上述的研究，西北工业大学完成了 RBCC 发动机引射、亚燃、超燃模态的理论分析和原理验证，初步建立了 RBCC 宽域进气道、燃烧室设计方法和引射/亚燃、亚燃/超燃模态过渡方法，并通过地面直连试验验证了典型点发动机性能和多模态工作策略，为进一步开展发动机全流道匹配设计与集成奠定了基础。

4. 关键技术的地面集成验证

在部件设计与性能验证的基础之上，西北工业大学开展了 RBCC 发动机全流道设计与集成，完成了 RBCC 自由射流样机研制，完成了国内组合动力首次 $Ma=3$ 引射/亚燃模态过渡自由射流试验验证，煤油燃料亚燃模态比冲达到国际先进水平，验证了发动机全流道设计、模态过渡以及一体化性能。

RBCC 动力完成验证之后，西北工业大学与航天学院飞行器总体专业合作，围绕两级入轨一级，开展了飞行器/发动机一体化方案设计，运载器以液氧/煤油 RBCC 发动机作为主动力、自主水平起飞、带动力水平原场返回方式执行任务，目标是将 2 t 有效载荷送入 200 km 圆轨道，发动机起飞推重比为 13.5。

在总体方案牵引之下，西北工业大学提出了变结构进气道与飞行器前体匹配设计方法，并研制了飞行器/发动机一体化缩比集成样机，成功完成了基于 RBCC 组合动力的 $Ma=0\sim6$ 宽域飞行器/发动机一体化风洞试验（见图 7－44），验证了一体化匹配技术与性能。

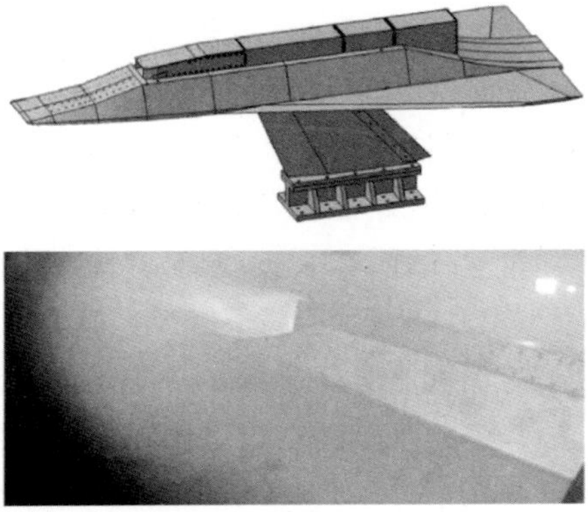

图 7－44　RBCC 飞行器/发动机一体化试验样机和自由射流试验

2022年7月4日西北工业大学航天学院空天组合动力创新团队牵头研制的“飞天一号”火箭(冲压组合动力)(见图7-45)在西北某基地成功发射,国际首次验证了煤油燃料火箭冲压组合循环发动机火箭/亚燃、亚燃、超燃、火箭/超燃的多模态平稳过渡和宽域综合能力,突破了热力喉道调节、超宽包线高效燃烧组织等关键技术,飞行试验圆满成功。

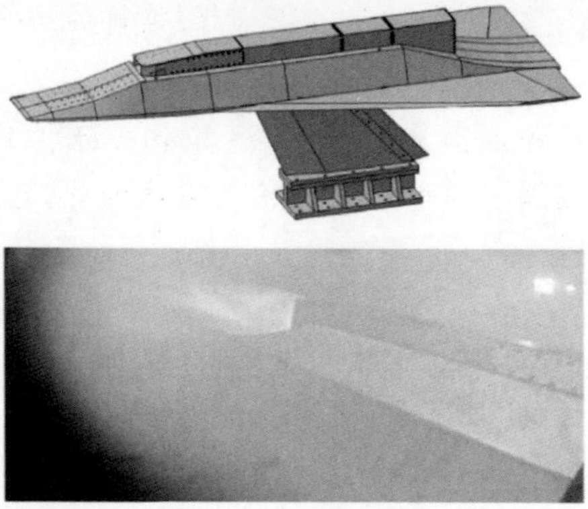

图7-45 “飞天一号”火箭(冲压组合动力)

在TBCC组合推进系统方面,西北工业大学针对涡轮基冲压组合循环发动机中高温进气影响涡轮发动机性能的问题,开展实际某高空模拟试验进气预冷段的数值分析;基于欧拉-拉格朗日多相流方法解析气液两相热质传输过程,探索射流冷却对不同高空高马赫数进气条件时预冷段内温度和压力的沿程变化规律。结果表明,射流冷却对流场具有明显的温降效果。带有射流装置的预冷段内流动损失是以由黏性耗散所引起的耗散熵产为主,而由气-液传热温差所引起流场温度梯度变化的加热熵产并不显著。对比高空模拟试验进气工况在射流量4%~7%的冷却效果发现,预冷段内气流温降程度为32.30~90.08 K,冷却前后总压降系数范围由1.42%~1.86%降低到0.95%~1.46%。因此,射流冷却技术在一定程度上改善了涡轮发动机在高空高马赫数工作时的进气流场特性。

为解决串联式TBCC发动机在涡轮模态与冲压模态转换过程中的推力及流量连续控制问题,西北工业大学在基于EKF的在线发动机实时模型基础上,提出了基于推力控制的串联式涡轮冲压组合发动机控制规律。通过发动机内推力、总空气流量、风扇空气流量、风扇喘振裕度等多参数的闭环控制,实现涡轮冲压组合发动机的稳定模态转换。仿真分析表明,模态转换过程中推力稳态控制误差不超过2.1%,流量稳态控制误差不超过3%,模态转换过程中推力瞬态波动不超过9%,空气流量瞬态波动不超过7.6%。

在超燃冲压发动机方面,为了评估基于燃烧室壁面压力实时监控的双模态超燃冲压发动机闭环控制系统方案的可行性,在西北工业大学地面直连式试验台上开展了一系列双模态超燃冲压发动机燃烧室地面直连式试验。试验模拟了飞行马赫数4.0条件下两个不同燃烧室构型点火燃烧的实际工作过程,测量并分析了燃烧室壁面压力脉动、压力响应和激波串前沿位置等特征。燃烧室进口来流状态为马赫数2.0、总温约880 K、总压为0.8~1 MPa。实验结果表明:燃烧室壁面压力存在明显脉动,且脉动幅度随着油气比的增加呈现增加趋势;壁面压力响应很快,响应时间在毫秒量级,说明在超燃冲压发动机闭环控制中,通过燃烧室实时壁面压力反馈来调节供油控制燃烧室工作状态是可能的;另外,通过改变燃油流量能够实时控制隔离段激波串前沿位置。

在脉冲爆震发动机方面，西北工业大学于 2002 年率先完成了两相脉冲爆震燃烧原理性试验，而后突破了高频工作关键技术，最高单管两相爆震频率高达 140 Hz，采用气态燃料时单管最高频率已达 200 Hz；进行了由涡轮增压器和脉冲爆震燃烧室组成的混合式 PDE 以及六管并联 PDE 研究；研究了起爆方式、进气方式、尾喷管形式、引射器等对性能的影响，突破了诸多关键技术并掌握了相关设计方法和对性能的影响规律。基于多年积累，西北工业大学研制了国内首台 PDRE 地面演示验证样机，并成功进行了多次地面滑跑试验，如图 7-46 所示。西北工业大学发展了两种不同尺寸的以汽油/空气为燃料的 6 管并联吸气式脉冲爆震发动机(APDE)。

图 7-46　西北工业大学研制的 PDRE 地面演示验证样机

为了进一步提高脉冲爆震发动机(PDE)的推进性能，西北工业大学门凯等人对 PDE 使用流体喷管模型进行了多循环数值模拟研究，并提出了主次流错相位喷注方案。结果表明：主次流错相位喷注方案不仅可以调节主流和二次流的有效流通面积，改善喷管的非设计点状态，而且可以提高爆震室内可燃气最终充填压力，增强爆震燃烧强度；在主次流错相位喷注方案下，喷管主流进口瞬时气流总压相对喷管设计点的离散程度明显下降，有效改善了喷管的非设计点状态；最佳的主次流相位差为反传压缩波恰好传播至爆震室头部这一工况，最佳的二次流喷注位置为喷管喉部；相比基准喷管的最大比冲性能，PDE 使用流体喷管可以产生 5.64%的比冲增益。

为初步得出适用于脉冲爆震发动机的喷管设计准则，西北工业大学焦中天等人基于数值模拟和理论分析方法，对脉冲爆震燃烧非稳态排气过程及适用的喷管设计方法进行了分析。脉冲爆震燃烧的非稳态排气过程可分为 4 个阶段：爆震波传播阶段、压力速降阶段、压力平台阶段和低压排气阶段。以直管中的 C_2H_4/O_2 脉冲爆震燃烧为例，排气压力在 $90.6p_\infty \sim 1.72p_\infty$ 范围内变化，其中 p_∞ 为排气环境压力。若采用非稳态喷管设计方法，则可调喷管的扩张比对应为 13～1。若采用固定型面喷管，则应当尽可能避免过膨胀状态下的激波损失，喷管设计点参数可使用排气压力平台区燃气参数进行计算，推力系数可达到 95%左右。固定型面喷管设计点的气体参数对应最后一道泰勒膨胀波传播至出口时的燃气状态参数，可用经典爆震理论公式推导求解，从而实现脉冲爆震燃烧室固定型面喷管的快速设计。

为研究吸气式脉冲爆震发动机反压的传播规律，西北工业大学李清安等人以一种特殊构型的隔离段与长径比为 20 的爆震室构成的发动机流道作为基准模型，并选取 4 种构型作为对照组，进行了单次爆震的数值模拟，研究了反压的反传速度、峰值及其衰减率，计算了基准模型的总压恢复系数。结果表明：设计的隔离段能有效降低反压的反传速度和峰值；爆震室的长径比越大，所含的燃料和氧化剂越多，反压越难以抑制；在反压向上游传播的初期，压力峰值的衰减率主要受隔离段结构的影响，之后则主要取决于反传距离；当来流压力一定时，长径比越小的爆震室，排气过程越迅速，反压下降得越快；在海平面大气条件下，当来流马赫数为 0.15～0.80 时，所设计的隔离段并未造成大的总压损失。

7.2.6 南京航空航天大学

南京航空航天大学能源与动力学院是我国航空航天动力系统科学研究的重要基地。

在超燃冲压动力方面，南京航空航天大学对几何尺寸约束的超燃冲压发动机推力喷管设计，超燃冲压发动机燃油喷射燃烧流场数值模拟方法，进口条件对超燃冲压发动机氢气燃烧流场特性的影响，超燃冲压发动机热力循环分析与建模技术，复杂入口条件下超燃冲压发动机隔离段气动性能，复杂入口条件下超燃冲压发动机隔离段流动特性等进行了研究。

南京航空航天大学的苏纬仪等人发明了一种超燃冲压发动机隔离段激波串前缘的主动探测装置及方法，通过在燃烧室进口布置声源，或者直接利用燃烧室的脉动燃烧特性，从燃烧室进口向进气道唇口方向，在上、下、左、右 4 个壁面布置 4 组动态压力测点，借助快速傅里叶变换、脉动压力纵向梯度和相关性分析方法对动态压力数据进行实时处理，获得激波串前缘的位置。该探测方法不仅能探测出激波串前缘的位置，还能判断出激波串大分离区的位置，且由于引进了相关性分析和脉动压力纵向梯度的数据处理手段，降低了探测方法对历史数据的依赖性。

南京航空航天大学的席志华等人发明了一种基于组合燃烧规律的超燃冲压发动机，如图 7 - 47 所示，超燃冲压发动机的燃烧室为由等面积段、等压段、等马赫数段和等温段这 4 个分段沿入口至出口方向依次连接组成的多级燃烧室，等面积段、等压段、等马赫数段和等温段分别使用等面积加热规律、等压加热规律、等马赫数加热规律和等温加热规律加热；在每个分段的入口处均设置一个燃油喷注点。相比现有技术，该技术可有效提高超燃冲压发动机性能，同时保证发动机不超温、不超压，不会产生热壅塞。

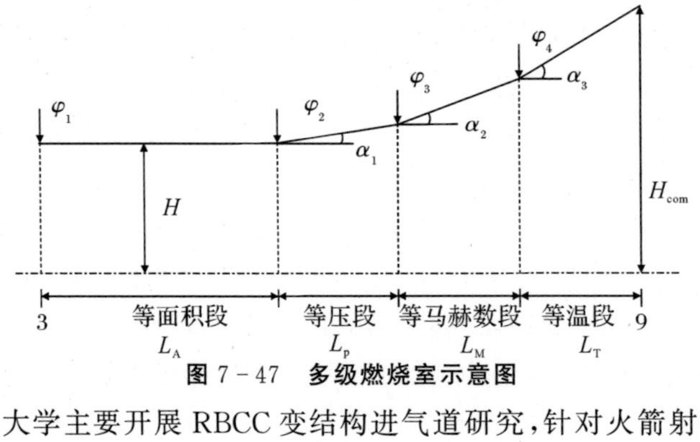

图 7 - 47 多级燃烧室示意图

南京航空航天大学主要开展 RBCC 变结构进气道研究，针对火箭射流对进气道性能的影响、燃烧背压对隔离段激波串作用的影响，设计了 RBCC 前体/进气道气动构型，低马赫数时主要考虑了进气道的起动问题，高马赫数时主要考虑了流量捕获、总压恢复和压缩能力问题，通过变结构方式来保证内收缩进气道能够在各个工作模态下正常工作。

针对 RBCC 发动机的多模态进气道设计问题，南京航空航天大学发明了一种用于 RBCC 的轴对称内并联式双模态进气道，不仅可以保留轴对称进气道原有的迎风面积小的优势，也能吸收并联式布局方案的优点，使得进气道布局更加紧凑，并提升进气道在高速飞行状态下的气动性能，使得飞行器在宽广的飞行包线内都能高效地工作，实现了在轴对称进气道中运用内并联式布局，避免了传统串联式布局下进气道高速性能较差的问题。

在 TBCC 动力系统方面，为了改善串联式涡轮基组合循环（Turbine Based Combined Cycle，TBCC）排气系统在低压比状态下的工作性能，对有、无辅助活门的两种串联式 TBCC 组合喷管开展了数值模拟，并对含辅助活门的串联式组合喷管进行了试验研究，来探究辅助活门对串联式组合喷管气动性能的影响。结果表明：辅助活门结构能够减少主流喷管外壁面的流动分离区范围和内流总压损失，有效地提高了组合喷管内推力。含辅助活门型组合喷管能够引射环境气流，减少引射喷管壁面的回流区范围与底部阻力，从而减少推力损失，提升组合喷管整体性能，提高次流压比或降低主流压比，主流喷管出口处欠膨胀程度降低，声速线往下游方向移动，主流流量减小。提高主流压比或者次流压比都能使辅助活门引射环境气流量增加。辅助活门进气通道距离会影响次流射流与引射喷管的相对位置，距离过小或过大都会造成引射环境气流量减小。

南京航空航天大学主要侧重于脉冲爆震燃烧技术的工程化应用研究，研究内容具有很强的实用性和针对性。其在脉冲供油、供气、点火、单级起爆、两相爆震燃烧、缩短爆燃向爆震转变距离等关键技术的研究中取得了显著进展，并完成了带旋转阀的三管 PDE 基础原理样机研制；还进行了气动阀式 PDE 原理样机研究，在常温、常压条件下，以汽油为燃料，以空气为氧化剂产生了充分发展的脉冲爆震波，获得了 1 300 N 的最大推力。此外，南京航空航天大学还在高频、高能、多头、可控小型点火器，自适应供油控制系统，高频电磁阀供油控制系统等 PDE 附件方面进行了研究并取得了初步成果。

南京航空航天大学的杨光远以气动阀式 PDE 为研究对象，通过理论分析、数值模拟与试验手段，对 PDE 内流动特性和推力性能进行研究，主要工作内容与成果如下：

(1)对 PDE 推力形成机理与影响推力的因素进行理论分析，给出 PDE 理论推力增益与工作频率的计算公式，提出降低 PDE 推力增益损失与降低 PDE 负推力的措施，并指出这些增推减阻措施之间存在矛盾。

(2)为了减小 PDE 推力增益损失，提出带渐缩通道的倒旋流气动阀设计思想，对该气动阀进行数值模拟研究，研究发现：随着气动阀进口角度的增大，气动阀的单向阀性能增强，但进气的流动损失也会增大，气动阀的最佳进口角度为 60°左右。提出利用双预模式杆射哨超声波喷嘴进行燃油雾化的雾化方案，对该方案进行雾化特性研究，发现喷嘴的平均粒径(SMD)约为 6 μm，随油压、共振腔距喷口距离、测量位置变化，SMD 变化幅度在 2 μm 内，喷嘴雾化角度随着共振腔距喷口距离的增大从约 180°降低至约 60°。给出三电磁阀并联控制供油方案，对该方案进行供油特性研究，结果表明，该控制系统在 5～25 Hz 的工作频率下能正常工作。

(3)对 PDE 内流场与燃油分布进行数值模拟，研究发现：PDE 流场受进气压力影响很大,安装掺混装置对爆震管内燃油分布情况有明显改善,使用环形与波瓣组合混合器时效果最佳。模拟分析了喷管对PDE推力性能的影响,结果表明:直喷管与扩张喷管使PDE推力性能有所提升,而收敛喷管使PDE推力性能有所降低。对于扩张喷管,随着角度增大,喷管推力性能提升;对于收敛喷管,随着角度增大,喷管推力性能降低。当进出口面积比不变时,喷管存在一个最佳长度,过长或过短都会降低PDE的推力性能。

(4)对气动阀式PDE进行冷吹与调试试验研究,确定PDE样机中选用螺旋扰流器以及环形与波瓣组合混合器,样机在17～22 Hz下可以连续工作,但是没有获得充分发展爆震波,样机在20 Hz下平均推力增益约为70 N。研究了带电磁阀控制PDE推力性能,电磁阀打开时间比点火时间提前4 ms时PDE能正常工作,无电磁阀时PDE平均推力增益为69.3 N,电磁阀工作时PDE平均推力增益为73.6 N。研究了带喷管的PDE推力性能,直喷管与收敛喷管使PDE推力性能有所提升,扩张喷管使PDE推力性能明显降低。收敛喷管中,随着喷管角度增大推力性能提升;扩张喷管中,随着喷管角度的增大推力性能降低。

南京航空航天大学的贾冰岳对于适合PDE工作的低阻进气单向阀门系统和低阻强化燃烧装置,研究其提高推力性能的设计方法,主要工作内容与成果如下:

(1)在分析PDE推力增益和阻力构成的基础上,设计了低阻大喉道气动阀PDE。增大喉道面积到爆震管面积的40%～45%后,可使气动阀阻力系数比原来(喉道面积占30%～35%)下降42.7%。

为了降低强化燃烧装置阻力损失,设计了周向离散狭缝的气动-固体孔板扰流片,在较小的固体堵塞比的条件下增大爆震管内的湍流强度,促进DDT过程。试验了以不同压力的空气或氧气作为气动扰流气源的PDE起爆特性,并进行了以燃料/空气的混合气作为气动扰流的试验,试验结果表明:当空气气动扰流压力比较低时,其对爆震波的触发几乎没有促进效果;氧气充入会导致局部富氧及贫燃料,引起爆震管内连续燃烧,在富氧区补充乙烯燃料后有所改进;采用高压空气的气动扰流优于低压空气气动扰流,以高压空气-煤油混合气作为气动扰流时,能有效促进DDT过程,爆震管末端压力峰值(约1.5 MPa)最大,火焰传播速度(约1 750 m/s)最快。

(3)为减少燃气的倒流,设计了倒流推力回收装置。利用迷宫去除PDE外阻,在进气压力0.05 MPa、频率30 Hz的工况下,进行了推力回收试验研究。无推力回收装置时,PDE的平均推力为58.9 N;有推力回收装置时,获得了平均105.3 N的正向推力,表明推力回收装置可以将部分负推力转化为正推力。

(4)预估了大喉道气动阀PDE实际工作时膨胀过程的冲量,依经验计算了PDE的冷态阻力,给出了不同进气压头下PDE能达到的净推力值。对评价PDE的设计水平进行了初步的探索,为将来PDE的工程设计提供参考。

7.2.7 中国人民解放军国防科技大学

近年来,依托"航空宇航推进理论与工程"国家重点学科和"飞行器设计"国家重点(培育)学科,结合流体力学、固体力学、材料学等相关学科,中国人民解放军国防科技大学(以下简称国防科技大学)在保持火箭发动机研究特色与优势的基础上,在高超声速飞行器总体设计、超燃冲压发动机、地面模拟试验、超声速流动燃烧机理等方面的研究取得了重大进展。研究方向包括：飞行器总体技术，重点开展高超声速飞行器总体一体化设计、飞行器布局优化设计及应用等方面的研究；高超声速推进技术，主要开展超燃冲压发动机、发动机地面试验与飞行试验技术、高超声速飞行器机体/推进系统一体化设计、超声速燃烧与流动机理等方面的研究；燃气引射技术，主要开展航空航天发动机高空模拟试验系统等方面的研究；发动机燃烧、流动与传热机理研究，主要开展火箭发动机燃烧稳定性、超声速燃烧流动机理、燃烧过程光学诊断技术、燃烧流动过程建模等研究。

在超燃冲压动力系统方面，国防科技大学在发动机燃料混合增强技术、超燃冲压发动机的仿真、燃烧室的热防护问题、进气道/发动机一体化技术、弹性支承情况下超燃冲压发动机模态频率特性等方面进行了研究。

发动机燃料混合增强技术分为被动混合增强技术和主动混合增强技术两种，在被动混合增强技术方面，国防科技大学为了探究凹腔对固体超燃冲压发动机燃烧性能影响，开展了地面直连试验和数值模拟研究。利用数值模拟分析了凹腔位置和数量对燃烧室流动与富燃燃气掺混燃烧作用效果；基于试验手段研究了 $Ma=2.71$ 超声速静风洞中支板诱导尾流的瞬时结构特性，并系统分析了湍流脉动对尾流结构的增强机理，支板上表面的扰动带诱导出湍流边界层，与层流工况相比，下游周期性生成大尺度涡结构，同时伴随着时均剪切层厚度显著增加，试验结果表明上游的湍流脉动能显著放大下游尾迹内的拟序结构；设计了气动斜坡、物理斜坡喷注结构，在来流马赫数为 2.1、韦伯数为 8 354 的工况下进行数值计算，以研究其对液体横向射流雾化的影响。结果表明：气动斜坡和物理斜坡喷注结构在燃烧室中都能形成更强、更复杂的流向涡结构，提高了穿透深度，对提高雾化效果作用明显。物理斜坡需侵入流场，会产生较大的阻力和总压损失。气动斜坡没有侵入流场的物理结构，产生的总压损失相对较少，同时具有生成附加涡以增强掺混的优势。

在主动混合增强技术方面，基于电弧放电等离子体热阻塞机理，数值模拟等离子体产生于超燃燃烧室横向喷流上游时燃烧室流动过程，分析激励器位置与激励强度两个关键因素对等离子体作用效果的影响。结果显示：激励器开启下等离子体区域形成一高温虚拟凸起，诱导出斜激波；随着激励位置从燃烧室入口向喷流移动，喷流上游回流区 x 向尺寸呈先增后减趋势，在最优激励位置激励时，分离激波强度显著降低。

在 RBCC 组合循环动力系统方面，国防科技大学进行了 RBCC 引射/亚燃模态转换过程的可用能分析与优化，模态转换过程中的内流场特性，发动机受限空间内引射及燃烧特性，基于分析法的 RBCC 引射模态能量利用规律，火箭基组合循环动力飞行器爬升段推进性能分析与轨迹规划，火箭基组合循环发动机性能分析等研究。

国防科技大学进行了火箭-双燃烧室冲压组合循环发动机概念研究，提出了一种基于火箭发动机和双燃烧室冲压发动机的多模态火箭-双燃烧室冲压组合循环发动机，将其作为飞行器的动力系统，并进行了性能分析研究。该飞行器在海拔 10 km 左右以 $Ma=0.8$ 的速度投放，在重力和发动机推力的联合作用下，能够在海拔 5～8 km 处加速到 $Ma=2$；然后加速爬升进入临近空间，发动机工作在引射亚燃或者双燃烧室亚燃模态下。可以根据实际选择高推重比、较低推进剂比冲效率的引射亚燃模态，或是较低推重比、高推进剂比冲效率的双燃烧室亚燃模态。最终飞行器加速到 $Ma=6$，进入双燃室超燃模态。针对空中发射模式和地面发射模式进行了轨道优化，仿真结果表明：在加速爬升到 $Ma=6$(海拔 26 km)的过程中，空中发射模式相比地面发射模式可以节省 37%的推进剂；空中发射模式存在一个负的最优初始飞行角度，使得剩余质量与初始质量的比达到最大。

在 TBCC 组合循环动力系统方面，国防科技大学基于特征线理论自主开发了新型变中心体内转式进气道设计软件，设计了一种 $Ma=0\sim6$ 宽速域组合动力 TBCC 三维内转式进气道，并开展了分析。数值仿真结果表明，进气道在冲压单独工作状态性能优良，共同工作时，涡轮通道性能欠佳。后续有必要改进设计方案，采取流动控制措施，改善进气道起动问题并提高涡轮通道性能。

为了探究跨声速飞行工况下混合并联涡轮基组合循环动力的冲压流道在冷通气状态下的流动及阻力特性，国防科技大学联合其他科研机构采用数值仿真方法，在 $Ma=0.7\sim1.6$、$H=11$ km 的飞行环境下，研究了基于混合并联 TBCC 动力高马赫速飞机的飞机/发动机内、外流耦合流动机理和冲压流道阻力特性，主要结论如下：

(1)在 $Ma<1.0$ 的高亚声速状态下，整个冲压发动机内、外流动结构保持高度的相似性，冲压进气道喉道已经处于流动壅塞状态；在声速点之后，进气道入口低马赫数的超声速气流汇聚诱导了冲压进气道脱体激波以及涡轮进气道入口分离激波等复杂结构的产生。

(2)冲压发动机尾喷管的排气流动同时受到飞机绕流及涡轮通道排气系统等多方面的干扰，且涡轮通道排气射流对冲压发动机尾喷管气流本身就存在膨胀压缩及排气引射等多种干扰机制。

(3)压差阻力系数高出内表面摩擦阻力系数两个数量级是跨声速状态下冲压内流道阻力的主要来源，其中，在亚声速状态下，进气道阻力占比达到了 60%～80%，是冲压内流道的主要阻力部件，而在 $Ma_{\infty}>1.0$ 的超声速状态下，进气道阻力占比随飞行马赫数的进一步增大而逐步减小，尾喷管的阻力则快速增长，说明阻力贡献逐渐向尾喷管转移，两者趋于接近。

(4)对于跨声速区间内冷通流的冲压发动机而言，在低马赫数下改善进气道起动性能以降低进气道阻力，在高马赫数下采取相应措施减小尾喷管阻力，能更大程度地改善高马赫数飞机跨声速气动特性，有效缓解“推阻矛盾”。

在旋转爆震发动机方面，国防科技大学对爆震波的传播过程及传播模式进行了系统研究，对爆震波通过环形通道的传播模式进行了试验研究，并开展了不同宽度环形燃烧室内乙烯-空气连续旋转爆震的数值模拟，镁颗粒-空气混合物一维稳态/非稳态爆震波特性数值模拟，气相氛围中悬浮粉末燃料爆震燃烧研究，煤油两相连续旋转爆震燃烧室工作特性试验研究，H_2/空气连续旋转爆震发动机推力测试，H_2/空气连续旋转爆震波的起爆及传播过程试验，连续旋转爆震波传播过程研究及传播模态试验等。

国防科技大学的张海龙等人发明了一种连续旋转爆震燃烧室，包括外壳以及位于外壳内腔的筒体，筒体为前后贯通的空筒，筒体与外壳内壁之间形成环形流道，环形流道前端设为进气道，在进气道之后的环形流道上依次设置有隔离段、爆震燃烧室以及尾喷管，隔离段与爆震燃烧室之间的衔接处为阶梯状的突扩过渡，形成后向台阶，能够稳定火焰并增强燃烧；爆震燃烧室后段的环形流道线性缩小形成连接尾喷管的倾斜过渡段。

7.2.8　清华大学

清华大学航天航空学院是是我国航空航天动力系统科学研究的重要基地。

在超燃冲压动力方面，清华大学进行了发动机热防护，超声速燃烧不稳定性研究进展，超燃冲压动力高超声速飞行器巡航弹道分析，低压试验对超燃条件下化学动力学模型约束，$Ma=7\sim12$ 超燃地面模拟试验的脉冲风洞，超燃冲压发动机内外流场三维燃烧数值模拟等研究。

在发动机的热防护方面，清华大学进行了多种研究试验。在发汗冷却技术方面，进行了高温与超声速条件下单相及相变发汗冷却规律研究，高温与超声速条件下发汗冷却基础问题研究，超声速主流条件发汗冷却的流动和传热机理研究。在再生冷却技术方面，进行了超临界压力流体在圆管内对流换热及热裂解研究，旋转条件下超临界压力碳氢燃料对流换热规律等研究。此外，通过对高超声速飞行器的热防护和机载设备电能需求的综合考虑，立足发动机能量管理优化，结合 CO_2 的物性特点，提出了以超临界 CO_2 为循环工质的高效热防护与高温发电一体化系统。此一体化方案可以在实现发动机热防护的同时，提供电能并减少冷却用燃油流量。

在 RBCC 组合动力系统方面，清华大学针对火箭基组合循环(RBCC)动力系统现有研究中存在的难点与不足，提出了其可实现性方案——双火箭基组合循环(DRBCC)，如图 7-48 所示。DRBCC 包括两个组成部分，即液氧/甲烷分级燃烧循环液体火箭发动机和内流道带有分布式引射器的双模态冲压发动机。其有混合模态、纯引射模态、亚燃冲压模态、超燃冲压模态和纯火箭模态 5 个工作模态。基于 DRBCC，进行了水平起飞两级入轨地球轨道运载器的初步设计。结合高斯伪谱法，对其 100 km 近地轨道的运载性能进行了分析。研究结果表明：DRBCC 可以满足该运载器的第一级任务需求；与传统火箭运载器相比，采用 DRBCC 的运载器推进剂消耗量低，具有更好的经济性。

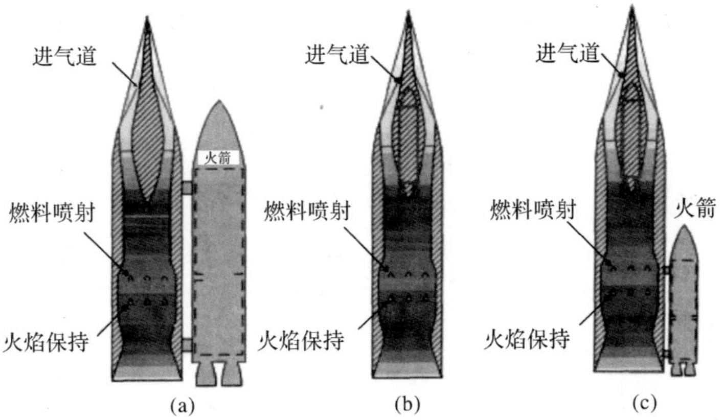

图 7-48　冲压动力系统、RBCC 和 DRBCC 动力系统示意图

(a)冲压动力系统；(b)BBCC 动力系统；(c)DRBCC 动力系统

在爆震推进方面，清华大学做了大量研究。

在连续旋转爆震燃烧室低阶模型方面，计自飞等人提出了一种低阶的连续旋转爆震燃烧室模型，认为对于旋转爆震燃烧室的建模，首先是求解爆震波前参数。可燃混气进入爆震燃烧室的参数取决于喷注面上的压力分布。由于膨胀波的作用，喷注面上的压力从爆震波所处的角向位置θ_{det}开始沿周向衰减，在某一角向位置θ_{inj}处，喷注面上的压力衰减到喷注总压p_0，可燃混气开始进入爆震室。当喷注面上的压力衰减到临界压力p_{cr}时，喷注孔达到流动壅塞。根据质量和能量守恒方程，爆震波前压力p_1、温度T_1、马赫数$Ma1$可依次求解。

在模型建立的基础上，进行连续旋转爆震涡轮发动机性能理论分析，计自飞等人提出了一种双流道连续旋转爆震涡轮发动机(DRDATE)的结构布局，如图 7－49 所示。通过在连续旋转爆震燃烧室上下游布置隔离段和混合器，实现了叶轮机械与连续旋转爆震燃烧室的匹配。他们还将动力涡轮和动力轴布置在 DRDATE(用作燃气发生器)的下游，进而提出了连续旋转爆震涡轮轴发动机的结构，如图 7－50 所示。

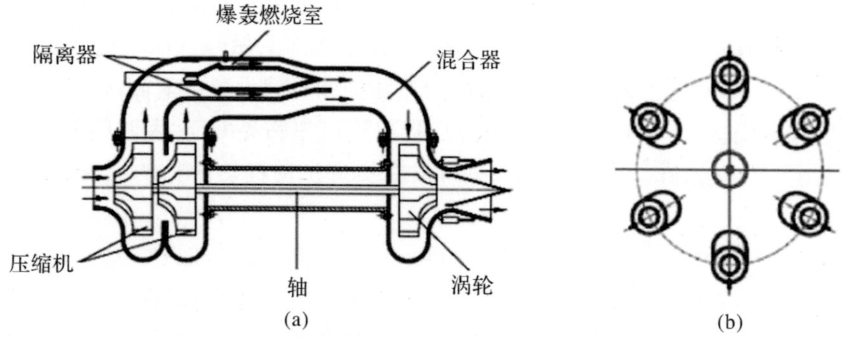

图 7－49　多环旋转爆震燃烧室 DRDATE 结构示意图

(a)DRDATE 结构；(b)多环旋转爆震燃烧室剖面图

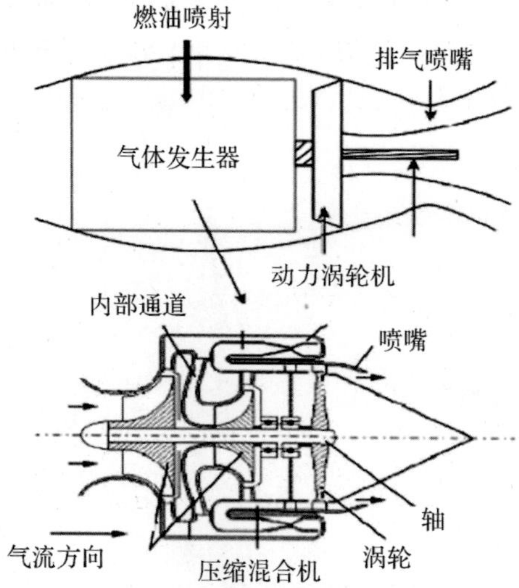

图 7－50　连续旋转爆震涡轮轴发动机的结构

计自飞等人基于工质变比热及化学平衡方法建立了双流道连续旋转爆震涡轮发动机 DRDATE 的参数化性能分析模型。在此基础上获得发动机的部件特性及匹配关系，进一步研究了部件参数和飞行参数对发动机总体性能的影响规律。通过与相同设计参数下的传统燃气涡轮发动机性能比较，研究了连续旋转爆震涡轮发动机的性能增益及其变化规律。相关研究表明，循环参数增压比π_c和涡轮前温度T_4^*对于DRDATE的总体性能具有显著影响。随着增压比的增大，DRDATE的比推力(F_s)和热效率(η_{th})先增大后减小，耗油率(sfc)单调减小。随着涡轮前温度的升高，DRDATE的比推力和耗油率单调增大，而热效率先增大后减小。比推力和热效率随增压比的变化规律表明，存在使得比推力和热效率取最大值的最佳增压比，如图7-51所示。进一步研究表明，最佳增压比随着T_4^*、压气机多变效率和涡轮多变效率等参数的增大单调增大。不同飞行条件下总体性能的对比表明，飞行马赫数越大，发动机热效率越高，最大比推力对应的最佳增压比越小，如图7-52所示。

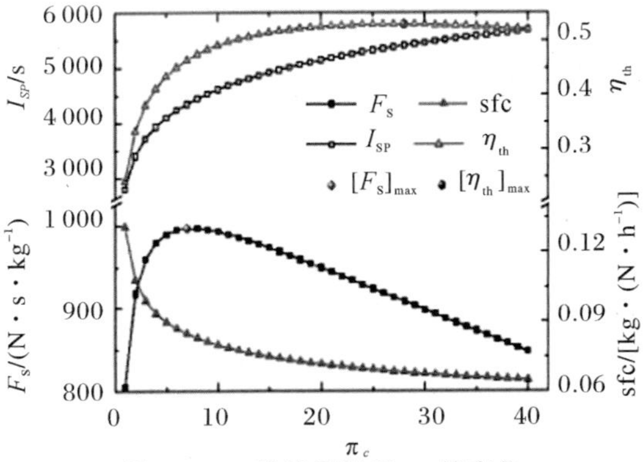

图 7-51　性能指标随π_c的变化

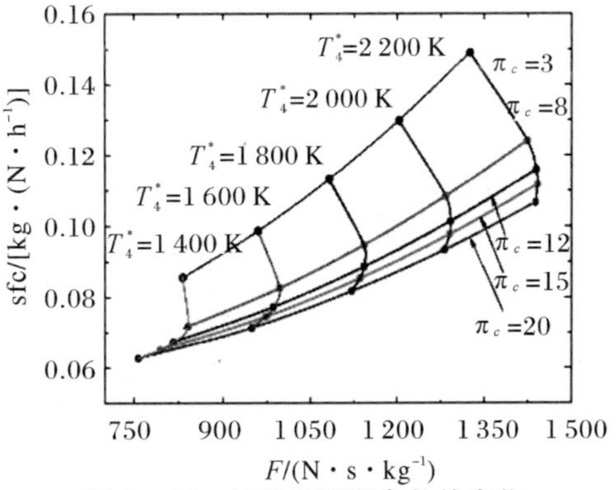

图 7-52　性能随周期参数的变化

对于连续旋转爆震涡轮发动机来说，隔离段是连接压气机与燃烧室之间的部件。连续旋转爆震燃烧室的反传压力扰动已在以往的研究中得到普遍证实，反传压力会对涡轮部件的工作和发动机稳定性产生不利影响。计自飞等人根据反传压力扰动的传播特性，提出了一种隔离段配置形式，通过它来减小反传压力的影响，如图7-53所示。通过数值模拟研究验证了隔离段的可行性和实用性。同时，研究结果表明，隔离段中障碍物的几何参数对降低连续旋转爆震燃烧室的反传压力起着至关重要的作用，如图7-53所示。其中，图7-54(a)中S_1～S_4为隔离段中不同压力测点，图7-54(b)为隔离段中不同测点无量纲压力随时间的变化。

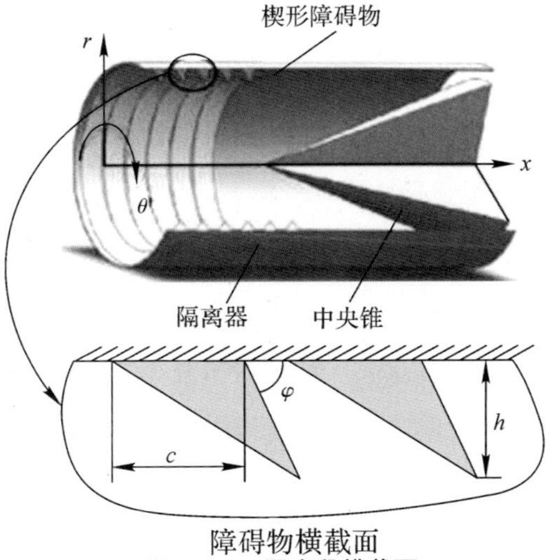

图 7-53　隔离段横截面

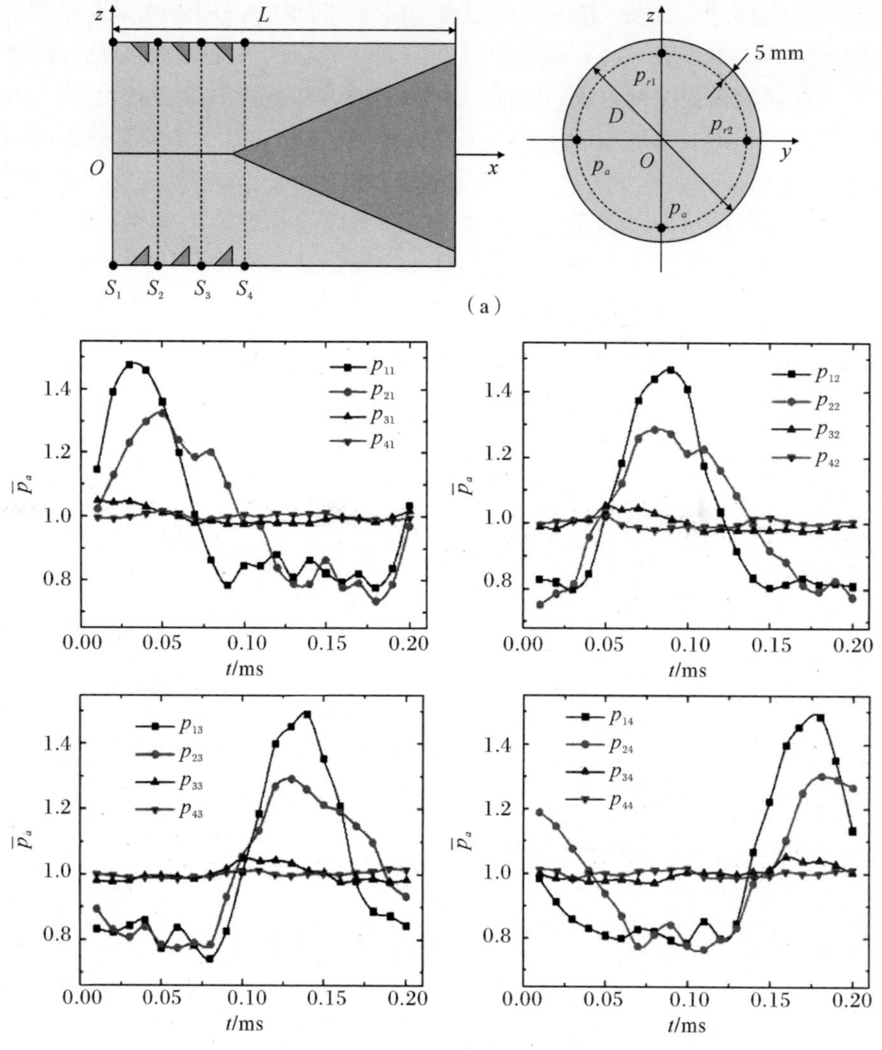

图 7-54　隔离段中障碍物的几何参数对降低连续旋转爆震燃烧室的反传压力的验证

(a)隔离器上压力监测点的位置；(b)某一时期监测点的压力与时间的关系

在连续旋转爆震冲压发动机性能理论分析方面，张任帅等人基于连续旋转爆震冲压发动机的系统布局方案，建立了参数化性能分析模型，研究了飞行马赫数、飞行高度等参数对连续旋转爆震冲压发动机推进性能的影响。研究结果表明，连续旋转爆震冲压发动机的比冲和比推力都随着飞行马赫数的提高而先增后减，$Ma=2.5$ 左右是峰值，表现出了和基于等压燃烧的冲压发动机相同的变化趋势。同时，固定空气/燃料当量比条件下连续旋转爆震冲压发动机的比冲和比推力在 10 km 以上随着高度的提升而不断下降。

清华大学任兆欣等人针对气液两相斜爆震的形成与燃烧稳定性机理开展了数值模拟研究工作。他们针对发动机工作条件，研究了不同来流马赫数和当量比条件下预蒸发煤油气的起爆、波系结构特性与变化规律，发现随着当量比的增大，起爆距离减小，富燃条件下出现双爆震波结构，化学计量条件下斜激波诱导燃烧波至斜爆震波的转变压力最大。针对液体碳氢燃料，研究了不同离散液滴尺度以及不同喷雾当量比下气液两相斜爆震燃烧稳定性，随着燃料预蒸发度的增大，斜激波诱导燃烧波至斜爆震波的转变由突变结构变为光滑过渡结构，转变区的压力随之减小。此外，液滴蒸发吸热与化学反应释热的竞争导致起爆距离随喷雾当量比变化呈“入”形分布，化学计量条件下起爆距离最长，这与气相斜爆震燃烧的研究结论不同。

2022 年 1 月 24 日上午 11 点 30 分，清华大学航天航空学院喷雾燃烧与推进实验室新型发动机飞行演示验证试验取得圆满成功。试验任务由“清航 · 大兴号”两级火箭助推执行。一级火箭分离后，二级火箭将任务段发动机推到预定高度和速度。发动机进气道实现高效吸气，供油系统将航空煤油雾化喷入燃烧室，点火系统顺利启动，燃烧室进入预定燃烧状态，发动机稳定工作，获得持续推力，试验取得圆满成功，发动机示意图如图 7 - 55 所示。试验表明，我国已经掌握该新型发动机的自主研发与工程实现能力，在新型空天动力领域跻身世界前列。

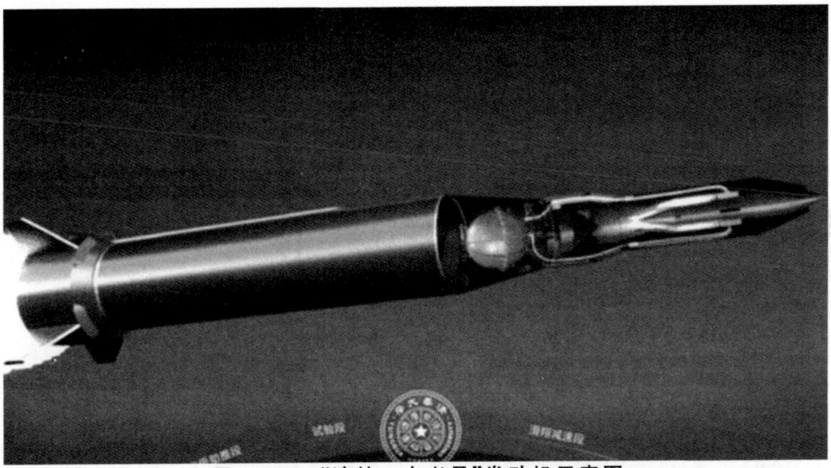

图 7 - 55　“清航 · 大兴号”发动机示意图

第8章　国内高超声速飞行器动力系统发展水平评估与发展建议

8.1　我国高超声速飞行器动力系统发展状况

在高超声速飞行器动力系统的研发方面，我国的起步相较于美国、俄罗斯并不算晚。经过多年的积累和大量的研究，我国已经在各个领域拥有了相当扎实的理论基础。在高超声速流动特性、材料力学性能、传热与传力等方面的研究中，我国已经取得了显著进展，为后续工程应用奠定了坚实的基础。

同时，我国也在不断推进高超声速飞行器动力系统的工程应用。通过自主研发和引进技术，我国已经取得了一定的成果。虽然与美、俄相比，我国在高超声速飞行器动力系统的整体实力和技术水平上还有差距，但我们正在朝着迎头赶上的目标不断努力。通过持续的研发和实践，我国有望不断提高高超声速飞行器动力系统的技术水平，并在这一领域保持竞争力。

8.1.1　涡轮基组合循环动力系统

我国在20世纪80年代开始了对组合发动机的研究，当时航空部提出了一种新型飞行器的研究计划，该计划较早地提出了利用涡轮基组合发动机作为新型飞行器的推进系统。中国科学院对TBCC组合发动机在模态转换时的推力变化规律开展了相关的分析和研究。其中西北工业大学对TBCC组合发动机引射状态进行研究，得到了引射段的最优长度。南京航空航天大学在组合发动机的建模、模态转换和控制、数值仿真方面都做了大量的研究。

进入21世纪后，我国开始大规模开展有关总体方案论证和性能仿真分析及关键部件数值模拟和试验研究等工作。其中，总体方案和性能仿真分析相关研究主要可分为以国外TBCC发动机为对象开展性能仿真分析研究和自主提出研发组合动力方案两大类。前者包括2006年北京航空航天大学陈敏等人以日本HYPR90－C发动机为研究对象发展的仿真建模和分析串联TBCC发动机性能的工具箱，2017年西北工业大学张明阳等人和2020年北京动力机械研究所徐思远等人以美国串联式TBCC发动机RTA为对象进行建模仿真及转级控制律设计，等等；后者包括2015年沈阳发动机研究所杨天宇等人开展的$Ma=3$一级涡轮发动机总体方案论证相关工作，2015年北京动力机械研究所韦宝禧等人提出采用涡轮

-火箭-冲压三种动力组合方案（TRRE 发动机）并结合原理样机试验和数值模拟仿真对 TRRE 发动机性能进行相关分析工作，等等。关键部件数值模拟和试验研究主要针对组合进气道和尾喷管，聚焦于利用风洞试验和数值仿真研究并联式 TBCC 发动机转级过程中进气系统和排气系统的性能变化。

以上研究说明，我国虽然在 TBCC 发动机方面的相关研究起步较晚，但是 TBCC 发动机总体设计和关键部件性能验证等相关技术正在蓬勃发展中，并已取得了不少突破性的进展。

8.1.2　火箭基组合循环动力系统

国内的北京动力机械研究所、西安航天动力研究所、中国科学院力学研究所以及西北工业大学、国防科技大学等高校从 21 世纪初期开始对 RBCC 方案进行了大量研究，此时主要集中在组合动力的原理、机理和关键技术的突破上，处于应用论证和关键技术攻关阶段。而近 10 年国内则在机理和关键技术的研究突破之外，还针对 RBCC 飞行器进行了方案设计与论证，开展了不同方案的地面试验、样机研制和飞行试验验证，攻克了部分关键技术，取得了较多成就。

中国科学院力学研究所在自行设计的试验装置上进行了引射模态的研究。试验结果表明：当一次流压力相同时，即使一次流温度不同，但两股气流混合所需的长度基本一致；当一次流密度降低时，引射系数较高；当一次流量达到一定程度时，二次流会产生堵塞。

20 世纪 80 年代初期，中国航天科工集团第三研究院第三十一研究所（简称航天科工 31 所）研制出了样机，对发动机设计、部件和分系统研制进行了深入研究。发动机的设计主要包括补燃室、组合喷管以及进气道等部件，航天科工 31 所对各个分部件进行了大量的试验研究。地面的发动机燃烧试验表明，与液体的碳氢燃料相比，燃烧有非常高的火焰传播速度以及较宽的燃烧稳定边界。

国防科技大学也对 RBCC 引射模态进行了大量的研究，并建立了 RBCC 试验装置等。另外，国内的许多高校和科研单位，如北京航空航天大学、中国科学技术大学、中国空气动力研究中心以及南京航空航天大学，开展了双模态燃烧系统的冲压发动机等超声速飞行技术的研究，并取得了一定的进步。这些探索和研究为 RBCC 发动机实现多模态协调工作奠定了理论和实验基础。

此外，西北工业大学何国强教授等人对 RBCC 组合循环发动机推进系统进行了深入的研究，并建立了试验装置，获得了很多有益的结论、结果。图 8-1 为在静态条件下测试的 RBCC 发动机模型。

图 8-1　西北工业大学在静态条件下测试的 RBCC 发动机模型

2022 年 7 月 4 日，西北工业大学航天学院空天组合动力创新团队牵头研制的“飞天一号”火箭冲压组合动力在西北某基地成功发射，在国际范围首次验证了煤油燃料火箭冲压组合循环发动机火箭/亚燃、亚燃、超燃、火箭/超燃的多模态平稳过渡和宽域综合能力，突破了热力喉道调节、超宽包线高效燃烧组织等关键技术，飞行试验圆满成功。

近年来，我国科研人员在 RBCC 发动机领域取得了令人瞩目的进展。通过对 RBCC 燃烧过程的深入研究，我们对其工作原理和性能特点有了更加清晰的认识。同时，关键技术方面的突破也为 RBCC 的应用提供了坚实的基础。例如，我们成功地解决了燃烧不稳定、材料耐高温性等难题，使得 RBCC 发动机在高温、高速环境下仍能正常工作。此外，研究人员还通过改进燃料喷射技术和优化气动设计，提高了 RBCC 发动机的推力性能和燃烧效率。这些成果不仅对我国航天事业具有重要意义，也为全球 RBCC 技术的发展做出了积极贡献。随着持续的研究和发展，RBCC 发动机的应用前景将变得更加广阔。

8.1.3 超燃冲压发动机

在 20 世纪 80 年代，在国家 863、973、自然科学基金、国防基础科研等项目的支持下，我国开展了大量的超燃冲压发动机技术研究。1994—1998 年间，我国航天科工 31 所、西北工业大学、空气动力研究与发展中心先后对超燃冲压发动机进行了地面试验与数值模拟，在地面试验、燃烧室数值模拟及飞行器设计及一体化研究方面积累了丰富经验。中国科学院力学研究所(简称中科院力学所)也是较早开展超燃冲压发动机试验研究的院所之一，在氢/煤油燃料超燃冲压发动机机理方面取得丰富且有价值的成果。在过去几十年的研究中，中科院力学所充分借鉴国外超燃冲压发动机技术发展经验，重点研究 $Ma=4\sim7$ 的碳氢燃料超燃冲压发动机技术，并取得了卓著的进展。

航天科工 31 所建立了高超声速冲压发动机直连式试车台，可以模拟 $Ma=3\sim6$、流量为 4～15 kg/s 的飞行状态，并且可以进行长时间的燃烧试验。中科院力学所针对高马赫数超燃冲压发动机高气动阻力下的燃烧组织问题，设计了双突扩超燃冲压发动机模型(见图 8-2)，在中科院力学所 JF12 长试验时间激波风洞内，开展了 $Ma=7.0$ 和 $Ma=9.5$ 的氢燃料点火和燃烧试验对比。目前，国内对飞行 $Ma>7$ 的超燃冲压发动机的相关研究还相对较少。

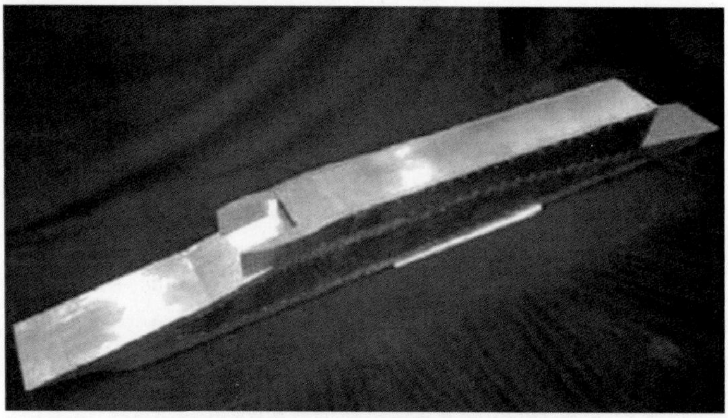

图 8-2 双突扩超燃冲压发动机模型

2018 年 12 月，中航科技第十一研究院第二研究所宣布其负责的高能脉冲风洞 10 000 km/h 量级氢氧燃烧推进试验能力取得关键性突破，即在 5 ms 内，利用超燃冲压发动机使氢气在 3×10^6 m/s 的速度下与空气混合进行超声速自主燃烧。超燃冲压发动机试验的成功标志着中国自主研制的国际最大口径高能脉冲型风洞已经进入实用化阶段，其 $Ma=10$ 的测试速度将成为尖端飞行器的孵化器。

8.1.4　预冷循环动力系统

针对高超声速强预冷航空发动机中最为核心的紧凑快速强换热器，国内在其所涉及的微尺度流热耦合换热机理、流热耦合数值模拟、紧凑强换热器设计制造等方面都取得了相关的突破。

在预冷换热器制造技术方面，我国则已突破微管焊接技术，为下一步全尺寸预冷器的生产制造打下了良好基础。目前已完成三件预冷器工艺件的加工，经煤油试验、17 MPa 气密 10 min 保压测试、25 MPa 液压试验证实毛细管焊缝及毛细管身部均未出现泄漏，焊缝质量良好，钎焊合格率达到 100%。三个预冷器试验件也将用于后续预冷器传热试验中，用于研究微尺度换热器的传热及流阻特性，为全尺寸预冷器的设计及仿真模型的修正提供数据支持。

国内对预冷发动机也进行了相关的研究，西安航天动力研究所提出了一种预冷空气涡轮火箭组合动力装置(PATR)：产生推力的主要部件是以空气为氧化剂、氢为燃料的火箭发动机，火箭发动机基本以定工况工作；另一个产生推力的是以氢为燃料的冲压发动机，此发动机以环形结构布置在火箭发动机的外围，推力随飞行高度和飞行马赫数变化。目前，西安航天动力研究所分析了该系统运行技术特点，并对其与其他组合循环动力的差异进行了初步的性能分析，待进一步发展。

在预冷器抗结霜涂层技术方面，张友法等人进行了研究，结果表明，与单独加风速和单独加入甲醇的外加环境相比，外加流动剪切和甲醇的组合最能抑制表面结霜，超疏水表面可在 10 min 内不发生水珠的冻结。在 −150 ℃，超疏水表面霜晶的形核率低，仍具有一定抑制结霜的效果。

在换热器设计方面，邹正平等人对紧凑快速强换热器内部流动换热机理进行了研究，分别从换热器内、外换热两个方面入手，以期用最小的流动损失代价得到最大的强化换热效果；以开发的低维模型发展了紧凑换热器的确定性设计方法，并利用该方法完成了用于高超声速强预冷航空发动机不同位置的多种不同结构形式的换热器结构设计，开展了薄壁毛细管制造及检测技术、薄壁毛细管的组合焊接技术等研究。

在预冷发动机热力循环研究方面，中科院工程物理研究所的赵巍等人提出了压气机进口空气预注入冷质的空气涡轮火箭循环(MIPCCATR)，研究了压气机的工质变化及循环参数对发动机性能的影响。研究选取水作为注入的冷质，重点考虑压气机的工质从干空气变为湿空气后对物性和燃烧的影响，提出了需要在进气道内补给液氧，并给出了冷质和液氧的比例及对性能的影响。西安航天动力研究所的郭海波和西北工业大学的肖洪等人采用热力学第一定律对复合预冷协同吸气式火箭发动机(SABRE)的热力循环进行了研究和分析,研究表明,吸气模式下SABRE的核心机采用布雷顿循环,压气机的增压比和循环增温比是影响理想热力循环性能的关键参数;火箭模式下SABRE采用火箭发动机循环,喷管降压比和出口排气速度是影响理想热力循环性能的关键参数。中科院工程物理研究所的李敬等人建立了可考虑工质组分化学平衡与工质热物性随温度和压力变化的热力循环模型,以准确地分析以不同燃料为冷却介质的换热器预冷空气涡轮火箭发动机的性能,并利用该模型分析了以液氢、液态甲烷和煤油为燃料的发动机循环性能,研究了预热温度、燃气发生器和主燃室出口温度对循环性能的影响。

总体来看,目前提出的多种预冷发动机方案都具备相当好的技术可行性,但关键的氦循环系统尚未见试验报道。后续需结合试验结果持续优化,进一步优化预冷发动机系统方案,提升预冷发动机系统的工程可行性及性能。

8.1.5 爆震发动机

国内脉冲爆震发动机研究工作开展得相对较晚,目前有西北工业大学、南京航空航天大学、空军工程大学、北京大学、北京理工大学、南京理工大学等高校以及中科院力学所等多家科研院所陆续开展了单管和多管PDE的研究工作。通过对脉冲爆震发动机进行系列的数值模拟和试验研究,对点火起爆、不同燃料填充系数、不同增推装置、不同强化燃烧装置、涡轮组合式发动机、喷管、多管PDE以及吸气式发动机的进气方式等方面进行了系列研究,成功在地面实现了半自由式喷气进气方式的稳定工作和发动机的稳定爆震。

在爆震发动机方面,最初的PDRE试验研究是以汽油为燃料、以压缩空气为氧化剂开展的原理性模型试验。显然,以汽油/空气为燃料不符合火箭推进的安全性和性能需求,因而后来发展了符合工程实际的以液态煤油/氧气为燃料的PDRE。然而,在以汽油/空气为燃料的原理性试验中,进行了包括爆震基础理论、燃料的喷射与混合、起爆技术等大量基础性研究,从而认识、分析和总结了PDE的关键技术问题,奠定了PDE研发的技术基础。

在PDE性能研究方面,目前初步建立了APDE和PDRE性能分析模型,并分析了在不同飞行状态下PDE性能的变化规律,研究中也考虑了进气道和喷管的影响,发展了初步的脉冲爆震发动机结构设计方法。

在PDE工程应用方面,西北工业大学发展了两种以不同尺寸的汽油/空气为燃料的6管并联吸气式脉冲爆震发动机(APDE);南京航空航天大学分别设计了内径为100 mm的3管和内径为61 mm的6管气动阀式脉冲爆震试验样机,单管频率为30 Hz,多管最高频率可达90 Hz;中国科学院力学所设计了单管PDE,采用汽油与氧气预混,成功进行了单管工作频率为50 Hz的爆震点火试验;南京理工大学设计了一台内径为30 mm、总长为900 mm的火箭式气液两相小型脉冲爆震发动机,以汽油为燃料,发动机能在10～40 Hz频率下多循环稳定工作;航天科工31所以弹用PDE为背景,设计了6管共用进气装置PDE地面试验原型机(见图8-3),实现了在总频率60 Hz下的稳定工作,并产生450 N的正向推力。

图 8-3　航天科工 31 所设计的 6 管并联 PDE 照片

8.2　国内外发展水平差距分析

同美国、俄罗斯、法国、澳大利亚以及日本等国的研究状况相比，我国的高超声速推进技术在研究技术、设备建设以及经费投入等方面还有很大的差距，仍需要在关键技术上进行突破。

在超燃发动机方面，通过持续不断的研究，美国、俄罗斯、法国、德国、日本、澳大利亚等国在 20 世纪 90 年代已陆续取得技术上的重大突破。尤其是美国，目前已进入了以研制高超声速巡航导弹、高超声速飞机和空天飞机等为应用目标的飞行试验和工程研制阶段。但是，我国的超燃冲压发动机研究大多仍然处于理论和模型的研究阶段，与美国、俄罗斯等国相比，仍有很大的差距。我国对高超声速推进技术的研究起步较晚，但经过不懈的努力，与世界技术先进国家之间的差距正在逐渐缩小。目前，国内研究在超燃冲压发动机地面试验、机性能评估及飞行器/发动机一体化研究等方面取得了重要成果。

在 TBCC 发动机的研究方面，从 20 世纪 80 年代后期开始，国内西北工业大学、北京航空航天大学、北京动力机械研究所和南京航空航天大学等科研单位逐步开展了 TBCC 的探索研究，研究内容主要包括 TBCC 工作模态转换过渡分析及模拟、涡扇-冲压发动机组合的可行性理论论证、工作过程及进气道等部件设计和技术方案设计及性能验证等。发动机仿真是发动机设计的重要一步，通过对比国内外在 TBCC 组合发动机推进系统仿真领域的发展现状，可以明显看出国外在此方面的研究已经得到了实际的应用，国内与国外还是存在着不小的差距。现今国内的 TBCC 组合发动机模型仍然存在着仿真系统不够完善、模型通用性差、可扩展性不足、缺少层次感及模块化建模的思想，且操作界面不够友好等诸多缺点。

在 RBCC 发动机的研究方面，自 20 世纪 90 年代以来，国内在高超声速研究方面进行了大量的基础性理论建设、试验测试以及数值模拟等，取得了大量成果，但还远远落后于发达国家。进入 21 世纪以后，在国家的大力支持下，地面试验不断完善，因此获得了更加准确的试验数据，为接下来的研究打下了夯实的基础。

国内研究主要集中在RBCC整机设计、火箭引射模态的理论分析模型、引射/亚燃模态过渡、发动机燃烧室掺混燃烧等方面。多数研究的重点集中在机理研究、引射模态、部件设计、一维性能分析模型以及总体设计上，少数研究机构已经实现了样机的验证。但是，专门针对RBCC宽速域控制系统设计的研究尚未发现。总体而言，国内对RBCC的研究起步较晚，在组合发动机模态控制、系统工作稳定性、发动机热结构技术、系统集成技术和地面验证技术等方面仍与国外先进技术存在一定的差距。

总体而言，经过几代学者的努力，我国在高超声速技术研究方面也收获颇丰，部分关键技术的突破也加快了我国超燃冲压发动机的发展，但与西方军事强国依然存在差距。

在爆震发动机方面，我国多所高校及科研单位积极开展相关研究，主要集中于机理以及关键技术的突破上面。纵观爆震发动机的研究进程发现，国外在脉冲爆震发动机及旋转爆震发动机研究方面制订了多个战略计划，开展了一系列的试验研究和样机试制，基本完成了原理性试验，进入演示验证阶段，已经取得了阶段性成果。我国对于脉冲爆震发动机的技术研究已经建立了初步的理论体系，对于各项关键技术开展了相关研究，并已有所突破或得到了创新性发展，为中国未来脉冲爆震发动机的研制奠定了初步的理论与工程基础。然而，研究过程中也存在一些问题，比如在增推、起爆、燃料喷射与混合、进气道、推力测试等关键技术方面出现了较多简单的重复性研究，而并未取得实质性技术突破，这也是造成近年来PDE研究进展缓慢的原因。总体来看，我国PDE技术的发展仍处于原理研究和样机试制阶段，技术发展水平与国外相比还存在不少的差距。国内在旋转爆震发动机研究方面开展了大量的基础研究，但受试验条件、测试方法的限制，工程化应用步伐较为缓慢；斜爆震发动机和内燃波转子发动机仍处在原理探索阶段，技术成熟度较低，几乎与国外研究水平持平。

同国外的预冷循环发动机研究相比，我国对于该方面的研究起步时间较晚，美国、俄罗斯、英国和日本等国家在20世纪以及21世纪初就已经产生了大量的研究成果，并且进行了许多的试验验证活动。然而，我国预冷型组合循环发动机研究目前还停留在方案论证和部件关键技术验证上，发动机整体研制进程与国外存在较大差距，在理论分析和机理试验研究上还有大量工作亟须开展。我国对此类发动机的研究仍处于起步阶段，要想迎头赶上，首先需要积极开展高效换热、旋转机械、先进材料和制造技术等的研究，还需要建立高性能的换热试验台、闭式氦气循环试验台等大型试验设备，为发动机的研制奠定基础。

8.3 关于加快我国高超声速飞行器动力系统发展的措施建议

当前，以美国为首的各国竞相发展组合动力推进系统，将其与高速飞行器技术相结合，不仅是21世纪航空航天技术的制高点，也是重要的军民两用技术，对未来军事发展战略、空间技术乃至武器体系有着重大影响。组合动力循环技术是航空航天领域重要的战略发展方向之一，对我国未来的国家安全、政治和经济利益都将发挥至关重要的作用。通过梳理，发现不同国家及研究单位根据应用方向和技术储备选择了不同的发展路线，通过不断提升关键技术成熟度，向实际应用不断推进。国家发展规划是快速推进科学技术的倍增器，如美国国家空天倡议（NAI）、欧洲 LAPCAT 计划、日本 2025 航天规划等；对于可重复使用天地往返运输技术发展来说，组合动力技术是关键。因此，我国也必须明确长期发展规划，明确发展路线，从而推动关键技术研究。

高速飞行器研制难度很大，应遵循由易到难、循序渐进的发展策略，从一次性使用的高速巡航导弹，到高速巡航飞行器，最终目标为可重复使用天地往返运输系统。但是，不同应用背景、不同马赫数范围的高速飞行器技术既相互联系，又有较大差别，应分别开展关键技术攻关，共享成果，相互促进，共同发展。

(1)根据设计、使用中的问题将马赫数划分成不同区间。

在评估各种技术方案的优劣时，重要的依据是任务需求。对于高超声飞行器来说，必须解决从地面马赫数为零至在大气层内经历各种高度不断加速直到达到高超声速这样大的工作范围内能有效工作的动力问题。飞越不同马赫数，将遇到不同问题。根据遇到的技术问题，大致可将马赫数分成以下几段：①$Ma=0\sim3$ 是目前飞机可以达到的飞行速度，在 $Ma=2.0\sim2.4$ 范围内飞机结构材料基本上可不作改变，因此是发展超声速运输飞机的实用范围。②亚声速燃烧的冲压发动机有利的工作范围是 $Ma=3\sim5$，使用碳氢燃料的冲压发动机最大飞行马赫数不超过 7，主要问题是碳氢燃料的热稳定性差和碳氢燃料的热值太低。$Ma=3\sim4$ 是涡喷发动机和冲压发动机的理想转接马赫数。③考虑机体的材料耐热性，若不采用特殊的热管理措施，飞行马赫数应控制在 4 以下（马赫数从 4 提高到 7.4，则进气总温提高 2.8 倍）。④用氢燃料的超声速冲压发动机马赫数一般是 4～10。亚声速燃烧冲压发动机转换到超声速燃烧冲压发动机的马赫数可选为 4～5。⑤马赫数 5 以上进入高超声速，气动上出现一些特殊问题，如附面层转捩问题、空气的非理想气体（实际气体）特性影响等。⑥马赫数 15 以上进入超高速飞行范围，如以冲压发动机为动力则应发展超高声速燃烧冲压发动机。⑦为了进入地球轨道，需要达到马赫数 25，只有火箭发动机具有将飞行器加速到如此高飞行速度的能力。

(2)优先研制出超燃冲压发动机。

发展组合发动机的前提是成功研制出超燃冲压发动机。目前，各国提出各种类型的高超声速动力方案，基本上都是将冲压/超燃冲压发动机与其他类型的动力（包括涡轮发动机、火箭发动机或者活塞发动机等）相组合。因此，一定要优先研制出超燃冲压发动机。

高马赫数超燃冲压发动机的燃烧室设计原理是否与 $Ma=4\sim7$ 发动机相同是一个未定的问题和挑战，目前对高马赫数发动机的流动及燃烧的认识仍很粗浅，需要围绕发动机总体性能深入摸清其机理，并探索新设计原理及思路，以增强燃料掺混和燃烧，同时降低流动损失。

燃烧的高焓离解与流动的热化学非平衡效应对燃烧及发动机性能的影响仍需要更全面、准确的研究，这关系到高超声速燃烧与气流压缩的匹配及发动机工作模态的优化。研究这一问题需要开发风洞匹配的光学诊断技术，也需要发展高效的理论及计算工具，比如需要建立热力学非平衡的高精度理论模型，需要探索热化学非平衡流、复杂化学反应流的高保真、高效数值方法。

针对飞行马赫数为10的发动机性能研究，需要发展更长时间激波风洞技术和电弧风洞的高压运行技术，同步发展秒级新型风洞技术以及低成本高效飞行试验技术，配套发展毫秒级的力、热及光学测试技术。

(3)加强基础关键技术研究，推动关键技术突破。

组合动力循环推进系统技术复杂程度高、难度大，涉及气动/推进一体化、高效热防护、轻质结构与材料、超声速燃烧、大范围变工况火箭、高速涡轮等多项前沿技术。面对这些关键技术，应该逐个击破，推动组合动力系统发展。

由于飞行马赫数范围宽，在其工作过程中要经历不同的工作模态，而不同的工作模态对发动机的流道构型要求不同。固定结构的流道构型结构简单，但如何保证各工作模态在同一流道中维持高性能是一个挑战；变结构流道可以满足达到不同工作模态所对应的最佳流道构型的要求，但会提高系统的复杂性和操作难度。这意味着燃烧过程组织必须与进气道、燃烧室以及尾喷管的设计相匹配，并实时控制，以适应不同的飞行条件。

在发展新型热防护技术方面，以C/C、C/SiC为代表的陶瓷基复合材料轻质、耐高温且制备技术日益成熟，代表了未来热防护技术的发展方向。法国、美国等国的多种陶瓷基复合材料飞行器、进气道前缘热防护结构已通过地面试验考核，X-43A采用的C/C飞行器前缘已承受了短时间 $Ma=10$ 飞行试验的考核；法国采用C/SiC复合材料制备的超燃冲压发动机燃烧室已经受住了 $Ma=8$ 飞行条件的模拟环境考核，目前正在研制带有主动冷却流道的C/SiC复合材料燃烧室，用以替代美国空军正在开展飞行试验的吸热型碳氢燃料超燃冲压发动机镍基合金燃烧室。因此，在高超声速飞行器动力系统的工程化过程中，新型的热防护技术将是必须克服的难关。

(4)强化CFD在技术发展中的作用。

鉴于RBCC地面及飞行试验的复杂性，应在组织飞行器试验的同时开展大量CFD仿真计算，通过对高速条件下的燃烧机理进行大量CFD研究，给出燃烧室结构的优化方案，从而进一步指导燃烧室结构优化及试验方案。同时，发展不同尺度和来流条件的试验数据换算技术，以及基于地面试验和理论计算结果外推到实际飞行条件的飞行器气动设计技术，以此进一步辅助和推动RBCC系统方案的深入研究。

(5)重视飞行器总体设计关键技术研究，支持系统集成验证和工程应用。

组合动力飞行器飞行包线宽、飞行环境多样、气动布局复杂、推进系统工作模式变化频繁，对飞行器/发动机一体化设计、气动布局、多学科设计优化、导航制导与控制、飞行器热防护等总体技术提出了更严峻的要求，需要开展对以上总体设计关键技术攻关，并通过系统集成试验进行验证，为关键技术在飞行试验和工程实际应用奠定基础。

由于当前超燃冲压发动机技术尚不成熟，发动机的工作特性与性能规律欠缺试验数据支撑，很多高超声速飞行器的气动外形设计仍然以气动特性为设计指标，只是在设计过程中考虑发动机的性能需求，而并未完全将其纳入气动外形优化设计过程。因此，针对高超声速飞行器进行一体化设计存在较大难度。另外，由于影响高超声速飞行器性能的参数较多，且飞行器一体化设计优化目标较多，需要深入研究发动机与气动外形性能变化规律，简化优化设计模型，才能进行高效率的一体化优化设计。不过，同样需要大量试验数据的支撑，才能对发动机与气动外形性能变化规律进行有效简化。因此，机体/发动机的一体化设计尚有许多问题需要解决。

(6)积极开展爆震发动机基础研究及试验验证。

针对爆震发动机，当前关于连续旋转爆震的数理模型大多基于诸多简化假设条件，忽略了发动机内部分真实物理过程(例如燃料喷注掺混过程、非预混条件下爆震燃烧、复杂几何流道内波系相互影响等)，难以获得准确的性能评估结果。下一步需利用大量的数值模拟和基础试验数据，综合考虑连续旋转爆震发动机内诸多真实物理过程，建立更加准确的性能评估数理模型。针对连续旋转爆震涡轮发动机，以前期数值仿真结果为基础，试验验证诸如障碍物的角度、障碍物的高度、障碍物的截面形状和隔离段的总体形状等几何因素对压力波动反传抑制的影响规律，为抑制连续旋转爆震燃烧室压力反传提供最佳解决方案，并提出相应的设计准则。当前对斜爆震燃烧现象及机理的数值模拟研究已较为深入，对斜爆震发动机的工程研制仍处于关键技术攻关阶段，后续应进一步开展斜爆震燃烧及发动机关键部件地面试验验证，推动斜爆震发动机整机的集成设计和发动机性能的试验研究。基于爆震燃烧技术的发动机必将取得长足进步，也必将成为新型航天航空动力技术新的增长点。

参考文献

[1] 田维平，王春光，王伟. 固体火箭发动机设计理论及仿真技术[M]. 西安：西北工业大学出版社，2021.

[2] 卜昭献，王春光，李宏岩. 战术导弹与火箭固体发动机技术概论[M]. 北京：北京理工大学出版社，2020.

[3] 张升升，郑雄，吕雅，等. 国外组合循环动力技术研究进展[J]. 科技导报，2020，38(12)：33-53.

[4] 陈健，王振国. 火箭基组合循环(RBCC)推进系统研究进展[J]. 飞航导弹，2007(3)：36-44.

[5] 李宁，崔涛，贺惠新. 高超声速冲压发动机燃烧研究前沿分析[J]. 飞航导弹，2021(10)：37-46.

[6] 刘晓波，罗月培，孙杭义. 美俄高超声速武器动力技术发展趋势研究[J]. 战术导弹技术，2021(6)：111-120.

[7] 张旭辉. 组合动力技术的未来应用[J]. 科技导报，2020，38(12)：15-24.

[8] 张蒙正，李平，陈祖奎. 组合循环动力系统面临的挑战及前景[J]. 火箭推进，2009，35(1)：1-8.

[9] 刘鹏，宁国栋，王晓峰，等. 从SR-72项目看美国高超声速平台研究现状[J]. 飞航导弹，2013(12)：3-9.

[10] 尹泽勇，蔚夺魁，徐雪. 高马赫数涡轮基推进系统的发展及挑战[J]. 航空发动机，2021，47(4)：1-7.

[11] 王巍巍，李丹，曾军. 国外水平起降临近空间高速飞机动力的发展[J]. 燃气涡轮试验与研究，2014，27(1)：57-62.

[12] 王振国，梁剑寒，丁猛，等. 高超声速飞行器动力系统研究进展[J]. 力学进展，2009，39(6)：716-739.

[13] 胡勇. 空气涡轮火箭组合发动机总体方案研究与优化设计[D]. 长沙：中国人民解放军国防科学技术大学，2013.

[14] 赵炜. 热射流起爆及其在脉冲爆震发动机上应用的技术研究[D]. 南京：南京航空航天大学，2015.

[15] 玉选斐.预冷吸气式组合推进系统热力循环及控制规律研究[D].哈尔滨:哈尔滨工业大学,2020.

[16] 王巍巍,郭琦,曾军,等.国外TBCC发动机发展研究[J].燃气涡轮试验与研究,2012,25(3):58-62.

[17] 唐鑫,杨建军,严聪.美国高超声速飞行器动力系统发展分析[J].飞航导弹,2016(6):28-35.

[18] 刘红霞,梁春华,孙明霞.美国高超声速涡轮基组合循环发动机的进展及分析[J].航空发动机,2017,43(4):96-102.

[19] 王占学,刘增文,王鸣,等.涡轮基组合循环发动机技术发展趋势和应用前景[J].航空发动机,2013,39(3):12-17.

[20] 陈敏,贾梓豪.涡轮基组合循环动力关键技术进展[J].科技导报,2020,38(12):69-84.

[21] 南向谊,王拴虎,李平.空气涡轮火箭发动机研究的进展及展望[J].火箭推进,2008,34(6):31-35.

[22] 陈博,桂丰,李茜,等.国外并联式涡轮基组合循环发动机技术发展途径浅析[J].燃气涡轮试验与研究,2019,32(1):57-62.

[23] 徐惊雷.超燃冲压及TBCC组合循环发动机尾喷管设计方法研究进展[J].推进技术,2018,39(10):2236-2251.

[24] 张华军,郭荣伟,李博.TBCC进气道研究现状及其关键技术[J].空气动力学学报,2010,28(5):613-620.

[25] 莫建伟,徐惊雷,乔松松.并联式TBCC发动机排气系统性能数值模拟[J].推进技术,2013,34(4):463-469.

[26] 王玉男,胡秋晨,贾琳渊,等.串联式TBCC发动机模态转换模拟[J].航空发动机,2015,41(2):22-26.

[27] 刘增文,王占学,蔡元虎,等.涡轮基组合循环发动机/飞行器一体化数值模拟[J].机械设计与制造,2011(6):203-205.

[28] 彭波.并联式TBCC排气系统优化设计及性能研究[D].南京:南京航空航天大学,2021.

[29] 郝鑫.TBCC组合发动机舱成附件热环境及被动热防护特性研究[D].南京:南京航空航天大学,2021.

[30] 李恒.基于TBCC飞推一体化计力体系研究[D].南京:南京航空航天大学,2021.

[31] 安玖.TBCC排气系统试验台的排气扩压器设计及实验验证[D].南京:南京航空航天大学,2021.

[32] 全福旭.TBCC组合发动机仿真模型的结构化建模及性能分析[D].哈尔滨:哈尔滨工业大学,2020.

[33] 邬林科.宽域TBCC可调组合进气道设计方法及气动特性研究[D].哈尔滨:哈尔滨工业大学,2020.

[34] 林坚强.宽范围串联TBCC组合喷管性能研究与实验验证[D].南京:南京航空航天大学,2020.

[35] 刘君. 并联型 TBCC 进气道模态转换过程气动特性及流动机理[D]. 南京：南京航空航天大学，2020.

[36] 潘鹏宇. 二元变几何 TBCC 进气道气动性能研究及风洞试验[D]. 南京：南京航空航天大学，2020.

[37] 吕郑. Ma0 - 6 并联式 TBCC 排气系统的设计及性能研究[D]. 南京：南京航空航天大学，2019.

[38] 乐婷. 内并联 TBCC 进气道变几何设计及气动性能研究[D]. 南京：南京航空航天大学，2019.

[39] 林彬彬，TANQ Y D，尚永锋，等. RBCC 引射模态发动机设计技术研究进展[J]. 飞航导弹，2020(2)：84 - 89.

[40] 刘洋，何国强，刘佩进，等. RBCC 组合循环推进系统研究现状和进展[J]. 固体火箭技术，2009，32(3)：288 - 293.

[41] 张鹏峰. 国外 RBCC 组合循环发动机发展趋势及关键技术[J]. 飞航导弹，2013(8)：68 - 71.

[42] 王亚军，何国强，秦飞，等. 火箭冲压组合动力研究进展[J]. 宇航学报，2019，40(10)：1125 - 1133.

[43] 秦飞，吕翔，刘佩进，等. 火箭基组合推进研究现状与前景[J]. 推进技术，2010，31(6)：660 - 665.

[45] 王国辉，王小军，杨勇，等. 火箭基组合循环(RBCC)推进系统研究现状[J]. 固体火箭技术，2003，26(3)：1 - 3.

[46] 张玫，张蒙正，刘昊. 火箭基组合循环动力研究进展[J]. 科技导报，2020，38(12)：54 - 68.

[48] 陈立红，高子阳，张新宇，等. 模拟火箭引射混合特性的实验研究[J]. 力学与实践，2002，24(5)：22 - 24.

[49] 安佳宁. RBCC(火箭基组合循环)引射模态研究[D]. 长沙：中国人民解放军国防科学技术大学，2011.

[50] 严岭峰. RBCC 飞行器前体/进气道一体化气动构型设计[D]. 南京：南京航空航天大学，2014.

[51] 刘佩进. RBCC 引射火箭模态性能与影响因素研究[D]. 西安：西北工业大学，2001.

[52] 黄生洪. 火箭基组合动力循环(RBCC)引射模态燃烧流动研究[D]. 西安：西北工业大学，2002.

[53] 吕翔. 火箭基组合循环(RBCC)发动机性能分析模型研究[D]. 西安：西北工业大学，2005.

[54] 黄国庆. 火箭基组合循环发动机引射模态性能研究[D]. 长沙：中国人民解放军国防科学技术大学，2010.

[55] 王国辉. 火箭基组合循环(RBCC)引射模态工作过程研究[D]. 西安：西北工业大学，2001：1 - 10.

[56] HUETER U. Rocket-based combined cycle propulsion technology for access-to-space

applications[C]//9th International Space Planes and Hypersonic Systems and Technologies Conference. Norfolk, VA: AIAA, 1999: AIAA1999-4925.

[57] LEHMAN M, PAL S, SANTORO R. Experimental investigation of the RBCC rocket-ejector mode[C]//36th AIAA/ASME/SAE/ASEE Joint Propulsion Conference and Exhibit. Las Vegas, NV: AIAA, 2000: AIAA2000-3725.

[58] LEHMAN M, PAL S, BRODA J, et al. Raman spectroscopy based study of RBCC ejector mode performance[C]//37th Aerospace Sciences Meeting and Exhibit. Reno, NV: AIAA, 1999: AIAA1999-90.

[59] OIKE M, KAMIJO K, TANAKA D, et al. LACE for rocket-based combined-cycle [C]//37th Aerospace Sciences Meeting and Exhibit. Reno, NV: AIAA, 1999: AIAA1999-91.

[60] LAZAREV V. Structure of reusable hypersonic vehicles—problems of weight, cost and operating effectiveness[C]//9th International Space Planes and Hypersonic Systems and Technologies Conference. Norfolk, VA: AIAA, 1999: AIAA 1999-4865.

[61] FRY R S. A century of ramjet propulsion technology evolution[J]. J Propuls Power, 2004, 20(1): 27-58.

[62] HUETER U, TURNER J. Rocket-based combined cycle activities in the Advanced Space Transportation Program Office[C]//35th Joint Propulsion Conference and Exhibit. Los Angeles, CA: AIAA, 1999: AIAA1999-2352.

[63] HUETER U. Advanced reusable transportation technologies project overview[C]// Space Plane and Hypersonic Systems and Technology Conference. Norfolk, VA: AIAA, 1996: AIAA1996-4603.

[64] HEISER W, PRATT D, DALEY D, et al. Hypersonic Airbreathing Propulsion [M]. Washington, DC: AIAA, Inc., 1994.

[65] 王宁飞,王俊龙,武毅.固体燃料超燃冲压发动机研究概况[J].上海航天,2019,36(6):35-43.

[66] 夏有财,戴顺安,苏艳.超燃冲压发动机研究现状与趋势[J].飞航导弹,2016(8):59-63.

[67] 唐鑫,严聪.双模态超燃冲压发动机研究概述[J].飞航导弹,2012(3):86-92.

[68] 司徒明.超燃冲压发动机的研究现状与动向[J].飞航导弹,1996(7):24-30.

[69] 岳连捷,张旭,张启帆,等.高马赫数超燃冲压发动机技术研究进展[J].力学学报,2022,54(2):263-288.

[70] 刘朝阳.超声速气流中壁面燃料射流混合、点火及稳燃机制研究[D].长沙:国防科技大学,2019.

[71] 樊孝峰.超燃冲压发动机燃油喷射燃烧流场数值模拟方法研究[D].南京:南京航空航天大学,2019.

[72] 左婧滢.超燃冲压发动机碳氢燃料气膜的冷却和减阻特性研究[D].哈尔滨:哈尔滨工

业大学，2021.
[73] 李资聪.压缩-加热一体化的高马赫数超燃冲压发动机性能研究[D].武汉：华中科技大学，2021.
[74] 赵翔.固体火箭超燃冲压发动机燃烧过程分析与试验研究[D].长沙：国防科技大学，2021.
[75] 苗鹤洋.基于超临界二氧化碳循环的超燃冲压发动机热电转换系统研究[D].长沙：中国人民解放军国国防科技大学，2021.
[76] 赵振岩.超燃冲压发动机分布式控制系统方案研究[D].长沙：国防科技大学，2021.
[77] 郑龙席，卢杰，严传俊，等.脉冲爆震涡轮发动机研究进展[J].航空动力学报，2014，29(5)：993－1000.
[78] 冯子轩，王爱峰，姚轩宇，等.爆震发动机研究进展[J].燃气涡轮试验与研究，2018，31(4)：46－52.
[79] 张智勇，李旭昌，孙超.脉冲爆震发动机概述[J].飞航导弹，2013(5)：71－76.
[80] 王永寿，陈延辉.爆震发动机的技术现状[J].飞航导弹，2011(4)：83－86.
[81] 师迎晨，张任帅，计自飞，等.高速飞行器的连续旋转爆震推进技术[J].空气动力学学报，2022，40(1)：101－113.
[82] 李自然，林志勇，韩旭.超声速斜爆震发动机起爆过程研究综述[J].火箭推进，2013，39(3)：1－8.
[83] 张鑫.冲压旋转爆震发动机隔离段研究[D].南京：南京理工大学，2021.
[84] 张仁涛.旋转爆震发动机进气道流动特性分析[D].南京：南京航空航天大学，2020.
[85] 时越.冲压旋转爆震对来流影响的数值模拟[D].长沙：国防科技大学，2019.
[86] 李帅.旋转爆震燃烧室工作特性及其与涡轮匹配性研究[D].南京：南京理工大学，2018.
[87] 郜阿朋.旋转爆震发动机燃烧室性能与壁面换热的数值研究[D].南京：南京航空航天大学，2017.
[88] 高剑.旋转爆震发动机推力性能研究[D].南京：南京理工大学，2016.
[89] 张华.脉冲爆震火箭发动机雾化系统研究[D].西安：西北工业大学，2007.
[90] 韩启祥.爆震机理及旋转阀脉冲爆震发动机原理样机研究[D].南京：南京航空航天大学，2004.
[91] 黄玥.脉冲爆震发动机微小型化研究[D].南京：南京航空航天大学，2012.
[92] 范育新.大管径气动阀式两相脉冲爆震发动机几个关键技术研究[D].南京：南京航空航天大学，2005.
[93] 王家骅，韩启祥.脉冲爆震发动机技术[M].北京：国防工业出版社.2013.
[94] LEE J H. The Detonation Phenomenon[M]. Cambridge: Cambridge University Press, 2008.
[95] 张宝钎，张庆明，黄风雷.爆轰物理学[M].北京：兵器工业出版社，2001.
[96] 侯凌云，侯晓春.喷嘴技术手册[M].北京：中国石化出版社，2002.
[97] 严传俊，范玮，郑龙席.脉冲爆震发动机原理及关键技术[M].西安：西北工业大学出版